JN205173

ノーベル賞への夢を紡ぐ

もっと知りたい!
「科学の芽」の世界

PART 6

University of Tsukuba

監修 筑波大学長 永田恭介　「科学の芽」賞実行委員会 編

筑波大学出版会

Introduction to the Bud of Science

~Collections of Students' Work~

supervised by Kyosuke NAGATA

University of Tsukuba Press, Tsukuba, Japan

ISBN978-4-904074-53-4 C0040

ふしぎだと思うこと
これが科学の芽です
よく観察してたしかめ
そして考えること
これが科学の茎です
そうして最後になぞがとける
これが科学の花です
朝永振一郎

朝永先生の色紙。京都市青少年科学センター所蔵

朝永振一郎博士

科学する心とその喜びをやさしい言葉で見事にいい尽くしたこの有名な色紙は，1974（昭和49）年11月6日に，国立京都国際会館で湯川秀樹・朝永振一郎・江崎玲於奈の三博士を招いて開かれた座談会「ノーベル物理学賞受賞三学者 故郷京都を語る」（主催：京都市，京都市教育委員会）で，三博士に，京都の子供たちに向けた言葉をとの要請に応えて，朝永先生が書かれたものです。実物は，京都市青少年科学センターにあり，筑波大学ギャラリー朝永記念室にもコピーがあります。このときの講演でも述べていますが，朝永先生は，小学校の習字で先生から「お前はなんてこんなへんな字を書く」といわれて以来，字が苦手で，色紙のたぐいはだいたい断っておられたそうです。しかし，このときは断り切れなかったのでしょう。おかげで私たちはこのすばらしい言葉を受け継ぐことができました。

この言葉は，科学の心を表すと同時に，科学する心を育むには，何が大切かもよく表していると思います。朝永先生は，子どもの頃から，科学の芽となる「ふしぎ」をいっぱい見つけ，それを自分の手を動かして実験し，納得がいくまで考えました。

21世紀の世界に生きる若いみなさんも，この色紙の言葉を胸の中にとどめて，科学する心を培ってほしいと思います。筑波大学は朝永振一郎記念「科学の芽」賞の事業を通じて“科学っ子”，“科学にチャレンジする若者”を応援しています。ぜひたくさんの方々からの応募を期待します。

目　次

第２章　「科学の芽」を育てる～発明・発見は失敗から～（中学生の部）

「科学の芽」賞受賞作品は，インターネット上に全文が公開されています。
筑波大学の公式ホームページ（http://www.tsukuba.ac.jp/）から，「社会連携」→「科学の芽」賞，とたどってご覧ください。

「科学の芽」賞に寄せて

～ IMAGINE THE FUTURE.（未来を想う）～

永田恭介

幼い子は様々なことを「ふしぎ」に思います。彼らは，「これはなーに？」，「どうして？」，「なぜ？」などの質問を繰り返します。本人は記憶していなくても，両親やまわりの方々はよく理解していることです。幼い子本人も時を経て，親として同じ経験をすることになります。やがて，小学校，中学校と学びが進んでも，同じような質問や疑問は湧いてくるはずです。しかし，徐々に疑問は持っても質問をすることは少なくなってしまうような傾向もあります。それは知識が増えることで，自分で解決できたり，あるいは逆に自分だけが勉強をしていないために知らないのではというような思いから起こってくるのではないでしょうか。さらに高校に進むと，ますます疑問の内容も高度化するはずです。しかし，答えなければならない質問はその多くが受験のためのものになっているのではないでしょうか。大学に進むと，知識はさらに体系化され，少々の問題であれば自力で解決する力を身につけることになります。そして，解かれていない問題を認識し，その問題解決に向けて挑戦することになります。大学院では，さらにその能力が磨かれます。

「科学の芽」賞は，ノーベル賞を受賞された朝永先生の「全国の児童生徒の皆さんに科学者を目指してほしい」という願いを受け継ぎ，生誕100年にあたる2006年から始まりました。

朝永先生は，

「ふしぎだと思うこと　これが科学の芽です
　よく観察してたしかめ　そして考えること　これが科学の茎です
　そうして最後になぞがとける　これが科学の花です」

と色紙に書かれ，その言葉で子ども達に語りかけられました。何度読んでも，とても意味の深い言葉です。

1949年に，湯川秀樹先生が日本で最初にノーベル物理学賞を受賞され，日本が沸きかえりました。続いて1965年には朝永振一郎先生が日本人として２人目のノーベル物理学賞受賞者となられ，大きな話題となりました。それ以降 2017 年までに多くの日本人がノーベル賞を受賞していきます。2017 年までに物理学賞を 11 人（米国籍（こくせき）になった 2 名も含む）が，化学賞を 7 人が，生理学・医学賞を 4 名が受賞しました。「ふしぎ」だと思い，「科学の芽」を育ててこられた方々です。

「科学の芽」賞は 2006 年に第 1 回が開催（かいさい）され，2017 年で 12 回を数えました。12 年間の応募作品数は，全国の小学校，中学校，高校から合わせて 22,760 作品となり，参加人数は 26,170 人（団体で応募の人数を合わせた延べ人数）にのぼりました。こんなにも多くの児童・生徒から作品を寄せていただいたことに感謝しています。

第 1 回の「科学の芽」賞を受けた高校生の方たちは，成人して仕事についている方たちもいますし，今も大学院で研究を続けている人たちもいます。12 年という月日の長さを改めて感じます。受賞者の多くの方々からは，実験をして結果がうまく出なくてもコツコツと継続（けいぞく）することの大事さを学んだという報告を受けています。また，賞をもらって自信になり，その後の生活が前向きになり，自分が積極的になったという声もありました。開始から 10 年という節目に受賞者にアンケートを取ったところ，将来の夢として，医療関係，科学捜査班，宇宙飛行士，先生，科学者など様々な職種が挙げられました。現在では研究や科学から遠ざかった人もいますが，生き方やものの見方は大きな影響（えいきょう）を受けているとお伝えいただきました。

児童・生徒の皆さんが，この本から大きな刺激を受けて，様々なことに疑問を持ち「ふしぎ」を感じ，「なぜ」という問いに自ら答える努力をされることを大いに期待しています。

平成 30 年 5 月吉日

［筑波大学長］

SCIENCE

第Ⅰ編
「科学の芽」賞の作品から

CHAPTER 1 Discovery of “KAGAKUNOME”

第１章「科学の芽」の発見

～めざせ科学っ子～（小学生の部）

「科学の芽」賞

――小学生の部について

自然は魅力とふしぎさに満ちあふれています。しかし，それに気づくことができるかどうかは，人それぞれの感性によります。豊かな感性をもった子どもたちの作品を通じて，みなさんも自分の感性をみがいてみてください。

「科学の芽」賞に応募（おうぼ）してくれる子どもたちは，豊かな感性の持ち主であると同時に，努力家でもあります。ここまでの追究を受け身の気持ちですることは無理だと思います。地道な作業にも楽しみを見出して，前向きに追究を続ける力が身についているのでしょうね。

「科学の芽」賞の審査（しんさ）の観点は，次のようになっています。

【審査の観点】

① テーマの独創性：日常的な自然や現象の中から独創的な問題を見つけ出しているか。

② 追究力：問題を解決するための観察・実験・調査を的確に行っているか。目的を達成させるための実験観察方法を工夫しているか。

③ 表現・活用：自分なりに結果をまとめ，それをわかりやすく人に伝えるものになっているか。研究成果を活（い）かしたり，創造したりしているか。

特に①の観点は重要視します。ふと「なぜだろう？」と思うことはたくさんあるはずですが，そのままにしておいてしまいがちです。疑問に思うことがあったらメモをしておくといいでしょう。

また研究のスタートは，「なぜだろう？」から始まるとは限りません。やってみたいこと，挑戦してみたいことがあったら，まず取り組んでみてください。そこから謎が生まれて研究がスタートすることもあります。

テーマが決まったら，インターネットなどでそのテーマについての先行研究がないかを調べてみましょう。すでに研究されていたら，先行研究では追究しきれなかった課題を参考にしたり，別のアプローチを試みたりすることになります。先行研究がなければ，それは独創性あふれる研究テーマですから，ぜひ取り組んでみてください。

今回の研究テーマも独創的なテーマがたくさんあり，特に好きなスポーツや趣味から生まれてきたものが多かったように思います。もともと好きなことから始まった研究ですから，「こうしてみたらどうだろうか」という工夫もたくさんあり，まとめからもいつも以上に楽しんでいる様子が伝わってきました。

研究してみたいテーマが見つかったら，実験や観察を行いながら，問題を解決することになります。今回の研究では，ただ実験するだけでなく，実験結果のまとめ方にも写真やグラフを有効に使うなど，工夫を感じさせるものが多かったです。まとめ方がしっかりしていると，その分析もしやすくなります。しっかりした分析から解決の糸口が見えてきたり，新たな疑問が生まれてより追究が深まったりしていきます。

最近の傾向としてよいと感じているのは，ものづくりをしながらの研究が多いことです。ものづくりは時間も手間もかかります。思うようにいかないこともあり，多くの試行錯誤が要求されます。それだけに追究がより深まるともいえますし，成果が出たときの喜びも大きいはずです。頭の中ではイメージが描けていても，実際にものの形にしてみると，イメージ通りになるまでにはいくつもの壁があります。その壁を1つ乗り越えるたびに追究が深まり，達成感を得られることが実感できるのではないでしょうか。

みなさんも，ぜひ没頭できるテーマを見つけて，追究を深めてみてください。

冷凍庫のひみつ

村上（むらかみ） 智絢（さあや）
［私立洛南高等学校附属小学校 3年］

冷凍庫の中が冬より寒いのに息が白くならないひみつを研究しました。
南極と同じでほこりがないから白くならないと予想しましたが違い、実験中に突然息が白くなって理由がわかりました。不思議の解明には偶然も必要なので、実験することが一番大切だとわかりました。ちいさな不思議はいつもいろんなところにあると思うのでこれからも探していきたいです。

Ⅰ 研究の概要

研究の動機・目的

大津市の市場見学で大きな冷凍庫に入ったとき，温度がマイナス25℃で家の冷凍庫より冷たいと聞いた。手を温めようと思って息をハァーとしたところ，息は温かいのに白くならなかった。何回吐いても白くならなくて，他の人たちも白くなっていなかった。そこで，冷凍庫で息が白くならない理由を調べることにした。

予想

息が白く見えるのは，吐いた息の水蒸気が空気中のちりやほこりとくっついて，冷やされて水滴になるから白い息の正体は「水」ではないか。

実験方法

① 温度と湿度を測る。
② 外の暖かい空気をたくさん吸って冷凍庫に入った瞬間に息を吐いてみる。そのときの息の温度と，息が白くならないかを観察する。
③ 加湿器を使って湯気が出ないかを見る。
④ 熱い食べ物でも湯気が出ないかを観察する。
⑤ ほこりを立ててそこに息を吹きかけたときに，白くならないか湯気が出ないかを調べる。
⑥ 息が凍って氷にならないかを観察する。

実験と結果

8月10日午後2時に冷凍庫に入る。

【実験1：温度と湿度を測る】

外の温度34℃　湿度85％　冷凍庫の温度マイナス22℃　湿度18％

図1　今回利用した冷凍庫

【実験2：息を吐いて白くなるかを観察する】

冷凍庫は二重扉になっていて前の部屋は0℃，奥の部屋はマイナス22℃になっている。前の部屋では息が白くなったが，奥の部屋では何度息を吐いても白くならなかった。

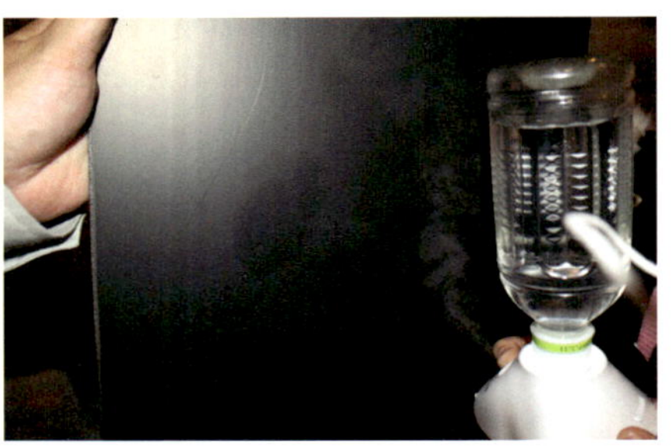

図2　加湿器を使った実験の様子

【実験3：加湿器を使って湯気が出ないかを見る】

前の0℃の冷凍庫，奥のマイナス22℃の冷凍庫でも，ずっと加湿器の湯気が見えた。

【実験４：熱い物でも湯気が出ないかを観察する】

インスタントラーメンの湯気を観察したら，加湿器の場合と同じようにずっと湯気が見えた。

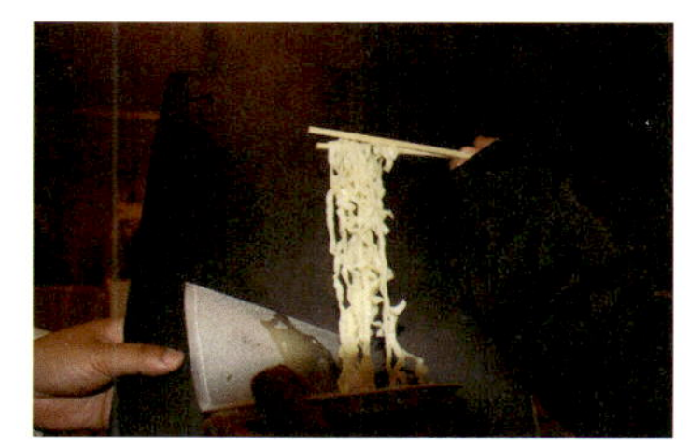

図３　インスタントラーメンを使った実験の様子

【実験５：ほこりを立ててそこに息を吐き白くならないか，湯気が出ないかを調べる】

タオルケットをバサバサしてほこりを立てたところに息を吐いてみたら，息は白くならず湯気は変化がなかった。

【実験６：息が凍って氷にならないか観察する】

息が凍っているか，黒い板の上で何回も吐いてみたが，氷の粉は見えなかったし，息が凍る音も聞こえなかった。

発見

実験を始めて10分くらい冷凍庫に入っていると，急に息が白く見え出した。冷凍庫から出て15分後くらいにもう一度入ったが，息は白く見えなかった。

図４　息が白く見える様子

考察

すごく寒い冷凍庫でも息が白くなることがわかった。その理由は，実験中に冷凍庫内の湿度が上がったからだと思う。加湿器やラーメンの湯気で冷凍庫の空気中に目に見えないたくさんの水蒸気が出た結果，いつもなら吐いた息の水蒸気は氷になってしまうのに，空気中の水蒸気とくっついて水になり，息が白く見えたと考えられる。

マイナス22℃の冷凍庫では，湿度が低いときは吐く息は微細な氷になって目に見えないが，湿度が高いと細かい水滴になり息が白く見えるのである。

感想

不思議が解決できてよかった。いろいろな人に教えてもらえてうれしかった。 絶対湿度早見表は見てもよくわからなかったのでもう少し大きくなってから調べたり，計算したりしてみたいと思う。

実験のときの温度と湿度を測った器具が家用の温度計と湿度計だったので，その瞬間の温度や湿度がわからなかったのが残念だった。もっと正確に測れたら，湿度が何パーセントから白く見えるかがわかったと思う。

図５　冷凍庫の仕組み

小学生の部

作品について

この研究は市場見学に行ったときに，冷凍庫の中で息を吐いても白くならないことに疑問を持ったことから始まりました。とても感性が豊かだからこそ，この問題を見い出したのだと思います。

研究を始めるにあたって，まずこの白く見える息の正体は何かをきちんと明確にしたうえで，研究計画を立てているところが素晴らしいと思います。村上さんは白い息を「息の中にあった水蒸気が外の冷たい空気に急に冷やされて空気中のちりに絡み，人間の目に見える細かい水の粒になったもの」ととらえています。

そして研究に入る際に，次のような2つの大まかな仮説を立てました。

①冷凍庫の中の空気はほこりがないから白くならないのではないか

②息が凍っているのではないか

これらの説をより具体的にし，最終的に4つの仮説を立てました。このように自分なりの見通しを持つことが実験方法をより考えやすくすることにつながります。

村上さんは6つの実験から研究テーマに迫っていきました。

まず実験1では，外と中の温度と湿度を測りました。温度だけでなく湿度に目をつけたところが素晴らしいと思います。これは実験前に白い息の正体をしっかり調べていたから出てきたのでしょう。

次に実験2では，息の観察を行いました。一度だけでなく，何度も繰り返し観察しているところがまさに科学を追究する態度です。そこからいろいろな気づきが生まれて問題の解決につながっています。

そして実験3，4で加湿器，ラーメンから湯気を出し，湿度との関係を調べています。その結果から湿度が関係しているのではないかという考えに行き着きました。

さらに実験5，6では白い息とほこりの関係，息が凍るかについて調べています。これらを通して自分なりの結論を導き出しました。その際，専門家とのやりとりを通じてまとめています。このことによって，より研究の精度が高まったものと思います。

最後の感想のところに，今回は使用した温度計，湿度計が家庭用のものだったので，次回はもっと専門的な器具を使用したいという記述がありました。ぜひ今後，白い息と温度，湿度の関係を計算式で出せるくらいに研究を深めていってもらえたらと思います（例えば，温度と湿度が何パーセントになったら息が白く見え出すかなど）。

今後の活躍におおいに期待しています。

根りゅうきん できるかな？

溝口 貴子（みぞくち きこ）
［出水市立西出水小学校 3年］

夏休みの楽しみとして育てた大豆。
大豆ができてくきをひっぱると、根に丸い物がたくさんついていました。
丸い物が根りゅうきんだと知り、同じマメ科の植物の根にもあるのか、他の野菜にもいいえいきょうを与えるのか、ぎ問をもちました。根りゅうきんを調べることで、大きな発見とおどろきがあり調べることが楽しく思いました。

Ⅰ 研究の概要

研究の動機・目的

もともと大豆が大好きで，大豆の本を読んでいたときに，大豆には根りゅうきんができることがわかった。そこで今年の夏，根りゅうきんについて調べてみたいと思った。

実験方法

① 土の中に根りゅうきんができるかどうかを調べる。

② 水の中でも根りゅうきんができるかどうかを調べる。

③ 根りゅうきんは他の野菜にもいいのかどうかを調べる。

④ 根りゅうきんはどんな形をしているのかを調べる。

⑤ 枝豆の茎（くき）はどうなっているかを調べる。

実験と結果

【実験 1：豆科の植物の根りゅうきんを調べる】

春休みに田んぼに行き豆科の植物を掘って，根りゅうきんがあるかどうかを調べた。

カラスノエンドウ	スズメノエンドウ	クローバー	レンゲ草
1.5mm 3mm	1mm 1mm	2mm 1mm	3mm 1mm
赤茶色の根りゅうきん	茶色の根りゅうきん	赤茶色の根りゅうきん	赤茶色の根りゅうきん

図 1　豆科の植物にあった根りゅうきん

〈結果〉豆科の植物には根りゅうきんがあった。枝豆の根りゅうきんが一番大きかった。

【実験 2：水の中で育てた枝豆に，根りゅうきんはできるかを調べる】

水の中で育てた枝豆に根りゅうきんができているかどうかを調べた。

〈結果〉観察しやすいように，右の容器に入れて観察した。栄養を入れずにただ水だけで育てたので，成長しなくて枯（か）れてしまい，根りゅうきんもできなかった。

図 2　水だけで育てた枝豆

【実験 3：根りゅうきんは他の野菜にもいいのかを調べる】

根りゅうきんのある土とない土にダイコンの種をまき，育ち方の違（ちが）いを調べる。

〈結果〉図 4 ②の何もない土のプランターのほうが早く発芽し，発芽した本数も多かった。

図３　根りゅうきんとリサイクル土を混ぜる

図４　①根りゅうきん入りの土（左）と②何もない土（右）

【実験４：大豆ができた後の根りゅうきんの形を調べる】

根りゅうきんは大豆ができた後にどうなるかを調べる。

〈結果〉大豆ができた後は皮だけになって，中身はなくなっていた。

【実験５：枝豆の茎がどうなっているかを調べる】

枝豆の茎を輪切りにしたり縦に切ったりして，中の様子を観察する。その後，ヨード液に浸(つ)けてみる。

〈結果〉根から吸った水は横の緑と白いふわふわの間のところまで上がっていくことがわかった（※ヨード液については略）。

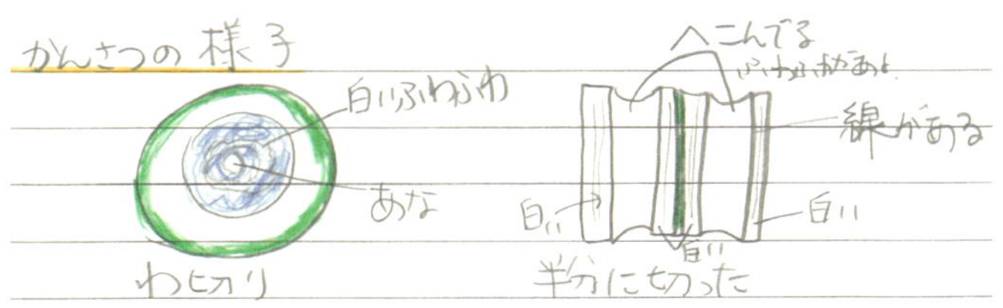

図５　枝豆の茎を観察

考察

枝豆の根りゅうきんは枝豆の栄養になっても，他の植物にはあまり役に立たないことがわかった。枝豆は肥料を自分の根につけることで，肥料が少ないところでも育つ植物であることがわかった。また，土の中の微生物の働きで根りゅうきんのこぶができることがわかった。

感想

実験で大豆を育てるときに難しかったのは，カメムシがこないようにすることである。今，家ではピーナッツを育てているが，その葉にもカメムシがいる。しかし，ピーナッツの実は土の中にできるので，実が育つのをとても楽しみにしている。

図６　育てているピーナッツ

作品について

この研究は日頃から大豆が好きで，本で大豆に根りゅうきんができることを知り，興味を持ったことから始まりました。そこで，根りゅうきんが土の中にできるのかどうかを調べてみることにしたのです。

実験 1 では豆科の植物の根りゅうきんを調べました。その際，田んぼに行って実際に掘ってみました。自生しているところに自ら出かけていくことは，おおいに評価できます。豆科の植物を丁寧（ていねい）にスケッチしており，それらの違いについてわかりやすく表現しています。

実験 2 では，水の中で育てても根りゅうきんができるかどうかを調べています。結果的には水中では根りゅうきんはできなかったようですが，観察する際に，水中の根りゅうきんが観察しやすいよう，透明の容器を使用するなど工夫しているところがよいです。

実験 3 では，根りゅうきんが他の野菜を育てるうえでもよい効果があるのかを，大根を使って調べています。結果は，根りゅうきんの入っているほうがむしろ育ちが悪いということになりました。写真を使ってわかりやすく整理していますが，欲をいえば条件をそろえるという意味で，実験の際にプランターを同じものにするとよかったと思います。

実験 4 では，大豆ができた後の根りゅうきんについて調べています。残ったのは皮だけで中が空になっていました。しかし，なぜ中が空になったのかに疑問を持ち，中が残っていた根りゅうきんをヨード液に浸けてでんぷんの有無を調べています。実験の結果から疑問に思うことは新たなる問題となります。そういう意味で，研究に対する関心の高さがうかがわれて好感が持てます。

実験 5 では，枝豆の茎がどうなっているかを調べています。輪切りと縦切りにして細部まで丁寧に観察し，根から吸った水は横の緑と白いふわふわの間のところまで上がっていくことを発見しました。

そして，最終的に次のような結論を導き出しました。「枝豆の根りゅうきんは枝豆の栄養にはなっても，他の植物の役にはあまり立たないこと，土の中の微生物の働きで根りゅうきんのこぶができること」。

全体的に，溝口さんは実験を行う際，必ず自分なりに予想（見通し）を持って取り組んでいます。そのことが大変素晴らしいと思います。

最後の感想のところでは，カメムシについて触れられています。カメムシがくるとどうも植物には都合が悪いらしいですね。今度は虫と植物の関係などについて調べてみても面白いかもしれません。今後の研究の発展におおいに期待したいです。

洪水で浸水した常総市の虫は生き残れたのか？

田村 和暉（たむら かずき）
［私立つくば国際大学東風小学校 4年］

ぼくは今回の研究のために、何度も常総市に調査に行きました。洪水の翌年でも、多くの虫たちがはんしょくしていたので、とても驚きました。125体もの標本を作り、同定する作業はとても大変でした。
虫たちがどのようにして生き残ったのかを、いろいろな角度から考察したので、ぜひそこに注目して読んで欲しいです。

I 研究の概要

研究の動機・目的

2015年9月，茨城県常総市で鬼怒川が氾濫するという災害が発生し，広い地域が被害に見舞われた。僕の通う小学校は，浸水した地域からは約7 kmくらいしか離れておらず，洪水が人々の暮らしや自然環境に与える影響について気になっていた。昨年の「科学の芽」賞では，ゾウムシの一種のシロコブゾウムシが1日浸水していても，水から出すと生き返る能力があることを発表した。虫の中には，浸水に強い，特別な力があるものもいるようだったが，2～3日も浸水したような地域で生き残っている虫はいるのだろうか？ 鬼怒川の洪水で浸水した地域の虫がどうなっているのかを，浸水しなかった地域と比較した。

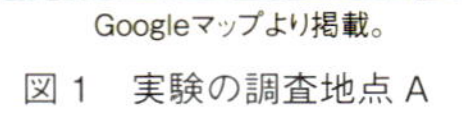
Googleマップより掲載。

図1 実験の調査地点A

調査方法

三坂町の堤防が決壊した場所から南東に約800 m離れた調査地点Aで，虫の写真を撮影しながら採集した。採集した虫は持ち帰り，標本にして名前を調べた。参考のために，虫を採集した場所に生えていた雑草の名前も記録した。地元の人の話では，この地域は堤防決壊から2～3日は浸水していたとのことだった。地点Aでは雑草の刈り取りがあり，毎回同じ地点の調査ができたわけではないが，調査はだいたい図1の赤い丸の範囲で行った。さらに比較のために，堤防が決壊した場所から東に約3.3 km離れた，浸水していない小貝川堤防の高台（調査地点B）の昆虫と植物も調査した。

図2 採集した虫

実験結果

【5月15日の調査結果】

浸水したA地点にも虫がいた！ アブラナ，ギシギシなどの草に，モンシロチョウ，ナナホシテントウ，ハグロハバチの幼虫，コガタルリハムシなどが繁殖し，虫をえさとする

図3 アリの巣

ハチ類も多く見られた。一番驚いたのは，アリがいたことだ。

【7月3日の調査結果】

5月にはあまり見られなかった，バッタの幼虫がA地点でたくさん見られた。おそらく6月ごろに，卵からふ化してきたのだと思う。幼虫や成虫は水に弱くても，洪水のときに卵の状態で土の中にいたような個体はうまく生き残れたのかもしれない。

図4　ヒラヒシバッタ

【7月24日の調査結果】

7月から，A・B両方の地点でマメコガネがたくさん観察された。昨年の9月の洪水のときに，卵の状態などで土の中にいたものが今年出てきたのかもしれない。ハグロハバチの幼虫は，5月も7月もギシギシの葉で見つかった。洪水のときたまたま成虫だった個体もいたと考えられる。成虫は飛ぶことで生き延びたのではないか。

図5　マメコガネ

【8月7日の調査結果】

A地点でナガコガネグモやオニグモなど，多くのクモが観察された。5月からずっと，普通にクモがいるのが不思議だった。巣を張るタイプのクモは，それほど移動しないのではないかと考えられる。

考察

洪水で多くの昆虫は死んでしまったと思っていた。しかし，次の春には昆虫が繁殖していた！　浸水した地域でも多くの種類の虫が見つかり，種によっては繁殖している数に違いがあった。洪水の影響を受けていない種と受けた種があるのかもしれない。

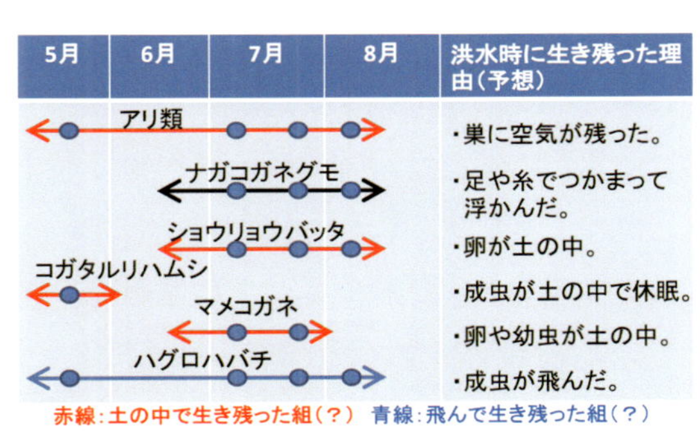

図6　浸水したA地点でたくさん見られた代表的な昆虫・クモと，生き残れた理由（予想）

調査地点は東西を川に挟まれた地域で，北は5 km，南は10 kmぐらい浸水したと考えられている。春の時点で，多くの昆虫が浸水していない地域から移動してきたとは考えにくい。今回見つけた昆虫は，洪水を生き延びた虫とその子孫が多いのではないか。

虫が浸水にどれだけ強いかは，本などで調べてもほとんど出てこない。わかっていないことがまだまだいっぱいありそうだ。

作品について

昨年，「科学の芽」賞にも応募したシロコブゾウムシの研究を活(い)かした内容が素晴らしいです。実際に起こった鬼怒川の洪水の際，浸水した地域にいた昆虫がどのようになっているかについて考え，予想し，自身の研究をもとにしながら検証しようと，観察や実験を継続するところに研究の深さを感じました。研究を深めるだけでなく，これまでの研究と実際の川の氾濫とをつなげて考える姿勢は，これからの時代に必要なものだと感じました。

４回におよぶ調査では，結果を写真と実物でまとめたり，川の氾濫の被害のなかった地域と比較したりするところに，科学的な探究を丁寧(ていねい)に行っているのがわかります。考察では，４回の調査で見つかった昆虫やクモのそれぞれについて，生存したり増加したりした理由の分析(ぶんせき)をしていました。アリについては巣の構造，クモやハチについては飛べること，その他は土の中で生き延びたのではないかという考察をまとめていました。

実際に足を運び，右の写真のような，川が運んできた砂や土を見たり，草や虫の観察調査を行ったりしたからこそ，そのときの状況をイメージした考察ができたのだと感じました。

図７　砂や土の様子

また，前ページの概要には掲載(けいさい)しませんでしたが，氾濫が起こった川でも，クモの生息数が減らなかった理由について追実験も行っています。実験では，クモは水の中に落ちても常に沈(しず)むことはなく，一定の刺激が加わると脚を動かすということもわかりました。生息数が多かったという結果で終わるのではなく，考察を行う前に検証して確かめようとする姿勢が素晴らしいです。

昆虫の生命力，氾濫後の川の再生に目を向けながら，自然への畏敬(いけい)の念を持つことができる研究でした。

五重塔はなぜたおれないのか?

あめみや りゅうのすけ
雨宮 龍ノ介
［筑波大学附属小学校 4年］

五重塔の心柱の不思議を探るために、身近にあったジェンガとビー玉を使って実験装置を作りました。
ゆらして、壊れて、また組み立てて、80回の実験をしましたが、結果がどうなるのか楽しみで、わくわくしながら取り組みました。そして、実験の結果、心柱は、塔の真ん中に差し込むだけで建物が倒れなくなる魔法の杖であることがわかりました。

Ⅰ 研究の概要

実験のきっかけ

日光東照宮に出かけたときに，五重塔の心柱(しんばしら)が浮いていることにびっくりした。五重塔は，今までの大きな地震(じしん)でも一度も倒(たお)れたことがないということを知って，その仕組みについて詳(くわ)しく調べてみたくなった。

実験方法

① 心柱のある／なしで比べる。

② 心柱の重さを変えて調べる。

③ 心柱の長さを変えて調べる。

④ 心柱を吊(つ)るす高さを変えて調べる。

⑤ 心柱の支え方を変えて調べる。

⑥ 五重塔(ジェンガ)の重ね方を変えて調べる。

図１　使用したジェンガ

実験と結果

【実験１：心柱があると本当に倒れないのか？】

・心柱を入れると倒れにくくなり，四重と五重がもっとも揺(ゆ)れに強いことがわかった。

・五重塔は，大きくてゆっくりした揺れに強く，速い揺れには弱いことがわかった。

		ゆっくりゆらす	早くゆらす		ゆっくりゆらす	早くゆらす
5重		1分30秒以上	28.11秒		25.71秒	4.51秒

図２　心柱のある／なしによる違い
秒数はゆらし始めてからジェンガがくずれるまでの時間

【実験２：心柱はどのくらいの重さがいいのか？】

・重すぎても軽すぎてもダメで，木の重さがちょうどいいようだ。

・実験をしていて，心柱はほとんど揺れていないことに気づいた。

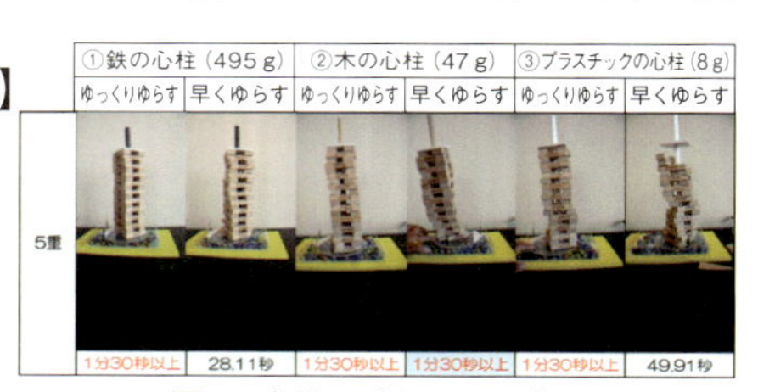

	①鉄の心柱（495g）		②木の心柱（47g）		③プラスチックの心柱（8g）	
	ゆっくりゆらす	早くゆらす	ゆっくりゆらす	早くゆらす	ゆっくりゆらす	早くゆらす
5重	1分30秒以上	28.11秒	1分30秒以上	1分30秒以上	1分30秒以上	49.91秒

図３　心柱の重さによる違い

【実験３：心柱はどのくらいの長さがいいのか？】

・予想とは違(ちが)い，四重が一番倒れにくかった。

・五重塔は，時代が新しくなるほど相輪の部分が短くなっているので，短いほうが倒れにくいと思ったが，実験の結果は違っていた。建物全体のバランスが大切だと思った。

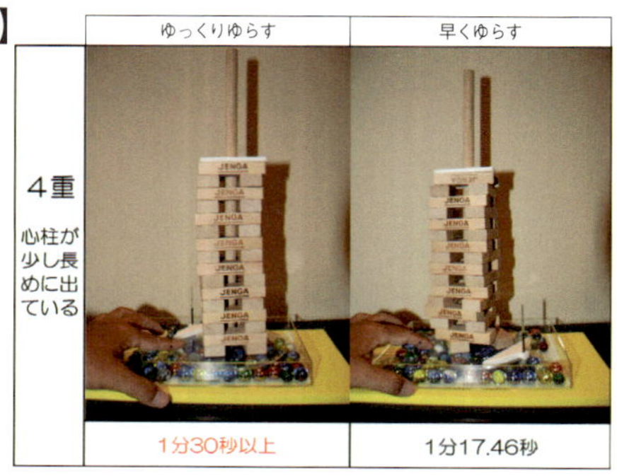

	ゆっくりゆらす	早くゆらす
4重 心柱が少し長めに出ている	1分30秒以上	1分17.46秒

図４　心柱の長さによる違い

【実験４：心柱は，どの高さから吊るすと倒れにくいのか？】

・本物の五重塔と同じように，上から２つ目に吊るすのがもっとも倒れにくい。

・どこから吊るしても，50秒以上倒れなかった。このことから，吊るす位置はそれほど重要ではないのかもしれないと思った。

【実験５：心柱は本当に浮いていたほうがいいのか？】

・心柱を浮かす方法がもっとも倒れにくい。

・地面にしっかり柱を固定すると，そのまま揺れが柱に伝わって，柱の上の部分が大きく揺さぶられることがわかった。

【実験６：重ね方はどうするのがいいのか？】

・五重塔は，上から下まで通してつながった柱はなく，それぞれのかたまりが積み上げられている。今回の実験でも，ジェンガがかたまりになっているほうが「だるま落とし」のようにうまく崩（くず）れて，倒れにくくなっていた。

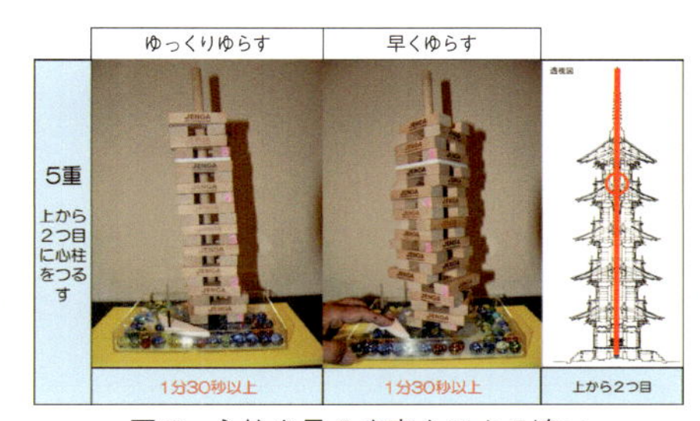

図５　心柱を吊るす高さによる違い

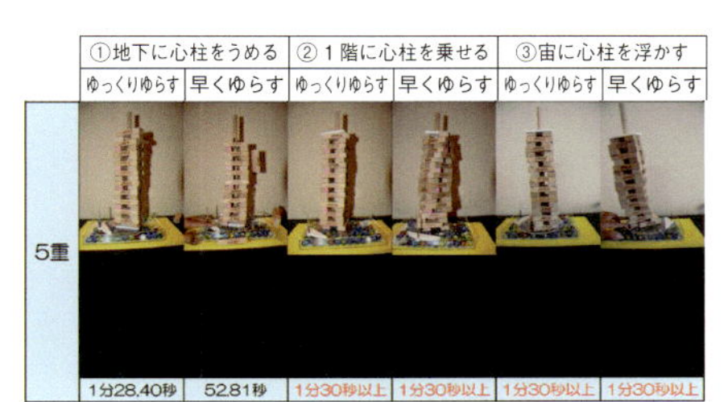

図６　心柱の支え方による違い

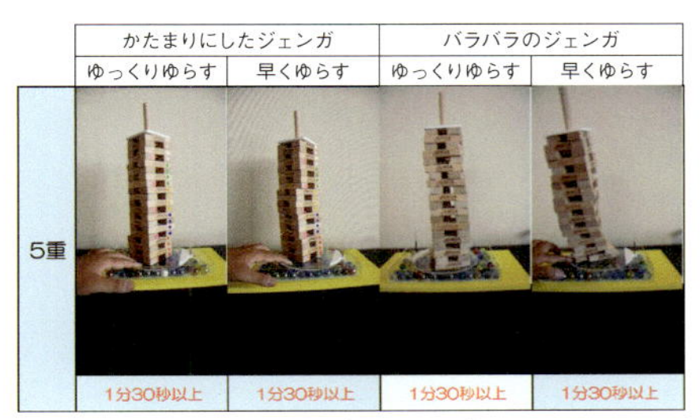

図７　重ね方による違い

実験からわかったこと

【実験１より】 心柱があると，建物が丈夫になる。

【実験２より】 心柱はやはり木が一番いい。

【実験３より】 心柱の長さは長すぎないほうがよく，建物とのバランスを考えてちょうどいい長さにする必要がある。

【実験４より】 心柱は上から２つ目に吊るすと一番倒れにくい。

【実験５より】 心柱は宙に浮かす方法が一番いい。

【実験６より】 五重塔（ジェンガ）は，バラバラではなく，かたまりにして積んだほうが倒れにくい。

感想

・1400年前に発見された心柱の方法が，スカイツリーを建てるときにも活用されたそうだ。コンピューターがなかった時代なのに心柱は大発見だ！

・心柱を入れると，揺らしても，なかなかジェンガが崩れないことを発見してとても感動した。

・僕（ぼく）の夢は宇宙飛行士だが，地震に負けない強い建物を作る大発見もしてみたい。

作品について

この作品は，数々の大地震に遭遇しても倒れなかった日光東照宮の五重塔の心柱が宙に浮いていることに驚き，その秘密を解き明かそうと追究したものです。

まず驚いたのは，巨大な五重塔をジェンガに見立てたアイデアです。この工夫により，さまざまに条件を変えながら繰り返し実験することが可能になりました。雨宮さんは６つの実験に取り組み，心柱の秘密に迫っていきます。

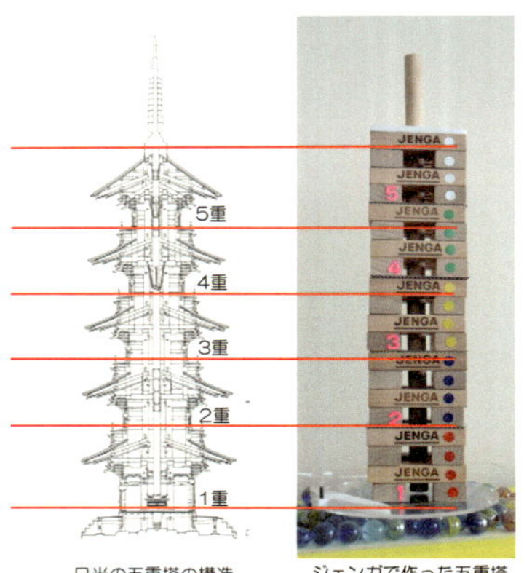

図８　五重塔をジェンガに見立てる

まず【実験 1】では，心柱があることの意味を理解します。次に【実験 2】では，心柱の重さを変えて調べ，木の重さがちょうどいいことを突き止めます。

ところが，【実験 3】では，心柱の長く上に出ている部分（相輪）が一番短い五重がもっとも倒れにくいという予想が外れます。時代が新しくなるにつれて相輪の部分が短くなっている事実に基づいた予想でしたが，四重がもっとも倒れにくいという結果になり，単に長さの問題ではなく建物全体のバランスが大切であることにも気づいていきます。

また，【実験 4】では心柱の吊るす位置を変え，【実験 5】では心柱を土に埋め込んで比較実験することで，五重塔の心柱がいかに優れた役割を果たしているのかを確かめています。

最後の【実験 6】では，ジェンガを１つずつ積んだときと，４つを両面テープでくっつけてかたまりにして積んだときの倒れ方の違いも調べています。

実験 1～6 までの実験は，読み手を興奮させる展開の面白さがありました。雨宮さんの夢は宇宙飛行士になることだそうです。しかし，東日本大震災や熊本の地震の被害を受けて困っている人々がたくさんいることから，地震に負けない建物を作ることも，大きな夢の１つになったようです。

これからのさらなる研究に期待しています。

“種のパワー”研究 発芽の秘密

武田（たけだ） 悠楽（ゆら）
［大田区立清水窪小学校 4年］

ふだん食べている果物や野菜から種を集めて発芽の様子を調べたら、種の秘密がわかるのではないかと思い、研究してみることにした。発芽の様子を調べるうちに、種の部位の役割にも興味がわき、実験、研究してみようと思うようになった。イチゴの小さな種を取ったり、パプリカの種を薄切りにすること、毎朝の水やりが大変だった。

I 研究の概要

研究の動機・目的

フルーツが大好きで，特にフレッシュジュースを作るのが楽しみ。ある日，スイカのフレッシュジュースを作ったところ，とても苦い味になった。原因は種だと考えて，種なしのスイカで再度ジュースを作ると，とてもおいしいジュースができた。でもこの種って，普段目にしている種と同じように，芽を出したりするのだろうか。疑問に思ったので，実際に発芽させてみることにした。

実験方法

果物や野菜から採れるいろいろな種が発芽するのかどうかを調べる。また，発芽するときに，種のどの部分が大事なのかについても調べる。

実験の予想と結果

【実験 1】果物や野菜の種から芽が出るのか？

【予想と結果】種の色や大きさ，厚さに関係があるのではないだろうか。

表 1　実験 1 の予想と結果

種の種類	かぼちゃ	メロン	スイカ（黒）	スイカ（白）	さくらんぼ	ゴマ	エゴマ	グレープフルーツ	イチゴ	パプリカ
予想	○	○	○	○	○	○	○	○	×	×
結果	○	○	×	×	×	○	△	○	○	○
発芽の割合	100%	100%	0%	0%	0%	55%	5%	100%	50%	50%

メロン：5 月 15 日に実験を始めて 24 日に先のとがった方から根のような白いものが出てきた。カボチャと同じように太い根が出てから，細い根をしっかり張って子葉を持ち上げることがわかった。

図 1　カボチャの発芽

イチゴ：予想では，イチゴの種は小さくて 1 つの実に沢山ついているので発芽はしないだろうと思っていて，5 月 15 日に実験を始めて 22 日にカビが生えた。しかし，27 日に芽が出たのでとても驚（おどろ）いた。さらに次の日には葉が出て，成長の早さにも驚いた。

図 2　イチゴの発芽

【結果から】種の色と発芽には，あまり関係性がなさそうだ。また，私の予想と違（ちが）って，種の大きさや厚さと発芽の関係性もなさそうだ。カボチャのような大きな種は，子根が出てから子葉が開くのに時間がかかり，種の皮は私自身が外すのを手伝った。この皮の役割についても不思議に思い，さらに調べてみようと思った。

【実験 2】種についている皮の役割は？

【実験方法】 ①空豆と枝豆を使って発芽と皮の関係を調べる。空豆は，皮をむいたものと皮をむかないものを準備し，それぞれ発芽するかを調べる。
②枝豆は，皮をむかないものと皮をむいたものを，それぞれ豆の向きを変えて発芽するかを調べる。

【予想と結果】 空豆はむいたものが発芽，枝豆は豆の向きや皮に関係なく発芽しないだろう。

表２　空豆の予想と結果

皮	むいたもの	むかないもの
予想	○	×
結果	△	×
発芽の割合	33%	0%

表３　枝豆の予想と結果

皮	むいたもの				むかないもの			
豆の向き	下	左	上	右	下	左	上	右
予想	×	×	×	×	×	×	×	×
結果	○	×	×	×	○	△	△	○
発芽の割合	100%	0%	0%	0%	100%	33%	33%	66%

空豆：予想したように，皮をむいたものの１つが発芽した。根が出て，芽も上に長く伸びて大きくなった。皮をむかなかったものは焦(こ)げたようになり，皮をむいた他のものは乾燥(かんそう)して白くかたくなってしまった。

図３　空豆の発芽

枝豆：空豆に比べて，皮が薄(うす)く張りついていて，まるでゆで卵の薄皮のようだった。むきにくく，豆を傷つけてしまうこともあったが，実験をしてみると，予想と違って発芽した。皮をむいたものは表面がかたくなったが，むかなかったものは豆の水分が守られて発芽した。

図４　枝豆の発芽

【結果から】 空豆は皮をむいたものが発芽したことから，皮が発芽を抑(おさ)えているのではないだろうか。枝豆はどちらも発芽したが，むかないものは水分が守られていた。枝豆は大豆の育ち切っていないものだが，発芽の準備は進められていると感じた。

考察（まとめ）

果物や野菜から採った種は，成熟しているものや皮や殻(から)に覆(おお)われていないもののほうが発芽しやすい。殻や皮には発芽の時期を調整し，カビや乾燥から守る働きがある。

作品について

果物や野菜を食べているとき，誰もが目にする「種」。それを研究の題材とした着眼点が素晴らしいです。水を絶やさずに根気よく観察を続けたことが，作品からも伝わってきました。種の大きさ，色，厚さなどの形で発芽するのかを予想し，予想と結果の違いから考察したことを次の実験につなげるという過程の素晴らしさが印象に残りました。

前ページまでの概要には掲載（けいさい）しませんでしたが，初めの実験を行った後，種を切って発芽するかどうかを調べる実験も行っていました。この実験は作業が難しく，丁寧（ていねい）さが要求される内容でしたが，種の構造を知るうえでも非常に大事な実験になったのではないでしょうか。

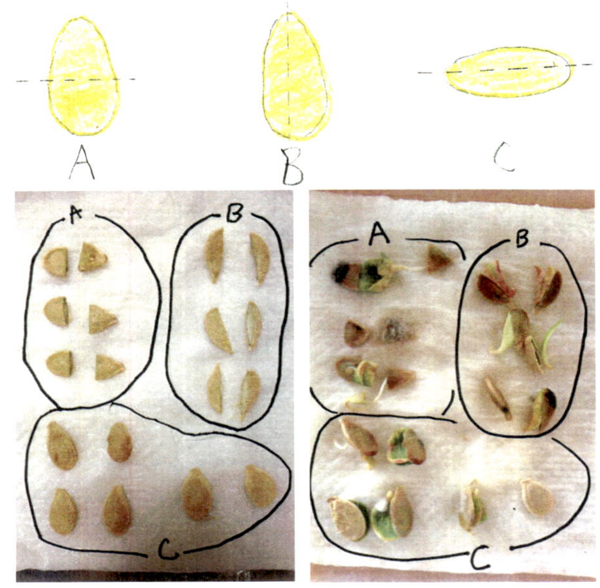

図５　かぼちゃの種を切って発芽の有無を調べる

このように，種が発芽したという結果で終わるのではなく，さらに種の構造や皮や殻の役割に興味をもって実験を継続（けいぞく）したところにこの研究の良さがあります。それは，解決した後に出てくるさらなる疑問に向き合える，武田さんの関心の高さにあるのだと思います。

作品の最終ページに「毎朝忘れずに種の様子を見たり，水をやったりするのが大変だったけれど，根や芽が出ているのではないかと思いながら観察するのが楽しみで，毎朝起きるのにわくわくした」と書かれていました。

未知を楽しみ追究に喜びを感じる。こうした科学者のような姿勢をこれからも忘れず，さまざまな研究に向かってほしいと感じさせる作品でした。

走れ走れハムスター

恒松（つねまつ） 望花（みはな）
［筑波大学附属小学校 4年］

夜行性のハムスター。昼間は眠っていることが多いけれど、夜になると「待ってました!」と言わんばかりに回し車をカラカラと回し出します。一体、私が寝ている夜中にハムスター達はどれくらい回しているの? 距離を走っているの? と考えました。万歩計を改造して測定し、すごろく形式の図で表してみました。
その結果は…?!

Ⅰ 研究の概要

なぜ調べようと思ったか

昼間はほとんど眠っているハムスター（モグとパール）が，夜中に走っている様子を見て，一晩の間にどのくらい走っているのかを知りたくなったから。

調べ方と実験方法

① 回し車を一晩の間に何回回すかを計測する（PM9：00 から AM7：00）。

② どれくらい走るかを理解しやすいように，目安としてスタートは私の家（東京都練馬区），ゴールはおばあちゃんの家（埼玉県坂戸市）と考える（約 37.4 km）。

③ 計測器を作ってゲージに取り付ける。（材料：①はんだごて，②磁石，③はんだ，④導線，⑤万歩計，⑥リードスイッチ，⑦精密ドライバー）

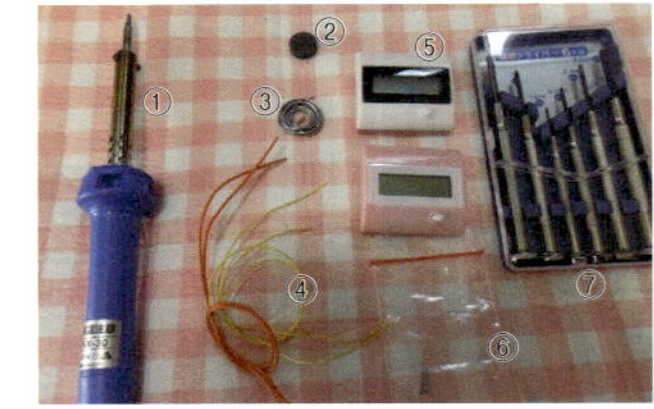

図１　計測器の材料

図２　作成した計測器

※大変だったこと：リードスイッチが反応する磁石の大きさと強さを決めること，リードスイッチが反応する距離（きょり）の調節。

実験の結果

【結果１：モグとパールが走った表】

・モグとパールの回し車の大きさが違う（ちが）ので，それぞれの円周を調べて，一晩に回した回数をかけて km に直した。

・計測は 10 日間続けた。

・昼間でも暗くすると車を回すのかを調べてみた（5 日間，PM2：00 から PM4：00 までの 2 時間）。

【結果２：進んだ距離表】

・国土交通省関東地方整備局の情報を参考にして距離を出した。

・1 日ずつ色を変えて，走った距離を表した。

表１　モグとパールが走った表

		モグ（回し車の円周 45.53 cm）		パール（回し車の円周 40.82 cm）	
何日目 日にち	天気	回し車を回した回数	進んだきょり	回し車を回した回数	進んだきょり
1日目 8/1	☀	11308回	5.149[illegible]	2488[illegible]回	10.1[illegible]km
2日目 8/2	☁	11661回	5.309[illegible]	24960回	10.189km
3日目 8/3	☀	[illegible]11回	[illegible]	18992回	[illegible]
4日目 8/4	☀	[illegible]	[illegible]	20900回	8.531km
5日目 8/5	☀	9701回	4.417km	27070回	11.5km
6日目 8/6	☀	14707回	6.696km	33851回	13.818km
7日目 8/7	☀	15[illegible]0回	6.875km	46176回	18.849km
8日目 8/8	☀	10853回	4.941km	24456回	9.983km
9日目 8/9	☀	19151回	8.719km	1[illegible]28回	5.522km
10日目 8/10	☁	13473回	6.13[illegible]km	27471回	11.221km

表２　昼間に暗くして走った表

何日目 日にち	天気	モグ		パール	
1日目 8/11	☀	491回	223.55m	315回	12[illegible].58m
2日目 8/12	☀	34回	5.4[illegible]m	45回	[illegible]m
3日目 8/13	☀	404回	183.94m	456回	186.13m
4日目 8/14	☀	123回	5[illegible]m	201回	82.04m
5日目 8/15	☁	236回	107.45m	157回	64.08m

考察

・驚(おどろ)いたのは，1日目の測定の数を見たときだ。まさかあの小さな体で5kmから10kmも走っているとは思ってもいなかった。そして，予想とは反対に年上で体の大きいモグよりも，若くて小さな体のパールのほうが2倍走っているということだ。モグはぽっちゃりしているから距離が少ないのか。パールはモグの2倍走っているからスマートなのか。モグもやせたらパールと同じくらい走るのだろうか。

・棒グラフを見ると，モグはいつもペースを乱さずに走っているけれど，パールはペースにむらがあった。年齢(ねんれい)なのか，性格なのか。

・夜，明るいままにしておく実験は，ハムスターの体調を考えてあきらめたが，5日間だけAM2：00に起きて5分間明かりをつけた状態にしてみた。すると，5日間ともそれまでカラカラと回し車を回していたハムスターたちが，回すのをピタッとやめてしまった。5分後，電気を消して暗くすると，またカラカラと回し始めた。

・ハムスターにも体内時計はあると思うが，暗くなると夜だと思い込(こ)むところもあると思う。本当に昼間は起きていても回し車を回さない。不思議だ。

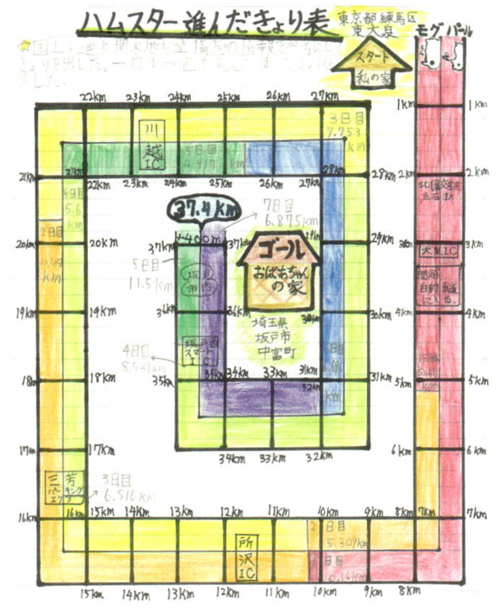

図3　ハムスターの進んだ距離表

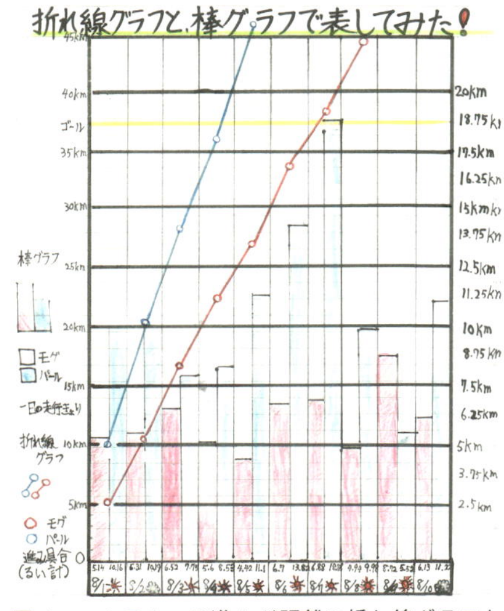

図4　ハムスターの進んだ距離の折れ線グラフと棒グラフ

感想

実験で新たにわかって驚いたことも，まだわからなくて謎(なぞ)の部分もあるが，毎日かわいがりながら2匹(ひき)のハムスターを見守っていきたい。知れば知るほど愛らしいと思える。

もっといろいろな角度からハムスターについて調べていたいと思った。実験に参加してくれたモグとパール，ありがとう。

作品について

恒松さんは，かわいがっているペットのハムスターが，夜になると元気に回し車の中で走っている様子を見て，一晩でどのくらいの距離を走っているのかを知りたくなり，この研究をスタートしました。

図５　回し車を回すハムスター

回し車が一晩で何回転するのかを調べるために，カウンターを自作するのですが，なかなかうまくいきません。部品の調達，慣れないはんだごて，さらにセンサーであるリードスイッチがうまく反応しないなどの問題に直面します。

図６　リードスイッチの作成

しかし，恒松さんは諦めずに試行錯誤(しこうさくご)を繰(く)り返し，磁石の大きさや距離を調整しながら，カウンターを完成させることに成功します。

この作品が優れている点は，集めたデータをさまざまな表やグラフにまとめ，ハムスターが走った距離や傾向(けいこう)を読み手にわかりやすく表現できているところにあります。まず，すべての資料が，ハムスター１匹ではなく２匹のデータを比較(ひかく)できるようになっています。また，その日の天気と走った距離との関係もまとめました。さらに，２匹のハムスターが走った距離をイメージしやすいように，自宅（東京都練馬区）からおばあちゃんの家（埼玉県坂戸市）までの距離（約 37.4 km）を競走させるようにして資料をまとめています。

図７　カウンターの作成

ワープロソフトや表計算ソフトを使わずに手書きのよさを生かして自由な形式でまとめたことも，読み手にとっての “わかりやすさ” が増した点で見逃(みのが)せません。

これからも，大好きなハムスターをかわいがりながら，さまざまな「はてな？」を見つけ，さらに追究してほしいと思っています。

ぼくの絵具

蘭 裕太（あららぎ ゆうた）
［大阪教育大学附属池田小学校 4年］

絵を描くことが大好き。
京友禅の絵付け体験をした時、布に色をつけることが難しかったです。
よし！ 僕でも上手に塗れる絵具をつくってみよう!! 家にある6種類の調味料を組み合わせ、実験には分かりやすいように単位を考えてみました。
よく使っている絵具とは違う。安全な絵具。きれいに塗ることができてうれしかったです。

I 研究の概要

研究の動機・目的

京都伝統産業ふれあい館で，職人さんに教えてもらって京友禅（きょうゆうぜん）の絵つけ体験を学んだ。布に色をにじませるのが難しく，模様の線からはみ出してきれいに仕上げることができなかった。きれいに線からはみ出さずに塗（ぬ）れる絵具を作ってみたいと思った。

図１　絵つけ体験の様子

予想

家にある炭酸水，みりん，油，レモンジュースなどの液体に小麦粉や片栗粉などを混ぜるとにじみが少なく，きれいに塗れる絵具ができるだろう。絵具はべっとりとしていたので，水分が少なくてべっとりしそうな組み合わせがよいと思う。

図２　作品の表紙写真

実験方法

① 液体（炭酸水・みりん・油・レモンジュース・酢（す））に小麦粉，米，片栗粉を混ぜて，絵具を作る。

② 綿 100％の布にスポイトで絵具を落とし，にじみ具合を調べる。

※ 使用する単位（自身が作成）1 ngm＝0.1 cm（布でのにじみの大きさを表す）
1 ptn ＝0.1 cc（布に落とす水の量を表す）

実験結果

【実験１：絵具を液体だけで作成（各１cc ずつ）】

表１　実験１の結果

液体＼時間	すぐ	45分後
たんさん水	1.9ngm	1.9ngm +0cm
油	1.8ngm	1.8ngm +0cm
みりん	1.8ngm	1.9ngm +0.1cm (1ngm)
レモンジュース	2.0ngm	2.1ngm +0.1cm (1ngm)
酢	2.9ngm	3.0ngm +0.1cm (1ngm)

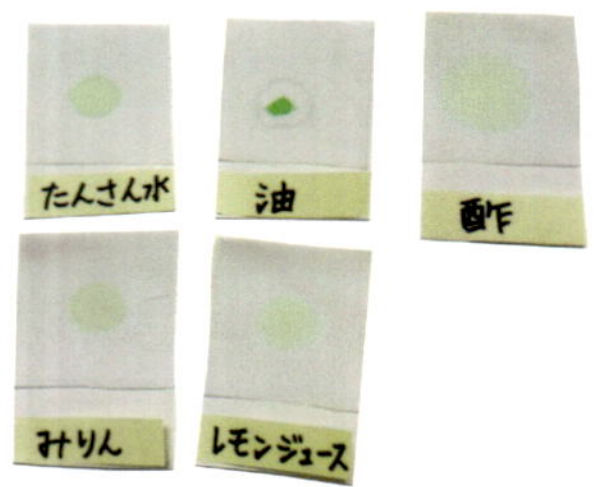

【実験２：液体に小麦粉を入れて絵具を作成（計量スプーンすりきり１杯＋液体各５cc)】

表２　実験２の結果

液体＼時間	すぐ	45分後
たんさん水	3.0ngm	3.0ngm +0cm
油	2.0ngm	2.1ngm +0.1cm (1ngm)
みりん	2.3ngm	2.4ngm +0.1cm (1ngm)
レモンジュース	2.0ngm	2.0ngm +0cm
酢	2.5ngm	2.5ngm +0cm

【実験３：液体に片栗粉を入れて絵具を作成（計量スプーンすりきり１杯＋液体各５cc）】

表３　実験３の結果

液体＼時間	すぐ	45分後
たんさん水	2.0ngm	2.0ngm +0cm
油	2.0ngm	2.0ngm +0cm
みりん	1.5ngm	1.9ngm +0.4cm(4ngm)
レモンジュース	2.8ngm	2.8ngm +0
酢	2.8ngm	2.9ngm +0.1cm(1ngm)

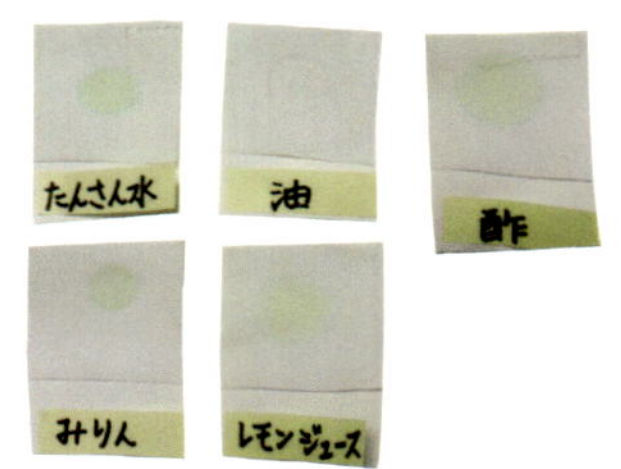

これまでの実験から，片栗粉は小麦粉に比べて混ざりやすいことがわかった。また，油だけは小麦粉でも片栗粉でもしっかりと混ざらない。色合いはみりんがよい。

※実験４は米を混ぜて，実験５〜７は混ぜる小麦粉，片栗粉，米の量を増やして行った。

【実験６：液体に片栗粉を入れて絵具を作成（計量スプーンすりきり３杯＋液体各５cc）】

表４　実験６の結果

液体＼時間	すぐ	45分後
たんさん水	1.5ngm	1.5ngm +0cm
油	1.9ngm	2.6ngm +0.7cm(7ngm)
みりん	2.0ngm	2.2ngm +0.2cm(2ngm)
レモンジュース	1.6ngm	1.6ngm +0cm
酢	2.0ngm	2.0ngm +0cm

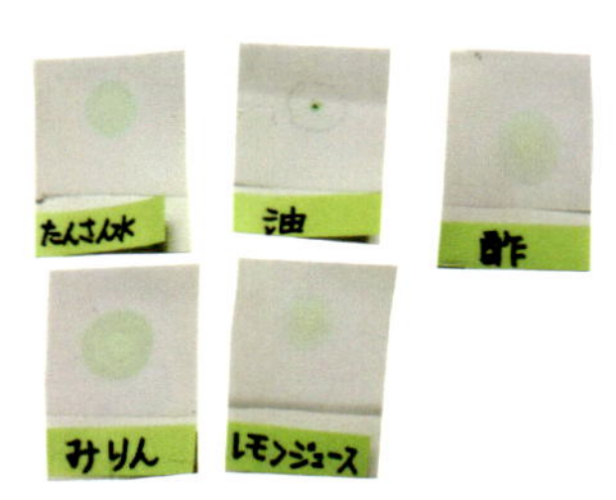

考察（実験１〜７を終えて）

（にじみについて）
・炭酸水は時間がたってもにじみが広がらない。
・みりんは色合いがよくにじまない。
・レモンジュースは片栗粉のときによくにじむ。
・油，酢は「すぐ」も「45分後」もにじむ広さが広い。
・すりきり３杯のときは片栗粉のほうが小麦粉よりにじみが狭い。

（混ざり方について）
・片栗粉は小麦粉よりも液体に混ざりやすい。
・米は液体と混ざりにくく固まる。
・油は混ざりにくい。

表５　理想の絵具

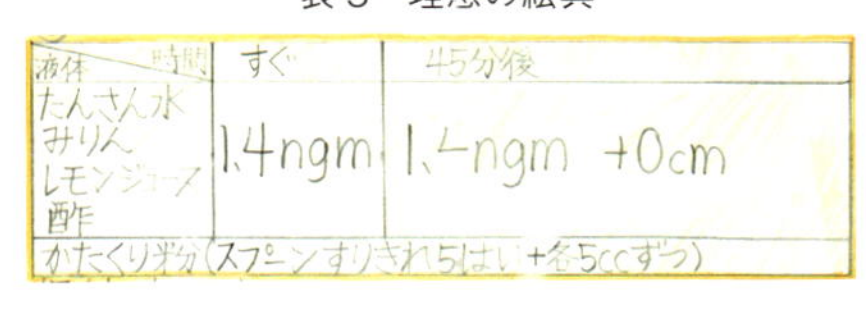

液体＼時間	すぐ	45分後
たんさん水 みりん レモンジュース 酢	1.4ngm	1.4ngm +0cm
かたくり粉（スプーンすりきれ5はい+各5ccずつ）		

これまでの結果から，片栗粉の量を増やして理想の絵具を作成した（結果は左）。にじみの少ない，きれいに塗れる絵具を作成するには，水分の少ない組み合わせで，時間が経ってもにじまないものがよく，片栗粉が多いほうがにじみにくい。絵具は予想通り，ねっとりしたものがよかった。実験のおかげで，食べても大丈夫な絵具ができた。次は野菜や果物で絵具を作成したい。

作品について

京友禅の絵つけ体験で，にじませるのが難しく，色が線からはみ出してしまい，きれいに塗ることができなかったという経験から，自分で絵具を作ろうとした意欲が素晴らしいと感じました。

家庭にある食品から絵具に使うことができそうな食品を探すだけでなく，スプーンやスポイト，量り，計量カップや布など正確に実験を行うための器具を準備するなど，条件をよく考えた実験であることがわかります。

図３　使用した道具

固体３種類と液体５種類に分けて，８つの実験，40回以上の計測を根気強く１mm単位まで行ったことで，それぞれの違いが明らかになりました。また，一つひとつ組み合わせを変えながら布ににじませる実験を表に整理したことで，結果がわかりやすく示されています。液体の種類，粉の種類，混ぜる粉の量と変えるものが３つありましたが，それらを見事に整理していました。何を変えて調べるか，そのためには何を変えてはいけないのかということを把握しているからこそ，たくさんの実験を整理できるのでしょう。

表６　実験５の結果

(実験5) 小麦をそれぞれに足す(スプーンすりきれ3はい+各5ccずつ)

液体＼時間	すぐ	45分後
たんさん水	2.5ngm	2.6ngm +0.1cm(1ngm)
油	2.0ngm	2.0ngm +0cm
みりん	2.3ngm	2.3ngm +0cm
レモンジュース	2.3ngm	2.3ngm +0cm
酢	1.8ngm	1.9ngm +0.1cm(1ngm)

(にじみ)
すぐの時はたんさん水が一番にじんだが，45分後，酢にもにじみが広がってきた。
(色合い)
すぐも45分後も酢が良い。
(気付いたこと)
油はしっかりまざらなかった。

たんさん水　油　みりん　レモンジュース　酢

実験後には「油がそれぞれの粉と混ざりにくいこと」「米が液体と混ざりにくいこと」が書かれていますが，そういった考察を行う際にも，しっかりと他の粉や液体と比較しながら述べられているのが素晴らしいです。

自分の思いや感覚ではなく，他のものとの比較を通して，結果に表れる数値をもとに考察することは，科学的に探究する過程においてとても大切なことです。７つの実験を通して見つけた液体と粉との組み合わせから，さらに粉と液体の割合を変えて，理想の絵具を作成した実験に，裕太さんの飽くなき探究心を感じました。次は野菜や果物を使いたいという発想にも驚かされました。ぜひ，これからも科学的な探究を楽しんでください。

風鈴が風を受けるとき

長野 佑香（ながの ゆうか）
［大阪教育大学附属池田小学校 5年］

夏によく見かける風鈴。綺麗な音がする風鈴。ピクリとも動かない風鈴。同じ風を受けているのに違いが出るのは何故か？ 風受けに注目して調べてみました。
風鈴の様子をビデオカメラで撮り、スロー再生すると、音が鳴るまでの動きがとてもよくわかりました。自分で作った風受けの風鈴は今年の夏も大活躍!!
綺麗な音がしています。

I 研究の概要

研究の動機・目的

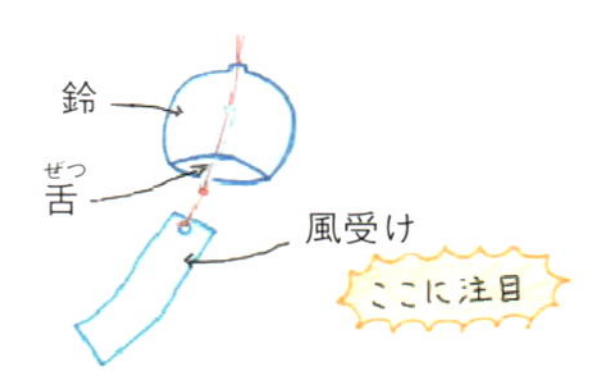

夏になると「風鈴（ふうりん）」をよく見かけるけれども，音がよく鳴る風鈴と鳴らない風鈴がある。どうしてそんな違（ちが）いが出るのか，風を受ける短冊に注目して調べてみた。

実験前の準備・実験方法

図１　正三角形の筒を組み合わせたもの

実験をする前に，まず風鈴に当たる風の強さが一定になるように，厚紙で一辺が 1.5 cm の正三角形の筒（つつ）（長さ 30 cm）を組み合わせた簡単な風洞（ふうどう）装置を作成する。この風洞装置を通って，扇風機（せんぷうき）の風が風鈴受けに当たるようにする。

実験では，扇風機から風を送り，風鈴が鳴り始めるまでの時間（秒）と 30 秒間に鳴った回数を調べた。風を受け始めるときの状態が風に対して垂直な場合と平行な場合を比べる。測定は，風鈴の様子をビデオカメラで撮影（さつえい）してスロー再生しながらカウントし，各３回行った。

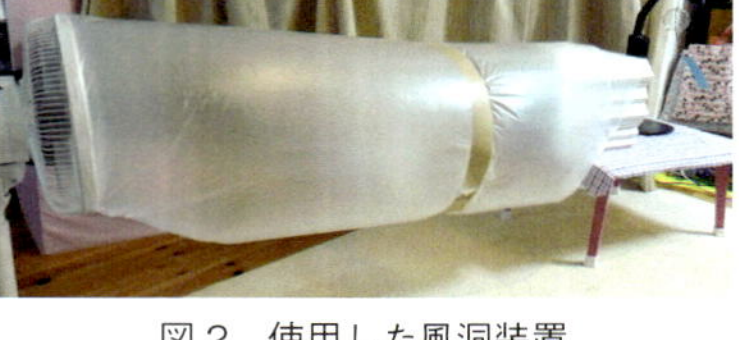
図２　使用した風洞装置

実験と結果

【実験１：いろいろな形の風受けに弱風を当てる】

画用紙を使って，ほぼ同じ面積のいろいろな形をした風受けを作成し，風鈴につける（面積約 64 cm^2）。

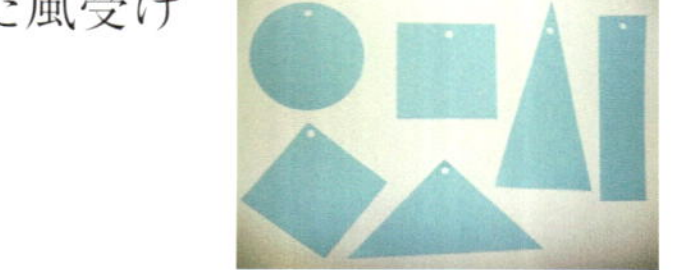
図３　いろいろな形の風受け

〈結果〉

表１　実験１の結果

[illegible]	[illegible]	[illegible]	[illegible]	[illegible]	[illegible]	[illegible]	[illegible]
○	垂直	8	[illegible]	[illegible]	[illegible]	7	25
	並行	4	34	[illegible]	[illegible]	5	28
□	垂直	6	47	5	[illegible]	7	40
	並行	6	40	6	41	5	34
△	垂直	12	14	10	17	10	14
	並行	[illegible]	15	16	11	[illegible]	14
[illegible]	垂直	×	×	×	×	×	×
	並行	×	×	[illegible]	[illegible]	[illegible]	[illegible]
◇	垂直	9	28	7	23	7	32
	並行	5	[illegible]	6	[illegible]	7	36
[illegible]	垂直	8	31	7	[illegible]	7	41
	並行	7	[illegible]	[illegible]	[illegible]	6	[illegible]

〈わかったこと〉

風鈴が鳴るときには，まず風受けが流れてきた風に乗って静止した状態になる。次に左右に少しずつ揺（ゆ）れ始め，くるくる回って舌（ぜつ）（風鈴についているおもり）が鈴に当たり，音がすることがわかった。

鳴った数がもっとも多かったのは正方形で，ほとんどの形で風に対して並行なときのほうが鳴り始めが早かった。風に対して垂直なときは，流れてきた風に乗って静止状態になる時間が長く，特に長方形はきれいに静止してしまい，まったく鳴らなかった。

【実験２：いろいろな形の風受けに強風を当てる】

〈わかったこと〉

風鈴が鳴るときは，実験１と同様に静止→揺れ→回転の流れだった。しかし，弱風よりも強風のほうが静止と揺れの時間が短く，少しずつ左右に揺れるような状態がほとんどなく，大きく揺れてすぐに回転状態になった。鳴り始めの時間や回数については，弱風のときほど風受けの形による差は少なかった。

【実験３：風受けの大きさ】

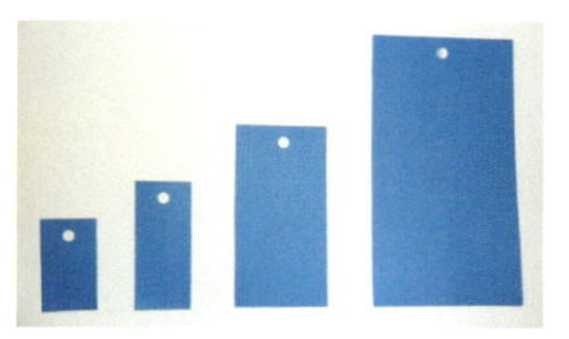

図４　大きさの異なる風受け

〈わかったこと　大きさ〉

小さいと風を全部流すので舌を動かすことができない。大きいほうが勢いよく揺れるので，よく鳴った。

【実験４：風受けの厚さ】

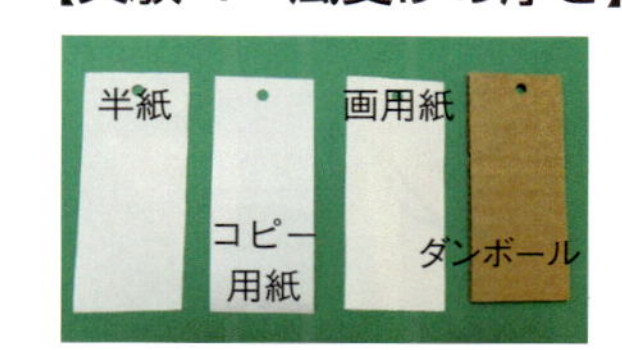

図５　厚さの異なる風受け

〈わかったこと　厚さ〉

音が出る回数はコピー用紙が多かった。厚いダンボールは重すぎて回るだけで，舌が鈴に当たらなかった。

【実験５：ひもの長さ】

実験４で鳴る回数が多かったコピー用紙を使い，長方形と正方形の風受けを作り，同様に実験する。

〈わかったこと　ひも長さ〉

ひもの長さが短いと，静止状態が長くなり，鳴り始めまでの時間がかかる。鳴った回数は２cm のひもが一番多かった。

考察とチャレンジ

風鈴が鳴るときの風受けの動きは，静止→揺れ→回転だということがわかった。縦長の長方形の場合，ほとんど揺れることもなく静止状態が続く場合が多かったので，ある程度横幅のある形のほうがバランスが崩（くず）れて揺れやすい。

いったんバランスが崩れて揺れが始まると，形による大きな違いはなかったので，いかに早くバランスを崩すかがポイントになると思う。

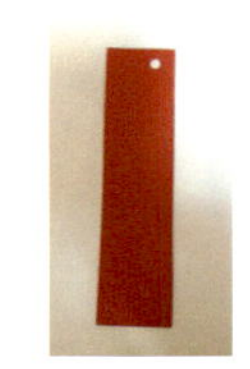

図６　ひも穴を端にずらした風受け

そこで，写真のように風受けのひもを通す穴を端のほうにずらしてみた。風洞装置を使った実験では差が出なかったが，風洞装置を外して実験すると，すぐに揺れ出して回転し始めた。自然の風も一定ではないので，すぐに揺れ出すと思う。風鈴は，鈴や舌の種類によって，よく鳴る風受けの条件は違うと思うけれども，今回の実験で使用した鈴と舌に合う風受けを作ってみた。

感想

最初は撮影せずに回数を数えようとしたら，音の鳴る間隔（かんかく）が短すぎて何回も失敗してしまった。でも，お気に入りの風受けができて楽しかった。

作品について

図７　研究成果を活かした風受け

左の写真（図７）の風鈴の風受けが，研究の成果でできあがったものです。自然の風を受けて，チリンチリンと涼しげな音が聞こえてきそうです。お気に入りの風受けができて，満足しながらも次への課題意識もなくしていません。最後に，「風受けがコピー用紙なので，雨に弱いところが課題です」という感想も書かれていました。同じように薄（うす）くてやわらかい布でもよいかなという予想もしているようです。

結果を明確にするためには，条件を制御（せいぎょ）することがとても大切になります。今回の実験では，風受けに当たる風の強さを一定にするための風洞装置を用意しました。レポートには簡単な風洞装置と書いてありますが，厚紙で正三角形の筒を 337 本も組み合わせています。そうした労を惜（お）しまない姿勢がより正確な実験結果を生み出すのだと思います。このような取り組みができたのも，実験を楽しむ気持ちがあったからでしょうね。

風鈴が鳴るときの風受けの動きは，静止→揺れ→回転になることが実験によってわかりました。この分析（ぶんせき）が，風受けとしてよい形を見つけ出す考察につながっています。風受けに風が当たって風鈴が鳴ることは誰もが知っていますが，ここまで分析した人は少ないと思います。何気なく見るのではなく，分析的な視点から現象を見てみましょう。すると，長野さんのように新たな発見をしたり，不思議の解明に迫（せま）る糸口が見えてきたりすることがあります。それが自然を対象にして研究することの楽しさにつながっていくのだと思います。

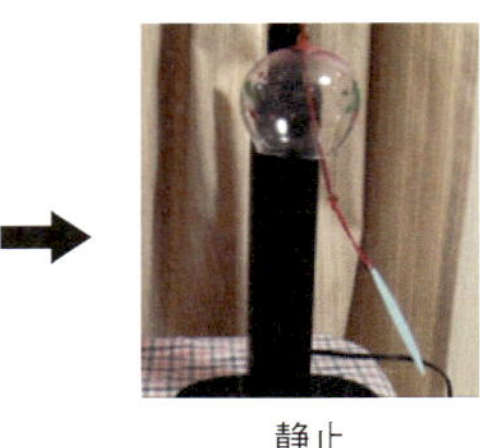

静止

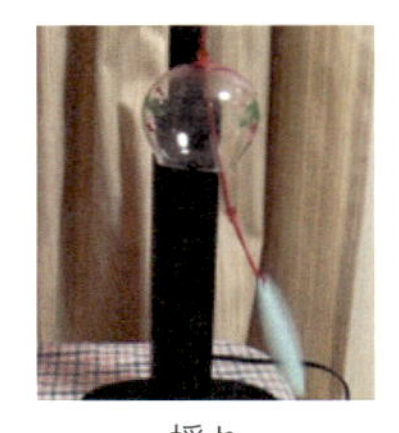

揺れ

回転

図８　風鈴が鳴るときの風受けの様子

海水から世界を救うおじぎ草

～耐塩性から海岸植栽の可能性まで～

たかがき ゆうき
髙垣 有希
［成田市立吾妻小学校 6年］

小学５年生の時からおじぎ草について調べてきました。水耕栽培や、耐塩性があるのかなどいろいろなことを調べてきましたが、今回の実験でおじぎ草は耐塩性があるということが分かりました！ 海面上昇で汚染された土壌の改良がおじぎ草を植えると出来るのではないか？ と考えました。
これは、雑草力と言わなければなりません！

I 研究の概要

研究の動機・目的

昨年からおじぎ草の実験を繰り返してきて，その生命力の強さを感じてきた。その生命力の強さをもっと試してみたい。おじぎ草は根から水を吸い上げ蒸散する量も多い。もし，おじぎ草が塩にも耐えることができるならば，近年叫ばれている海面上昇の問題もおじぎ草が解決する糸口になるかもしれない。海水を吸って真水を蒸散することができたら，浜辺におじぎ草を植えることで塩害を防ぐことができるためだ。そこで，おじぎ草の耐塩性について実験することにした。

実験と結果

【実験１：枝挿しをしたおじぎ草は何%の海水濃度に耐えられるか】

図１　濃度の異なる海水を作る

銚子の犬吠埼の海水から濃度100%，50%，25%の海水を作り，そこにおじぎ草を枝挿しして観察する。海水濃度25%なら成長できるのではないかと予想した。

〈結果〉どれも枯れてしまった。

〈考察〉25%が一番最後まで生き残ったが，それでもわずか9日しかもたなかった。塩害を受けたおじぎ草は，塩害が進んでいた下のほうの葉からどんどん落ちていくことがわかった。もっと海水濃度を下げてみることにした。

【実験２：25%以下の海水濃度でどれくらいまで耐えることができるのか】

水耕栽培の水を海水濃度20%，15%，10%，5%で作り，枝挿しまたは葉挿しをする。予想では，5%の海水は耐えられると考えた。

〈結果〉20%，15%は枯れてしまった。10%は葉が落ちてしまったが，茎は青々として根もたくさん出ているので経過観察中である。根なしは5%でも枯れてしまった。

表１　実験２の結果

10%	枝挿し 根有り	観察開始 8月14日 観察終了 経過観察中	9月23日	今も観察を続けているが，9月24日現在，葉がすべて落ちてしまった。しかし，まだ茎は青々としているため経過観察を続けている。根もたくさん出ており，新しい葉が出ることを期待している。	開始時	終了前

〈考察〉海水濃度が25%より低い場合は，下のほうの葉に塩分を集めて，その葉を落とすことで生存しようとする。しかし，海水濃度が高すぎると，海水とおじぎ草内の液の浸透圧差で，逆に体液を吸われて枯れてしまう。

【実験３：海岸に近い状況でのおじぎ草の生育状況を観察する】

海水濃度10%の水と銚子の砂の混合水にして，根有りの枝挿し，葉挿しをする。家の縁側で観察するため，雨が降ると水が容器に入る。そのため，自然の海岸と同じ状態になる。

〈結果〉15日以上，両方とも順調に生育を続けている。どちらも発根しているが，葉柄あたりに白いぽつぽつが出てきた。

〈考察〉今回，驚くべき事実を発見した。それは，砂の下ではなく砂の上に根が出てきたということだ。砂の下はとても濃い海水があるため，そこに根を伸ばして海水を吸うのは避けたほうがよい。だが，上の部分はどうだろう。海水であることに変わりはないが，降ってきた雨水がそこに溜まっている。つまり，おじぎ草は少しでも塩分濃度が薄い部分を選んで根を伸ばそうとしているのではないか。これは，マングローブ植物と同じだ。今回の砂の上に根を出すというのは，海岸に順応しているといえるのではないか。

表２　実験３の結果

10%葉挿し	根元に白いもの	根が浮き出てきた	10%枝挿しの根元
H28・9・24 現在	H28・9・22	H28・9・22	H28・9・18

この葉挿しの根はよく見るとアーチ状で，その脇から側根が出てきている。この根の形はマングローブ植物のヤエヤマヒルギなどによく見られる支柱根に酷似している。おじぎ草がマングローブ化したということだろうか。

あとがき

おじぎ草の観察を始めて，もう一年になる。最古参のおじぎ草は400日を超え，葉挿しの最古参はつい先日100日を超えたが，花が咲かない。「水と肥料のやりすぎは花が咲かない」との定説通り，水耕栽培では花芽は出るが，花が咲きやすい9月になっても花を咲かせる気配がまったくない。そこで，水を少なめにした海岸の砂に一部の葉をカットした短い枝を挿してみた。その結果，25日が過ぎたころに，他のおじぎ草より花芽が膨らんでいるように感じられた。もし花が咲いて種が収穫できれば，海水にも強いおじぎ草ができるのではないか。そんな夢を抱きながら観察を続けている。

作品について

図２　生長させたおじぎ草

この作品からは，髙垣さんのおじぎ草愛が伝わってきます。庭の花壇（かだん）に植えたおじぎ草が寒さのために枯れかけていたのに気づき，ペットボトルで水耕栽培し，無事越冬（えっとう）させ，葉の面積が 20 倍程度になるまで生長させることができました。このおじぎ草の生命力の強さに惹（ひ）かれ，塩害対策になる可能性を夢見て研究を続けています。

おじぎ草の生命力は，高い海水濃度の水にも勝てるのではないかと考えて実験しますが，残念ながら生長することはありませんでした。しかし，その実験やもう少し低濃度にした観察から，いくつもの発見をします。10% 程度の低濃度ならば耐えられること，塩分が含まれた水に対応する葉の働き，少しでも塩分の影響（えいきょう）を受けないように砂の上に発根することなどです。今の段階では，おじぎ草が塩害対策の植物になると言い切ることは難しいですが，髙垣さんの発見はその可能性を感じさせるものです。

また，この研究のよさは考察がしっかりしていることです。実験 1 の結果について考察し，それを活（い）かして次の実験 2 に取り組んでいます。実験 2 の結果も考察していますが，実験 1 と実験 2 の結果を合わせた考察も行っています。実験 3 が終われば，さらにその結果も含めた考察をしているので，どんどん考察の内容が深まっていきます。

改善点もいくつかあります。結論づけるには個体数が少ないので，同じ条件で観察する個体数を増やすと，より説得力のある実験結果が得られます。また，観察するときに変える条件は 1 つにしたほうがよいでしょう。

髙垣さんもあとがきで述べていますが，子孫を残していくために必要な開花や結実の可能性も見え始めています。1 年以上をかけておじぎ草の観察を積み重ねてきたのですから，ぜひ開花，結実まで研究を進めてください。これまで以上の壁（かべ）があるかもしれませんが，成功の喜びはより大きなものになると思います。

図３　１年以上をかけて観察を積み重ねる

耐塩性の DNA のあるおじぎ草の出現という夢が叶（かな）うといいですね。

ジンリックをカッコよく飛ばせたい

～フリースタイルスキーを科学的に考える～

東 虎太郎（ひがし こたろう）
［筑波大学附属小学校 6年］

僕はスロープスタイルスキーが大好きです。
そのイメトレ用の人形のジンリックをカッコよく飛ばしたくて実験をしました。そのため、自分でジャンプ台を作り、その角度やジンリックの重さを変えたりして試行錯誤し、最後にはジンリックをカッコよく飛ばすことができました！ ますますスロープスタイルスキーが好きになりました。

Ⅰ 研究の概要

研究の動機・目的

僕はスキーが大好きだ。スロープスタイルスキーでは，キッカーと呼ばれるジャンプ台を飛んで，空中で縦や横に回転する。そのイメージトレーニング用にアソブロックで作ったスキー人形を持っている。この人形には，憧(あこが)れのヘンリック・ハーロウ選手をイメージして，ジンリックと名づけた。このジンリックがキッカーをかっこよく飛んで着地する方法を科学的に考えると楽しくて，自分のスロープスタイルスキーにも役立つのではないかと思い研究を始めた。

実験前の準備・実験方法

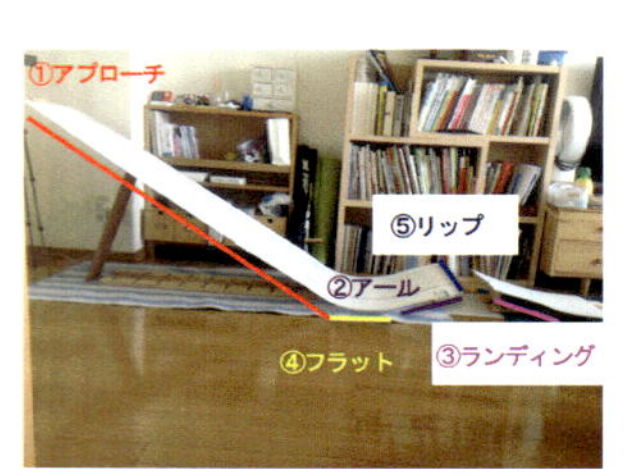

図１　作成したキッカー

右写真のようなキッカーを作成する。アプローチからアールにかけての滑走(かっそう)性を上げるために，PP クラフトシートを敷(し)いた。アプローチ，アール，ランディングの角度をそれぞれ 20°と 30°の２段階に変更できる。

図２　作成したジンリック

ジンリックはアソブロックで作られていて，身長 13 cm，体重 23 g，履(は)いているスキー板は長さ 17.5 cm，１本の重さは 6 g になる。裏面に滑(すべ)るテープを貼(は)った 16 g の鉄のスキー板も用意した。

ジンリックが滑る様子をビデオ撮影(さつえい)して分析(ぶんせき)しながら実験を進めることにした。

実験と結果

【実験１：アプローチとアールを 30°にして飛ばす】

どちらの板を履かせても，ジンリックは１回もきれいに飛ばなかった。アプローチやアールで横に回ってしまったので，もっと安定する形にする必要性を感じた。フラットでジンリックの板が突っかかたり，スピードがつかずに飛び出さなかったりしたので，まずアプローチとアールの角度をいろいろ変えて，実験してみることにした。

【実験２：キッカーの角度が与える影響(えいきょう)】

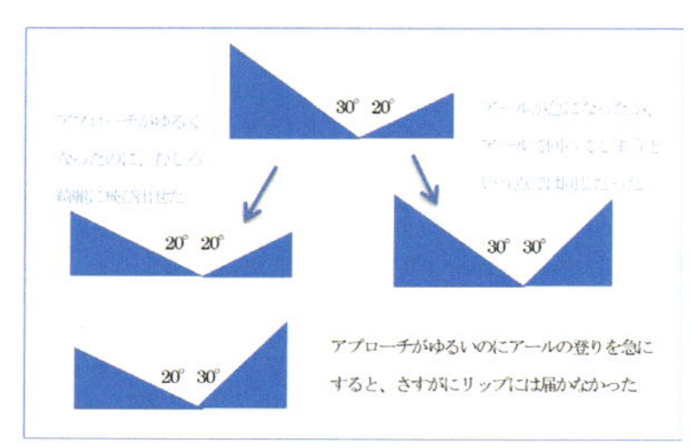

図３　実験２の結果

アプローチとアールの角度を４つの組み合わせで実験した結果，20°と 20°の組み合わせが一番よかった。アプローチの角度が増すとスピードは上がるが，安定性が下がる。もっと安定したジンリックが必要だ。

【実験３：板の重さが与える影響】

ジンリックをもっと安定した形にして，片方の重さが2 g，9 g，16 g，23 g，30 g，37 g のスキー板を用意して実験を行った。10 回の実測値と平均値をグラフに示す。

よれた角度：飛び出した瞬間にビデオを止めて分度器で角度を測定する。

飛距離：リップの下に方眼紙を置き，ビデオで着地点を確認する。

速度：5 分の 1 倍速のビデオを見ながら時間を計り，速度を求める。

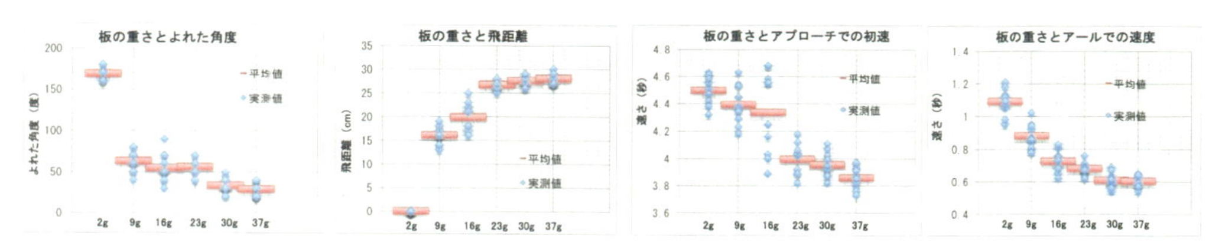

図４　実験３の結果

アプローチの角度を上げるとスピードは上がり，安定性は下がったが，板の重さを上げるとスピードも安定性も上がり，飛距離も上がった。23 g 以上ではほぼプラトー（横ばい）になる。

【実験４：重心が上下で違うときに与える影響】

【実験５：ポジションの前後の違いがランディングの着地に与える影響】

【実験６：ポジションの前後の違いが飛距離に与える影響】

まとめ

1．アプローチで安定して滑るためには，板の重さが 2g だとまったく安定しなかったので，足元の重さは絶対に必要。

2．アプローチの小さなよれがアールで大きなよれとして現れるので，左右のバランスが大切になる。全体が同じ重さなら重心は下にあったほうが安定する。

3．雪山では飛距離を伸ばすために加速したいときがある。加速するためには，重心が上にあるほうがスピードがついて飛距離は伸びるが，その分だけ安定しなくなるので注意しないといけない。初速は重心が真ん中にあるほうが速いが，フラットでのスムーズさに気を配らないと飛距離が落ちてしまう。少し後傾のほうが飛距離は出る。

4．安全に着地するには，ポジションを真ん中にもってくる。

5．今回の結果を自分のスキーに当てはめると，

①人の体重 23g に対してスキー板が２本で 60g というのはあり得ない。プラトーに達することはないので，スキー板は重いほうがよい。

②後方縦に回る技では，少し後傾の姿勢でリップを飛ぶ。後傾きで滑っているときは，アールでのスピードがいつもより速いので注意が必要だ。

作品について

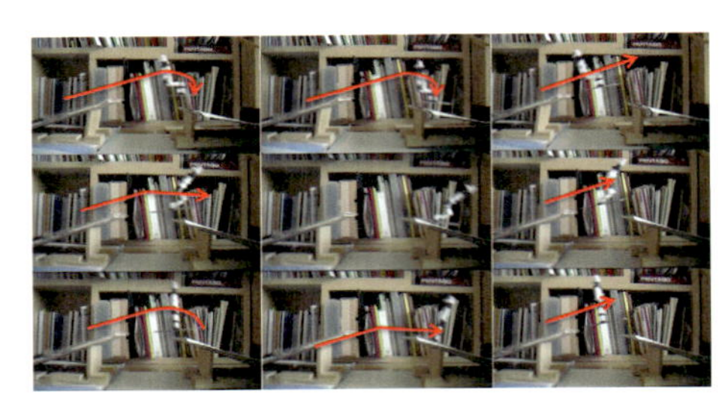
図５　ビデオ撮影した実験の様子

図５は，ポジションの違い（前傾，真ん中，後傾）によってなぜ飛距離が変わるのか調べるために，ビデオ撮影し，それを写真にして分析したものです。後傾と前傾での放物線の違いが明確に現れています。このようにして東さんは，ビデオ撮影の結果をグラフ化，図式化しながら考察し，かっこいいジャンプを目指して追究を深めていきます。ときには，実に根気の要る作業もあったと思いますが，見事にやり遂(と)げています。

このポジションによる飛距離の違いを調べるとき，アプローチ間のスピードも求めていますが，ビデオの高速撮影モード（５分の１倍速）で撮影し，パソコンでさらに４分の１再生にし，ストップウォッチで時間を計測しています。それを前傾，真ん中，後傾を３回ずつ，計９回の実験を行っています。短時間の計測を正確にするためのアイデアと根気には感心させられました。

実験そのものを楽しむことができ，さらにこの実験が大好きなスロープスタイルスキーに役立ち，そして何よりも困難を乗り越える喜びを知っているからこそ，ここまでの高い追究意欲をもつことができたのだと思います。

また，テーマ設定，滑りやすくしたり条件を変えたりするためのジャンプ台の工夫，実験結果を正確に出したり考えをわかりやすく示したりする工夫，ジンリックの改良など，独創性と創意工夫が研究全体の随所(ずいしょ)にあふれています。

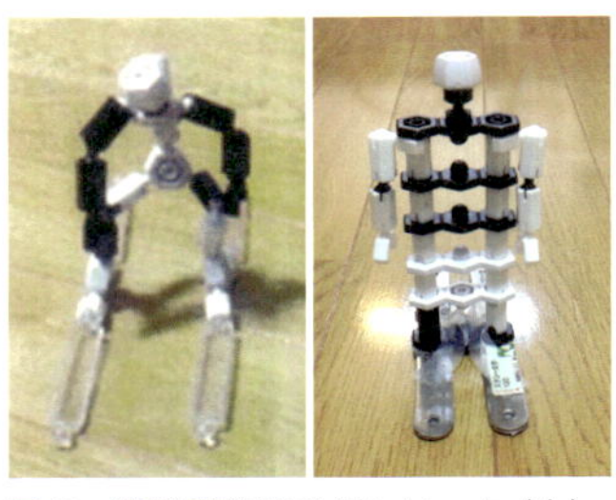
図６　実験開始時のジンリック（左）と，改良を加えたジンリック（右）

図６の左が実験開始時のジンリックで，右が最後にかっこよく飛べたジンリックです。ジンリックはとてもたくましく成長していますね。この追究をやり遂げた東さんはきっとこのジンリック以上に成長し，この後スロープスタイルスキーの技術も上達したのではないかと思っています。

ウジが発生しない ミミズコンポストを作る

池野(いけの) 志季(しき)
［瀬戸市立水野小学校 3年］

ミミズコンポストを作ったけれど、ウジが発生してコンポストは失敗しました。そこで、ウジが発生しない方法を考えることにしました。
ローズゼラニュームやどくだみを置くとハエが寄ってこないことを発見しましたが、ミミズは死んでしまいました。
ごみを置く場所や湿気など試行錯誤をして、ハエはコンポストに近寄らず、ミミズは元気に生ごみを食べる方法を考えました。

研究の概要

研究の動機・目的

小学校１年生の夏休みに参加した環境講座で，ドイツの学校ではゴミを減らすためにミミズコンポストを作っているという「みみずのカーロ」の話を知った。そこで，小型のミミズコンポストを作ってみたが，生ごみは減らず，ミミズはいなくなっていた。

次に２年生になって，大きなコンポストを作り，500 匹のミミズを入れてみた。初めは順調に生ごみを食べていたが，暖かくなったころから嫌なにおいがしてミミズが少なくなり，コンポストの中ではウジが発生していた。調べてみると，ウジのフンは水分が多くてミミズが住みにくい環境になっており，実際に 500 匹いたミミズが７匹になっていた。そこでもう一度コンポストを作り，ウジが発生しない方法がないかを考えることにした。

予備実験と結果（実験をどのように行うか決めるため）

３つの容器に土 400 g，ジャガイモの皮３g を入れる。

ミミズを① 10 匹（3 g）② 20 匹（6 g）③ 30 匹（9 g）入れる。

表１　土 400g，ジャガイモの皮３g を入れた予備実験の結果

	ミミズの数（匹）	ミミズの重さ（g）	食べた日数（日）
①	10	3	15
②	20	6	9
③	30	9	5

① $3 \div 10 \div 15 = 0.020$ g
② $3 \div 20 \div 9 = 0.017$ g
③ $3 \div 30 \div 5 = 0.020$ g

$0.02 + 0.017 + 0.02 = 0.057$
$0.057 \div 3 = 0.019$ g

ミミズは１日に 0.19 g のジャガイモの皮を食べることがわかった。

この実験結果から，今後の実験では土 400 g，ミミズ 30 匹を使用する。

実験および実験結果

【実験１：ミミズの好きな食べ物を調べる】

〈予想〉甘いものが好きな虫が多いので，ミミズも同じだろう。

〈結果〉玉ねぎの皮，卵の殻は変化なし。
納豆，唐辛子，ピーマンに比べてメロン，ブドウ，バナナはなくなるのが早かった。

〈考察〉予想通り，ミミズは甘いものが好きだったが，ミミズが好きなものはコバエも好きなので，コバエが発生する。コバエの発生しない方法を探すことにした。

図１　ミミズの好きな食べ物を調べる実験

【実験２：コバエが嫌いなハーブを調べる】

トマトを育てたときに，バジルと一緒（いっしょ）に育てると虫が来ないということを聞いたので，ミミズコンポストにハーブを入れて，コバエが来ないかを確かめることにした。以前，アリにコーヒーかすをあげたら食べなかったので，実験にはコーヒーかすも加えた。

〈実験方法〉バジル，レモンバーム，ローズゼラニウム，どくだみ，コーヒーかすをそれぞれ分けてコンポストに入れる。ケースに土400gとミミズ30匹，ジャガイモの皮３gを入れて観察する。

〈結果〉

表２　実験２の結果

	コバエが発生した日数			
	0日目	5日目	6日目	12日目
バジル		コバエの幼虫		コバエ
レモンバーム		コバエの幼虫		コバエ
ローズゼラニウム				
どくだみ				
コーヒーかす			コバエの幼虫	コバエの幼虫大量発生

〈考察〉ハーブによって虫が来るものと来ないものがある。ローズゼラニウムとどくだみには，コバエが来ないが，ハーブのせいでミミズがえさを食べなくなってしまった。これでは，ミミズコンポストを成功させることができない。

次の実験では，コバエは来ないが，ミミズがえさを食べる方法を考える。

【実験３：ミミズはえさを食べるが，コバエは来ないように工夫する。蓋（ふた）の有無，新聞紙の有無，ハーブの葉の量を変えて，ミミズの数，コバエの数を調べる】

〈結果〉

表３　実験３の結果

	ミミズの数（匹）	コバエの数（匹）	バナナの皮（g）
蓋をする。葉の量少ない	29	2	なし
蓋をする。葉の量多い	19	0	1
新聞を土の上に置く。葉の量少ない	15	0	なし
新聞を土の上に置く。葉の量多い	21	0	なし
葉の量少ない	15	1	なし
葉の量多い	20	0	なし

〈考察〉結果からコバエを発生させずに，元気よくミミズがえさを食べるには，次のことが考えられる。①生ごみを土の中に埋（う）める。②ケースに蓋をしない。③葉の量を多くする。④乾燥（かんそう）を抑（おさ）えるために土の上に新聞紙を敷く。⑤乾燥を防ぐために霧（きり）吹（ふ）きをする。

感想

ミミズもコバエも生き物なので，ミミズが元気にえさを食べ，コバエが嫌がるハーブを見つける方法は難しかった。次はウジについても詳（くわ）しく調べたい。

作品について

小学校１年生のときに知ったミミズコンポストを完成させようと，研究を重ねる姿勢が素晴らしいです。食べ終えたものや果物，野菜の皮などの分解をミミズが行えるように実験を繰り返すことで，そこにやって来るコバエやウジを寄せつけないようにする方法を編み出していきました。

特筆すべきは，長期間にわたる実験をより確実に行うために，右の写真のように，同じ実験をたくさん行いデータの数を増やしたこと。１つの結果から，考察するのは難しいために，同じ実験を３セット準備するなど，科学的な追究の手本となるような取り組みでした。

図２　同じ実験を繰り返してデータの数を増やす

また，一つひとつの実験がつながっており，前の実験の考察をもとに次の実験計画がなされていました。最初に，実験に用いるミミズの数，土の量やジャガイモの皮の量を決める実験を行ったり，ミミズの好きな物，コバエの嫌いなものを調べてコンポストを作成したり，前の実験でミミズが減ったことから，蓋の有無やえさの位置，新聞の使用を決めたりと，どれも必然性のある実験ばかりでした。コンポストを理想のものに近づけるために，改善を繰り返す取り組みが，目的をより明確にしたのだと感じました。

図３　複数の実験結果を受けてさらなる実験を行う

最後に，確かめたことをすべて統合して，ハーブの位置，新聞の有無，霧吹きなどを使用し，実験を行っていました（上写真）。何かを解決するだけでなく，検証をするためにも実験を行っているのが素晴らしいと感じました。

スーパーボールを、水面で弾ませたい！ パート2

坂崎 希実（さかざき のぞみ）
［多治見市立根本小学校 4年］

スーパーボールを水面で弾ませたくて、去年から実験をしています。
去年の実験は失敗でした。今年も発射台の1号機は失敗しましたが、2号機はうまくいきました。
実験結果は、飛ばす力を強くし、水面に投げ込む角度は水平に近くして、最初の着水は1メートル前後をねらうとスーパーボールが水面で何回も弾むことが分かりました。

研究の概要

研究の動機・目的

昨年の研究では，お風呂の床でよく弾むスーパーボールが湯船でまったく弾まなかったことから，どうすればスーパーボールを水面で弾ませることができるのかについていろいろ調べたが，うまく弾ませることができなかった。今度こそ弾ませたいと思い，この研究を始めた。

実験方法

・発射台１の作成（失敗：詳細は省略）　・発射台２の作成

① 発射台2を使って，水面へ投げ込むスーパーボールの角度を変えて調べる。

② スーパーボールを平らにし飛ぶ距離や水面の弾み方に違いがあるかを調べる。

図１　発射台２で投げ込む角度が 10 度，引っ張る強さが「強」の実験の様子

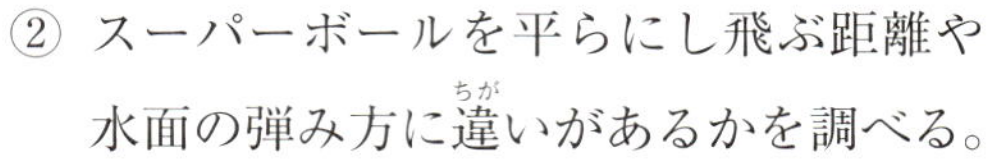

図２　スーパーボールを平らにして違いを調べる

③ 小学校のプールを借りて，スーパーボール（球体）で角度は０度，ゴムの強さは「強」で飛ぶ距離と弾む回数を調べる。

実験と結果

【実験 1】

発射台の角度を 20 度，10 度，５度，０度とする。さらにスーパーボールの速さによる違いを観察するために，発射台のゴムを引っ張る位置を変え，その引っ張る強さは強・中・弱とする。それぞれが着水するまでの距離と水面で弾んだかどうかを調べる。

◆強さごとの平均距離と弾んだ割合　※ 角度 10 度，５度の結果は省略。

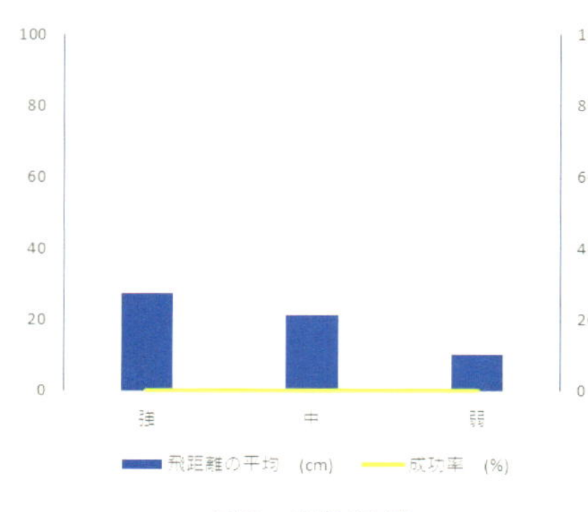

図３　角度 20 度
強さごとの平均距離と弾んだ割合

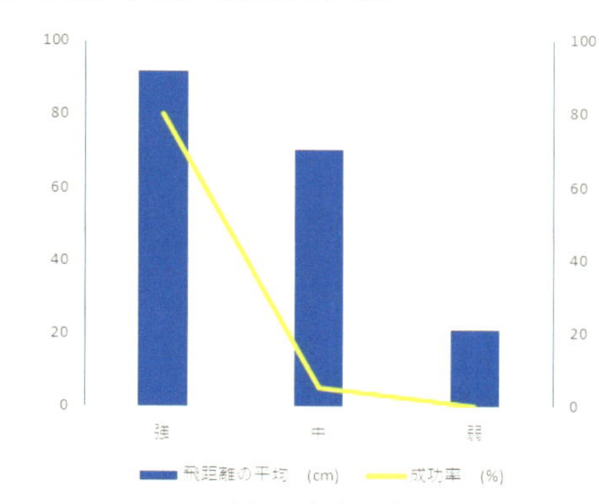

図４　角度０度
強さごとの平均距離と弾んだ割合

◆**角度ごとの平均距離と弾んだ割合**　※引っ張る強さ「中」の結果は省略。

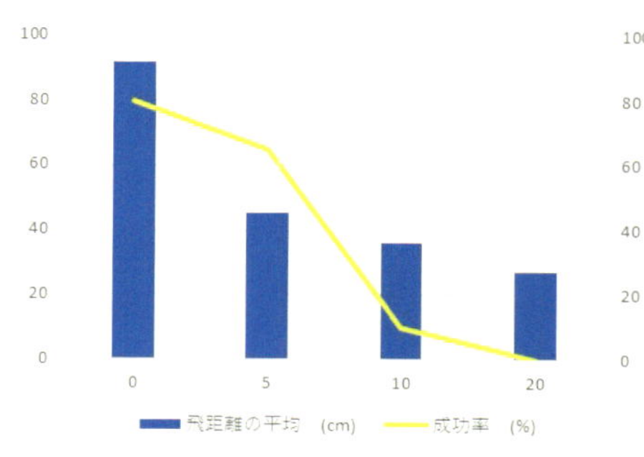

図５　引っ張る強さが「強」
角度ごとの平均距離と弾んだ割合

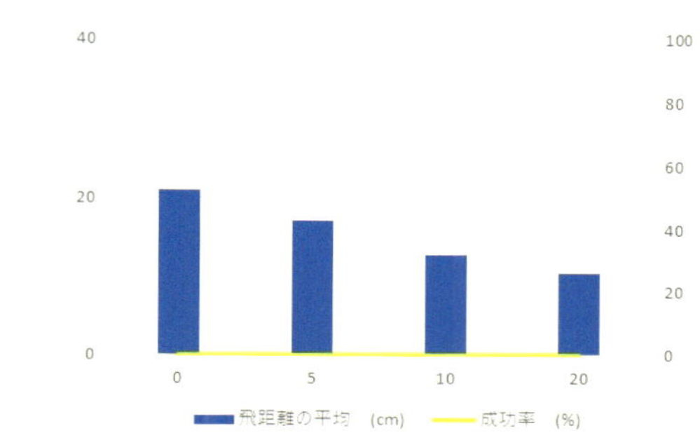

図６　引っ張る強さが「弱」
角度ごとの平均距離と弾んだ割合

【実験２】

スーパーボールの厚みを 1.6 cm，1.4 cm，1.2 cm，1.0 cm，0.5 cm と条件を変えて，飛ぶ距離や弾み方の違いを調べる。実験１から０度の成功確率が高かったので，角度については０度で行う。

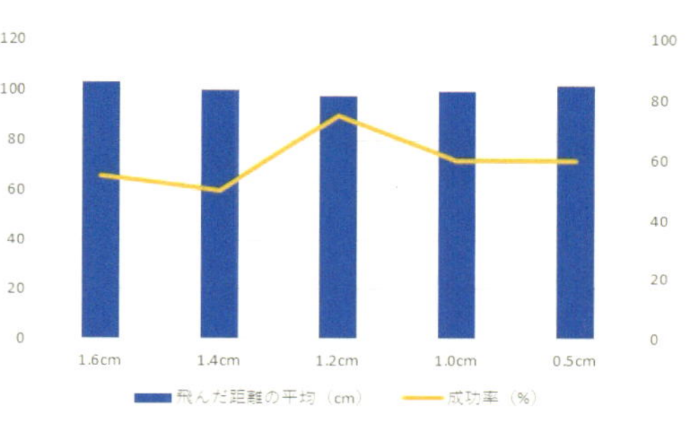

図７　スーパーボールの厚みごとの平均距離と弾んだ割合

【実験３】

表１　平均距離，弾んだ割合，跳ねた回数

	1	2	3	4	5	6	7	8	9	10	11	12	13	14	15	16	17	18	19	20	平均
飛んだ距離（最初の着水）（cm）	120	100	95	90	110	130	125	110	90	170	110	100	100	110	90	100	90	120	80	90	107 (cm)
水面で跳ねたかどうか	×	×	×	○	×	×	×	○	○	×	○	○	○	○	○	○	○	×	○	○	60(%)
跳ねた回数（回）				2				2	2		3	2	2	3	2	3	3		1	3	

考察

① 実験１の結果から，ゴムを引っ張る強さは強いほうがよいことがわかった。また，発射の角度は０度（水平）が一番水面で弾ませられることがわかった。

② 厚みが 1.2 cm のときが水面で弾む成功率が高かった。このことから，あまり平べったくはせず，ある程度球体を保ったほうが成功率が高そうであると考えられる。

③ スーパーボールが水面で２回，３回と弾んだときのデータを見ると，発射台２からの力がうまく伝わり，発射台から 90～110 cm のところに着水させると水面を弾みやすいことがわかった。

今後の研究に向けて

今回の実験ではスーパーボールの形は球体に近いほうがよく跳(は)ねる結果になったが，私は今でも平らに削ったほうがよく弾むのではないかと考えている。来年は発射台を工夫して，球体でも平らに削(けず)っても力がうまく伝わるようにしたい。

作品について

この研究はスーパーボールを水面で弾ませたいという強い思いから始まりました。まず感心したのは，自作の発射台です。研究内容を読んでいくと苦労に苦労を重ねて完成したということが伝わってきます。まず発射台1を作りました。しかし，スーパーボールがなかなかまっすぐ飛ばずに落ち込んでいたところ，お父さんと出かけた花火大会でもらった景品の弓矢からヒントを得て，発射台2を作ることができました。この弓矢をヒントにしたというあたりに，本人の問題意識の高さがうかがわれ，とても素晴らしいことだと思います。

この発射台2を使っていよいよ実験です。実験1では発射の角度を変え，また引っ張る強さも強・中・弱と設定して行いました。条件制御もきちんとできています。特にデータを取る際に，何回行うかということが重要になってきます。この実験ではそれぞれ20回ずつ飛ばしているので，相当時間がかかったのではないかと思います。とても根気強い取り組みで，その分だけしっかりしたデータを取ることができました。さらにそのデータをグラフ化していて考察がしやすいです。こういうところに研究への取り組みの丁寧さが感じられます。

実験2ではスーパーボールの厚みを5種類にして実験を行っています。このスーパーボールの厚みを変える作業もかなり大変だったのではないでしょうか。これもやはり20回ずつデータを取っています。坂崎さん自身の予想では平らに薄くしたほうがよく弾むと思っていましたが，結果はちょっと違うものになりました。その際，スーパーボールが平らになると，吸盤の当たる場所によって飛ばす力がうまく伝わらないので水面で跳ねたり，跳ねなかったりするのではないかと，ただ結果だけを受け止めるのではなく，なぜそうなったのかを自分なりに分析しています。そういう姿勢が研究に深みを持たせていくのではないかと思います。

最後に学校の先生の許可を得てプールでダイナミックに実験をしています。そこから最初の着水がどのくらいの距離ならよいかを発見することができました。また，跳ねながら飛んだ距離についてもおおよそとらえることができました。

今後もさらに発射台に改良を加えながら，自らの仮説を検証すべく研究を進めていってほしいと思います。今後がさらに楽しみです。

立体プラネタリウムを作ろう

笹川 双葉（ささがわ ふたば）
［私立洛南高等学校附属小学校 4年］

祖父の家で見た星空がとてもきれいで感動しました。
そして星にも遠近があることを教わりました。
星は空に張り付いているのではない。宇宙のどこかに本当にあるものだと伝えたくて立体プラネタリウムの制作に取り掛かりました。
失敗を繰り返し、試行錯誤を重ねて完成した立体プラネタリウムを、皆さんにもお見せしたいです。

Ⅰ 研究の概要

研究の動機・目的

三重県のおじいちゃん，おばあちゃんの家で見た星空のきれいさには驚いた。街の明かりが少ないので，たくさんの星や流れ星を見ることができたからだ。そこで，プラネタリウムを作れないかと考えた。ただのプラネタリウムではなく，私は星との距離を表せる立体プラネタリムを，双子の妹は立体星図盤を作ることにした。

調べたこと

人間の目は右目と左目のそれぞれの見える角度によって遠近がわかる仕組みになっている。そこで，左右に別々の星空を作ってみることにした。遠くの星は離して，近くの星は近づけて描くことで，立体的に見えるはずだ。

実験と結果

《立体プラネタリウム 1》

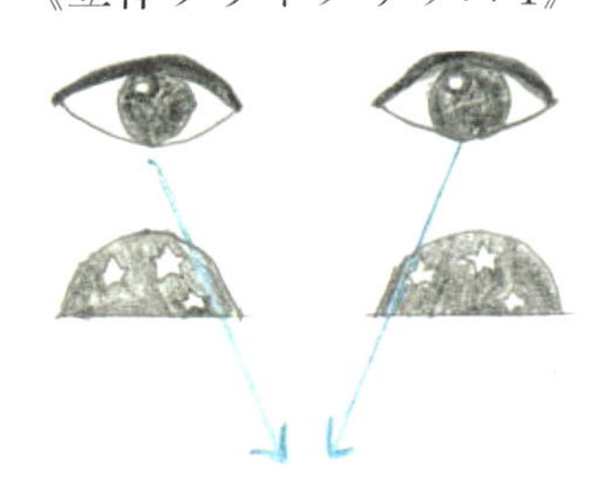
図１　黒い画用紙のみを使う

黒い紙に穴を空け，それを両目で見たらどうなるかな？黒い紙の向こうから光を当てたら本当の星のようにキラキラ輝いて見えるかな？

このように考えて，プラネタリウムの星空を黒い画用紙で作ってみることにした。画用紙は左右に２枚作るが，それぞれ少しずらして穴を空ける。これを透明なアクリル板に留め，回転できるように中心をピンで留める。これを眼鏡のように目の前にもってきて立体的に見えるかを試してみる。

〈結果〉

星が近すぎて，ぼやけて見えなかった。人間の目は，目の前のものにピントを合わせられないようだ。

《立体プラネタリウム 2》

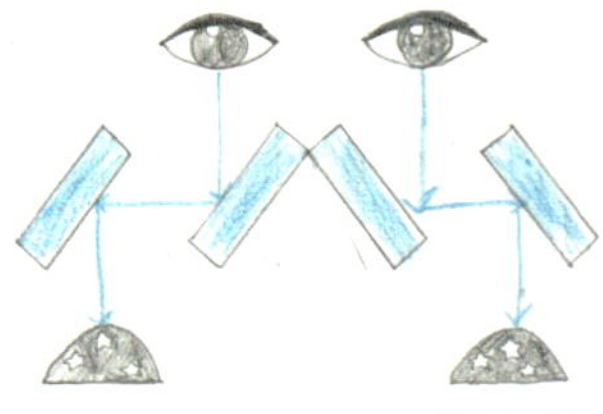

図２　鏡４枚を使う

鏡を４枚使って星空との距離をとることにした。

〈結果〉

鏡の中に映った星空が小さすぎる。角度の調節が難しくて，立体的には見えなかった。

《立体プラネタリウム 3》

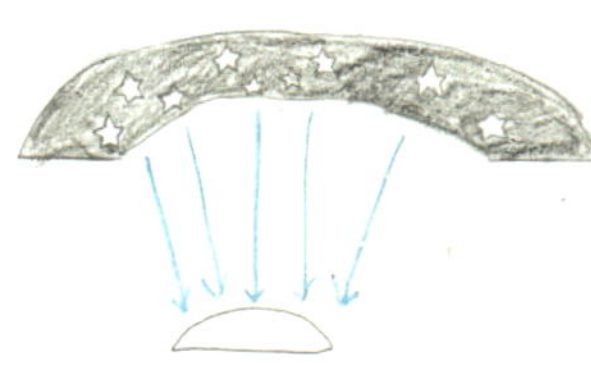

図３　凸面鏡を使う

大きな星空を作ってそれを映したら見えるかな？　凸面鏡で星の光を集める。回転するプラネタリウムではなくなるが，星空全体を大きく映せるかな？

〈結果〉

凸面鏡に映る星空は小さくなりすぎてほとんど見えなかった。左右の星空が離れすぎていて立体的にも見えなかった。

≪立体プラネタリウム 4》

図４　お菓子の箱を使う

お菓子の箱を切り，間に紙で仕切りを設け，２本の筒(つつ)になるようにする。右目用と左目用の星空を画用紙で作り，箱に取り付けて完成。

〈結果〉

なかなか立体的には見えなかった。星の位置が上下にずれていることに気づいた。

《立体プラネタリウム 5》

ガイドで左右の星空を作り，上下のずれがないようにした。しかし，なかなか立体的には見えなかった。しかし，双子の妹は立体的に見えたという。私の見方が下手なせいかと思ったが，そうではなく，私と妹では目と目の間の距離が違(ちが)うからではないかと思った。そこで，もう少し小さいものを作ると，私も見えるようになった。

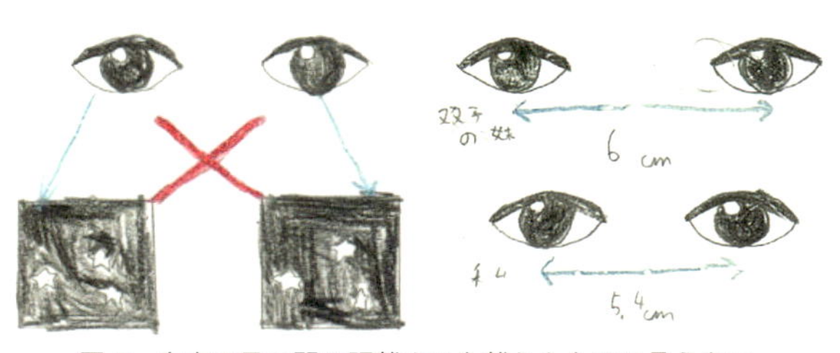

図５　左右の目の間の距離よりも離れたものは見えない

人間の目は，目と目の間の距離よりも離れたものは見えないようだ。

感想と考察

左右の目で立体的に見える仕組みを利用して，立体プラネタリウムを作った。何度も失敗したが，最後はきれいな星が本当に浮(う)いているように見えて感動した。次は，季節や時間によって見え方が変わるプラネタリウムを工夫して完成させたい。

作品について

図６　三重県で見えた星空

街の明かりが少ないところで見る満天の星は心打たれるものです。その貴重な体験をすることができた笹川さんは，姉妹で星空作りに挑みます。

左右の目とものを直線で結ぶと，遠いものと近いものでは角度が違ってきます。この角度の大小によって，ものの遠近がわかる仕組みを使って，立体的に見えるプラネタリム作りに挑戦しました。

しかし，その製作は失敗続きになります。最初は，実際の星の動きが見えるように回転するプラネタリウムを考えます。それをあきらめて作りを単純にしますが，それでもなかなか立体的に見えるようにすることができませんでした。成功はしませんでしたが，発想はとても面白いものです。頭の中のイメージではうまくいっても，実際にはそうならないということはよくあることでしょう。そこであきらめないで工夫し続けたことが，成功への扉を開いたのだと思います。

お菓子の箱を利用したプラネタリウムでは，成功まであと少しのところまできていながらうまくいきませんでしたが，最後の壁を突破したきっかけは妹さんの言葉でした。何回も失敗しながら研究を続けることができたのも，作るものは違っても，姉妹２人で研究していたからかもしれません。ちょっとした言葉がヒントになったり，お互いの励みになったりしたことがあったのではないかと思います。

街の明かりのせいで星空の魅力が感じられなくなりつつありますが，満天の星空には心を惹きつけるものがあります。自然の壮大さや美しさは，人々のロマンをかき立てます。しかし，それに触れる機会が減ってきているのも確かです。日常生活ではなかなか体験できなくなっているのは残念ですが，自然に対する感性を失わなければ，何かの機会にチャンスは訪れるでしょう。豊かな感性は，研究意欲の源でもあると思います。これからも今の感性を失わず，さらなる研究に取り組んでほしいと願っています。

オリーブの不思議な力

蓜島 駿貴（はいじま はやき）
［私立洛南高等学校附属小学校 4年］

アゲハの幼虫を飼育する時、たまたま庭のオリーブの枝を使ったら、オリーブの不思議な力を発見した。
切り花を長持ちさせるには、オリーブの枝を一緒に刺すとよい。魚などの飼育では、水草の代わりにオリーブの枝を底石に刺すとよい。将来、オリーブの水をきれいにする性質を利用して、水不足の時などに役に立つ商品ができればよいと思う。

I 研究の概要

研究の動機

ペットボトルを切った容器にレモンの枝と水を入れ，玄関でアゲハの幼虫を飼っていた。その際，幼虫が水に落ちて溺れないようにオリーブの枝を短く切って入れておいた。オリーブを入れないときは3~4日でレモンの葉が枯れたのに，オリーブを入れると1週間経っても枯れることはなかった。また，メダカの水槽の水がきれいにならないかと，オリーブを入れると葉が長持ちしたことから，オリーブにはすごい力があるのではないかと思い，調べてみることにした。

実験方法

① ガーベラと菊の花をプラスチックの容器に入れ，オリーブの枝を入れたものと入れないもので，花の枯れ具合を比べる。

② ガーベラと菊の花をプラスチックの容器に入れ，オリーブの枝ときざみを入れたものと入れないもので，花の枯れ具合を比べる。

③ レモンの枝をプラスチックの容器に入れ，オリーブのきざみを入れたものと入れないもので，花の枯れ具合を比べる。

④ オリーブは水槽の中でどうなるかを調べる。

実験と結果

【実験 1】

〈結果〉ガーベラと菊の花をプラスチックの容器に入れ，オリーブの枝を入れたものと入れないもので，花の枯れ具合を比べると，オリーブを入れたほうが1日だけ長持ちした。

図1　ガーベラと菊を使ってオリーブの有無による違いを比べる

【実験 2】

〈結果〉ガーベラと菊の花をプラスチックの容器に入れ，オリーブの枝ときざみを入れたものと入れないもので，花の枯れ具合を比べると，オリーブを入れたほうが何日も長持ちをした。

図2　ガーベラと菊を使ってオリーブときざみの有無による違いを比べる

【実験 3】

〈結果〉レモンの枝をプラスチックの容器に入れてフタをし，オリーブのきざみを入れたものと入れないもので，レモンの葉の枯れ具合を比べると，オリーブを入れても入れなくても同じように枯れてしまった。玄関の容器は南，東から光が入る，フタ無しのものを使用。

図3　レモンを使ってオリーブときざみの有無による違いを比べる

表1　実験1～3の結果と玄関（幼虫の飼育）の結果（※）のまとめ

			1日目	2日目	3日目	4日目	5日目	6日目	7日目	
1	ふた(−)	オリーブ(−)	変化なし	変化なし	少し弱っている	花がしおれてきた	花がしおれた			ガーベラ
	室内	オリーブ(枝)(+)	変化なし	変化なし	変化なし	少し弱ってる	花がしおれてきた	花がしおれた		
2	ふた(+)	オリーブ(−)	変化なし	変化なし	少し弱ってる	花がしおれてきた	花がしおれた			
	室内	オリーブ(枝きざみ)(+)	変化なし	変化なし	変化なし	変化なし	少し弱ってる	少し弱ってる	少し弱ってる	
3	ふた(+)	オリーブ(−)	変化なし	変化なし	少し弱ってる	葉が丸まってきた	くるくる丸まった	もっとくるくる丸まった		レモン
	室内	オリーブ(きざみ)(+)	変化なし	変化なし	少し弱ってる	葉が丸まってきた	くるくる丸まった	もっとくるくる丸まった		
※	ふた(−)	オリーブ(−)	変化なし	変化なし	少し弱ってる	葉が丸まってきた	くるくる丸まってきた	もっとくるくる丸まった		
	玄関	オリーブ(きざみ)(+)	変化なし	変化なし	変化なし	葉が無くなってきた	葉が無くなってきた	葉が無くなった	葉が無くなった	

【実験4】

〈結果〉　オリーブが水槽の中でどうなるかを調べると，水槽に浮かせただけで1カ月持ち，底石にさしたときは3カ月も持った。

考察と感想

① オリーブを入れることによって植物が長持ちをする。

② オリーブの葉には抗菌（こうきん）作用などの効果がある。

③ 抗菌作用により水の中の細菌が減って水が腐（くさ）りにくくなったから，植物が長持ちしたのではないか。

④ オリーブはエアポンプとLEDライトのある水槽でも1～3カ月生きられる。

⑤ オリーブは底石にさすことで水中で長持ちする。

⑥ オリーブは1カ月半くらいなら水生植物になれるかもしれない。

⑦ 底石にはろ過バクテリアがいて，そのオリーブはバクテリアが作った硝酸（しょうさん）イオンを肥料にしたかもしれない。

最後に

こんなにすごいオリーブだから昔から薬として使われていたのだろう。そこで僕（ぼく）は家で飼っているサワガニの水槽にオリーブをさしている。カニの水はすぐに腐るので少し効果がありそうだ。それから生け花を活（い）けるときこそ絶対にオリーブを入れるべきだと思う。これからもっともっとオリーブの力を試してみたいと思う。

図4　サワガニの水槽にオリーブをさす

作品について

この研究は，ペットボトルを切った容器にレモンの枝と水を入れてアゲハの幼虫を飼っていたときの小さな発見から始まりました。その幼虫が水に落ちて溺れないようにオリーブの枝を短く切って入れておいたところ，１週間経ってもレモンの葉が枯れなかったという，ややもすると見逃してしまいそうな発見です。そこを見逃さなかった感性はとても素晴らしいと思います。

実験１～３の結果から，どうやらオリーブには植物を長持ちさせる何か秘密がありそうだということがわかりました。この研究ではさらにその秘密に迫っていきます。オリーブについていろいろ調べていくうちに，それらの情報と実験の結果を結びつけながら，もしかしてオリーブが持っている抗菌作用が関係しているのではないかと考えるようになりました。わからないことをそのままにせず，それらに関する情報を集めていろいろと仮説を立ててみるというのは，研究においてとても大切なことです。そのことが研究にさらなる深まりをもたらしていきます。大変よい姿勢です。

３つの実験が終わった後に，オリーブの水槽への入れ方によるオリーブそのものの寿命の違いについても追究しています。水槽にただ入れた場合と底石に刺した場合を比較したところ，大きな違いが見られました。底石に刺したほうが約２～３倍の期間長持ちしたのです。なぜそのような違いが出たのかについて，１年前の研究を思い出して，ろ過バクテリアが関係して硝酸イオンをオリーブが肥料にしたのかもしれないと，自分なりの新たな仮説を説明しています。今後はそのあたりについても明らかにしてほしいと思います。

最後に触れておきたいところは，この研究の成果を日常生活に活かしている点で，たいへん好感が持てます。研究の終わりの部分に，現在家でサワガニを飼っているという記述がありました。サワガニを飼っているとえさなどで水がかなり汚れるので，オリーブをその水槽に入れているそうです。研究というのは最終的には我々の生活に活かされるべきもので，このサワガニの話はよい例です。

これからもオリーブについての研究を深め，オリーブ博士になってほしいと思います。

昆虫の新能力を発見か!?
水死したはずのゾウムシが生き返った!!
パート2

田村 和暉（たむら かずき）
［私立つくば国際大学東風小学校 5年］

シロコブゾウムシの3年にわたる研究の中で、成虫だけではなく、幼虫や卵も浸水に長時間耐えられることが分かりました。水から出した成虫が復活するまで数時間観察したり、小さな卵を数百個も数えるのは大変な作業だったけれど、昆虫の新能力にせまる貴重な経験ができました。今後もさらなる研究に取り組んでいきたいです。

研究の概要

研究の動機・目的

3年前，近所の人にもらって飼っていた「シロコブゾウムシ」が水の入ったコップの中に落ちてしまった。底に沈んで動かなくなったゾウムシを慌てて取り出したところ，シロコブゾウムシが起き上がって歩き始めた。

2年前，シロコブゾウムシが1日水の底に沈んでいても，水から出すと歩き出すという信じられない能力があることを「科学の芽」賞で報告した。そこで今年は，さらに調べたくなったこと（シロコブゾウムシが水の中でどうやって生きていられるのか，水から出たことがなぜわかるのか，幼虫や卵も水に強いのかについて）を研究した。

水に入ってもがいているところ

足の動きが止まったところ

水に沈んだところ

水から出したところ
（死んだようにしか見えない）

図1　シロコブゾウムシの浸水実験の様子

実験と結果

【実験1：シロコブゾウムシは，水から酸素を取り入れているのか】

シロコブゾウムシは水中の酸素を体に取り入れているのかもしれないという考えから，煮沸により水中の酸素をなくした水の中と無処理の水の中に浸水させ，シロコブゾウムシがどうなるのかを調べた。

〈結果および考察〉

結果は右のグラフのようになった。水の中から出したシロコブゾウムシはどちらも生き返った（図2）。

シロコブゾウムシは，水中の酸素を使っているわけではないことがわかった。ただし，酸素を抜いた水のほうが，復活するまでの時間が長いという結果となった（図3）。これは，気門や羽の裏に残った貴重な酸素が水に奪われたからかもしれない。

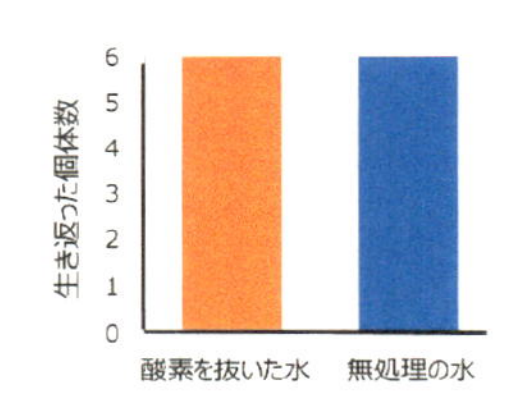

図2　12時間の浸水で生き返った個体数の比較（6個体中）

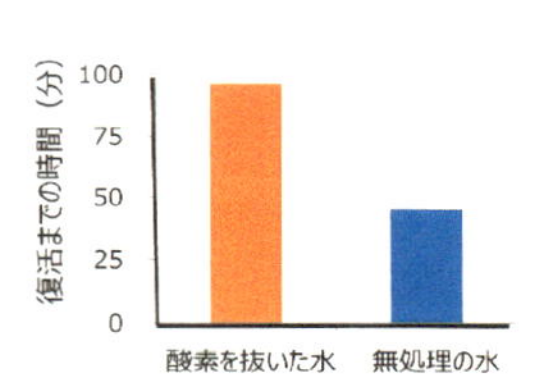

図3　復活までの時間の比較（6個体の平均）

【実験2：低温のほうが生き返りやすいのか】

昆虫のなかには，冬の寒い時期になると生命活動を抑えて越冬するものがいる。シロコブゾウムシも水中では仮死状態になって生命活動や呼吸を抑えられるのであれば，低い温度の水の中にいるときのほうがさらに生命活動が抑えられ，もっと長い時間の浸水に耐えられるかもしれない。そこで，低温の水の中でシロコブゾウムシの生き返る数や復活までの時間を比較した。

〈結果および考察〉

4℃の水の中で24時間浸水したものも48時間浸水したものもすべて生き返ることができた（図4，5）。

3年前に室温で実験したときは，36時間の浸水で1個体（4個体中）しか生き返らなかったので，低温のほうがより長時間の浸水に耐えられるようだ。低温では生命活動を抑えられるので，体内に残った酸素が長持ちするのかもしれない。

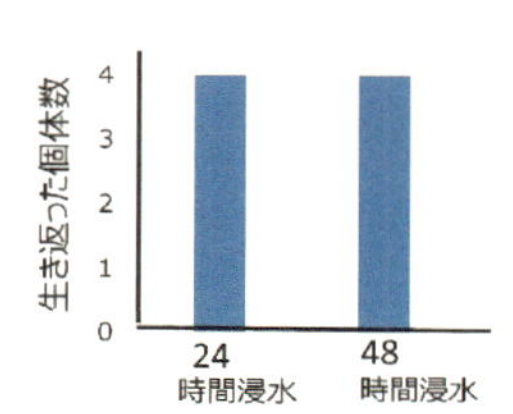

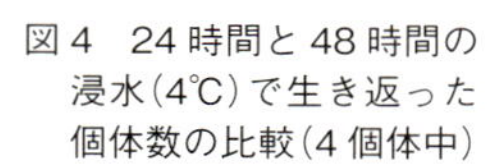
図4　24時間と48時間の浸水（4℃）で生き返った個体数の比較（4個体中）

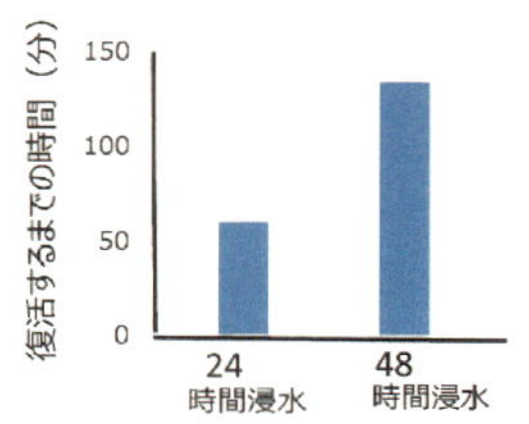

図5　24時間と48時間の浸水（4℃）で復活までに要した時間の比較（4個体の平均）

【実験3：水から出たことをどこで感知しているか】

水から出たシロコブゾウムシは最初は動かないが，しばらくすると動き出す。水から出たことを認知するセンサーは体のどこにあるのか（触覚（しょっかく）か腹部か）を調べる。浸水でいったん仮死状態になった虫の頭部だけをさらに水に浸（つ）け続けた個体と，腹部だけをさらに水に浸け続けた個体を比べて（図6），復活するまでの時間を調べた。

〈結果および考察〉

頭部が浸水した個体はすべて復活したが，時間がかかった（図7，8）。腹部が浸水した個体は多くが3時間では復活できなかったが，その後水から出すと30分で復活した。腹部にある気門が水に浸かっていると復活しにくいのかもしれない。また，頭部が浸かっていても復活したことから，触覚はセンサーではないのだろう。

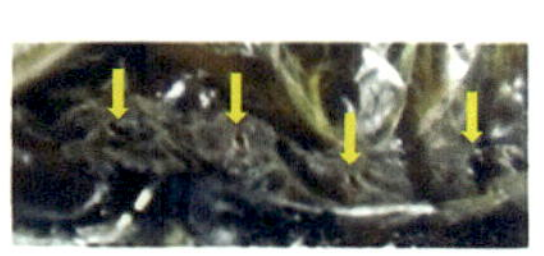

図6　水から出たことを認知するセンサーを調べる実験の様子（左：頭部が浸水，中央：腹部が浸水，右：気門の写真）

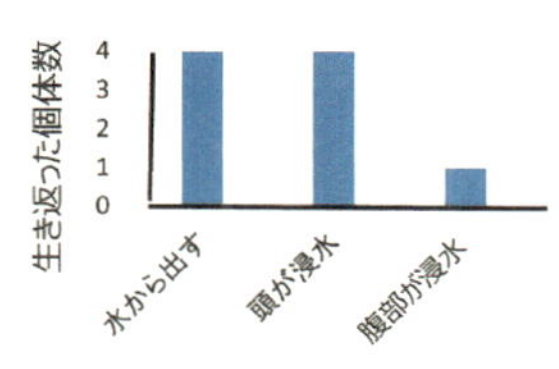

図7　3時間以内に生き返った個体数（4個体中）

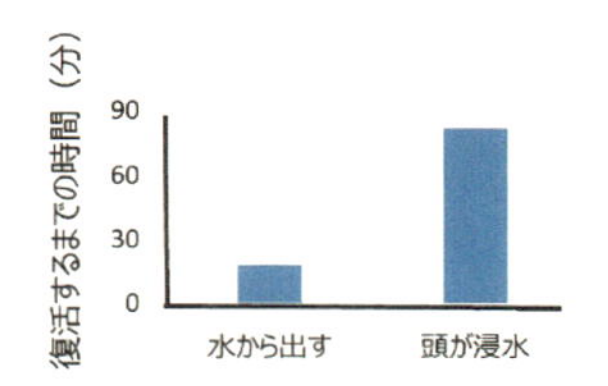

図8　復活するまでの時間（4個体の平均）

まとめ

シロコブゾウムシは，にわか雨や増水によって水に浸かってしまった場合，仮死状態になるスイッチを入れて，水がなくなるまで待つことで生き残るという「戦略」を使っているのではないか。今回の研究から，シロコブゾウムシが浸水に耐える仕組みを次のように予想した。水に落ちてもがいて脱出（だっしゅつ）できない場合，仮死状態のスイッチを入れて呼吸を抑え，気門から息ができるようになったら復活する。

作品について

長時間水の中にいて動かなくなったシロコブゾウムシが水から出ると復活するという生物の不思議に向き合い，3 年間も継続して研究をしたその熱意に驚かされます。探究を粘り強く続ける原動力は，その不思議との衝撃的な出会いであろうと感じました。

数時間かけてシロコブゾウムシを観察し続けるのは容易いことではありませんが，それをしっかりと続けて地道にデータを集めたのがこの作品の素晴らしいところです。昨年度は，鬼怒川の氾濫からそこにいた昆虫がどうなったのかを調べました。そこで得たものを活かして，今回はシロコブゾウムシが復活する仕組みと，実際の川の様子とを組み合わせた下のようなまとめを行うことができました。

○水たまりに落ちる。
↓
○まずは水面でもがいて，脱出を試みる。
↓
○脱出できない場合は，あきらめて仮死状態のスイッチを入れて呼吸を抑え，水が引くのを待つ
↓
○水が引いて気門から息ができるようになったら，復活して動き出す。

図 9　僕が考えるシロコブゾウムシの成虫が浸水に耐える仕組み

また，卵や幼虫についても水の中で生きていられるのかを調べています。卵は水の中に 4 日間浸かっていてもほとんどがふ化し（図 10），幼虫は仮死状態にならずに 3 日間水の中で生きられたこと（図 11）に驚いていました。

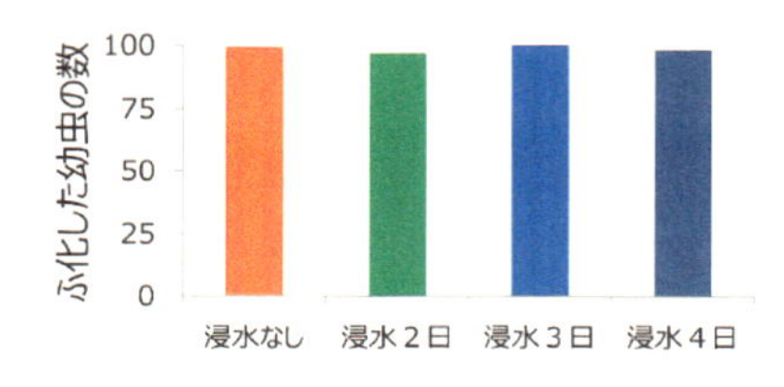

図 10　浸水時間（2 ～ 4 日）とふ化した幼虫の数の関係（卵 100 個中のふ化した幼虫の数）

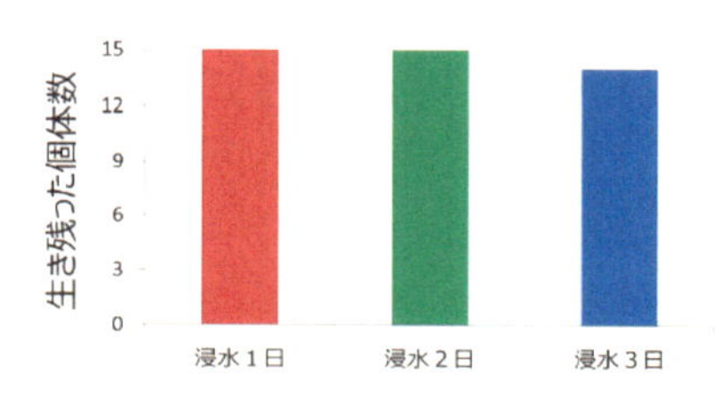

図 11　浸水期間と生き残った幼虫の個体数の関係（15 個体中の生き残った数）

こうした結果を受けて，実験結果のみで終わらせるのではなく，昨年度に調べた鬼怒川の氾濫のことも頭に置きながら検討を続けています。実際に氾濫が起こった川の様子を参考にしながらシロコブゾウムシがどのように生き残ったのかを考える姿は，実験結果と実際の様子とを結びつける深い考察だと感じました。

最強のポイ

稲波（いななみ） 里紗（りさ）
［京都市立音羽小学校 5年］

柿渋は古いほど良いと聞いて本当なのか調べることにした。実験では一旦、予想どおりの結果が出たが、たまたま目に付いた収穫してすぐの渋柿の汁に予想外の効果を発見し、ここから実験を広げることができた。疑問を追求する楽しさと実験の苦しさと同時に、目的を果たす気持ち良さを味わうことができた。

研究の概要

研究の動機・目的

昨年，柿渋(かきしぶ)作りに挑戦(ちょうせん)した。柿渋は１年以上の熟成が必要だが，この１年物の柿渋を使ってスーパーボールすくいの防水実験をしてみた。

柿渋は古ければ古いほどよいとされるが，この防水実験では面白い結果になった。

表１　スーパーボールすくいの防水実験の結果

何もつけないポイ	8/11 収かく甘柿汁	１年物柿渋	8/11 収かく渋柿汁
５個	６個	２８８個	４０１個

柿渋はたくさんのスーパーボールをすくえたが，さらにいうと作ってすぐの渋柿汁のほうがより多くのスーパーボールをすくうことができたのである。

この実験をしているときに，５歳の弟にもスーパーボールすくいをやらせてあげたが，全然取ることができない。他方で，中学２年生の兄は５個ぐらい取って喜んでいた。なんとか弟に勝たせて兄の鼻を明かしてやろうと思い，最強のポイ作りに挑戦した。

図１　実験で用いた５種類の柿汁（A～E）

実験と結果

《調べる液体》

A　１年物自家製柿渋（汁のみで熟成）

B　１年物自家製柿渋（実入りで熟成）

C　８月 11 日収穫(しゅうかく)渋柿汁〈9 日目〉

D　８月 11 日収穫甘柿汁〈9 日目〉

E　８月 19 日収穫渋柿汁〈当日〉

《実験方法》

上記の柿汁５種類を使い，８月 19 日～８月 23 日までの５日間，スーパーボールすくいをして，和紙の強度を調べる。

《実験結果》

５日間のスーパーボールの取れ高は表２のようになった。

表２　５日間のスーパーボールの取れ高

日	和紙にぬった日	A 1年物(汁)	B 1年物(実)	C 8/11 渋	D 8/11 甘	E 8/19 渋
8/19	8月19日 ①	105	2	76	7	283
8/20	8月19日 ②	141	24	27	3	307
	8月20日 ①	108	5	89	2	231
8/21	8月19日 ③	199	40	271	11	282
	8月20日 ②	107	9	92	5	237
	8月21日 ①	54	35	96	2	92
8/22	8月19日 ④	152	39	198	9	253
	8月20日 ③	267	76	320	20	308
	8月21日 ②	211	33	180	4	311
	8月22日 ①	45	11	52	50	103
8/23	8月19日 ⑤	156	32	151	8	238
	8月20日 ④	117	35	99	5	1551
	8月21日 ③	6	163	2011	0	178
	8月22日 ②	16	11	57	5	45
	8月23日 ①	19	30	32	10	42

田舎の柿の木

《結果》

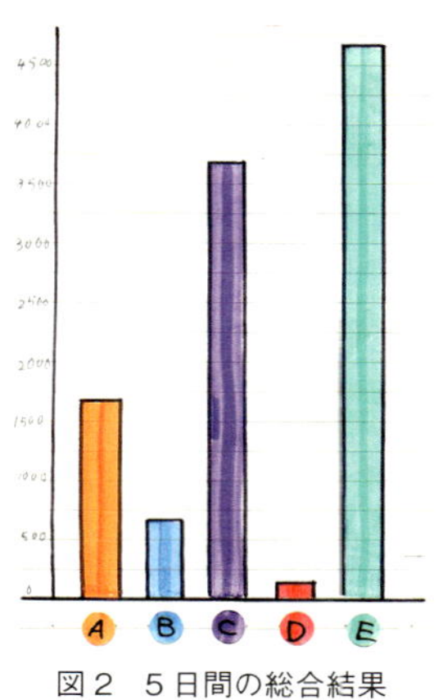

図２　５日間の総合結果

全体で見ると，Ｅの８月 19 日に収穫して絞った渋柿汁が毎日大差で一番の結果となった。興味深いのは，汁を塗ってから２～３日経った和紙の強度は強いが，４～５日経つと強度がかなり弱くなるということである。

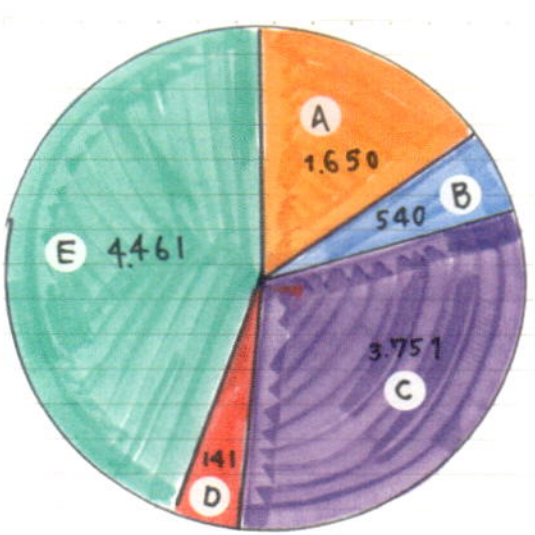

	数	割合
A	1650個	15.65%
B	540	5.12%
C	3,751	35.58%
D	141	1.34%
E	4461	42.3%
計	10,543個	100%

図３　弟が 134 個をゲット！

最終実験

８月 19 日収穫の渋柿汁を塗ったポイを作る。兄と弟で３回勝負を行うが，弟の１回目だけは渋柿汁を塗ったポイを使う。2，３回戦は種明かしのため，弟も普通のポイを使った。

表３　最終実験の結果

	兄	弟
8/24	5	134
	6	2
	3	1
	14	137

《結果》

１回目に５歳の弟が 134 個を取り，兄の驚いた顔を見ることができた。

感想と考察

１回目の実験で思いもよらない結果が出たので，さらに深く実験をしてみた。最終実験では，収穫して６日も経っているので，思っていたよりも数が少なくなったと考えられる。

なぜどの汁も塗ってから２～３日経ったものがピークなのか。柿渋は古ければ古いほどよいとされているのに，なぜだんだん強度が弱くなってしまったのか。さらに調べていきたいと思う。

反省点は，塗りムラがあったり，乾かし方が悪くて紙がくっついたりして，少し薄いところが出てしまったことだ。今度はもっと同じ条件になるようにしたい。それでも，兄の驚いた顔を見られたのはよかった。

作品について

この実験は，金魚すくい用のポイに防水性のある渋柿の汁を塗って，どこまで強化できるかというシンプルな内容に見えます。しかし，ポイに塗る汁の種類，汁を作成してからの日数，ポイに塗ってからの日数の違いという３つの変化する要素を入れることで複雑な実験となりました。大変な実験ですが，結果の表し方にも工夫が必要となります。稲波さんは，実験の結果を分析して表とグラフを使い，色分けも上手にしながらわかりやすくまとめました。

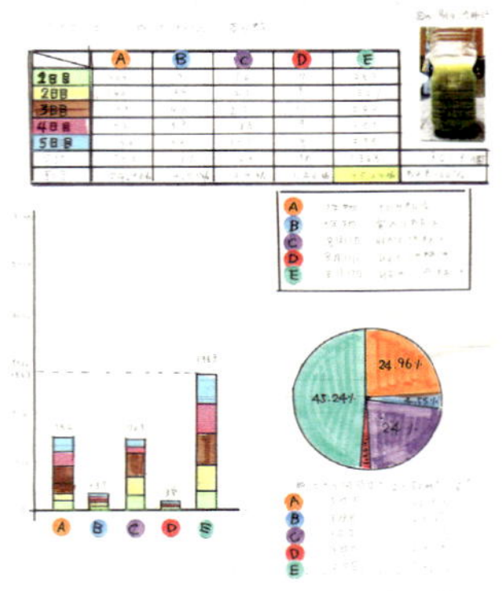

図４　色分けしながら上手に表とグラフを作成

実験データの分析，まとめがしっかりしていると，そこから新たな発見が生まれるというよさも出てきます。

今回の追究でも，同じ渋柿汁を塗ってから数日後に，一番高い防水性を発揮することを見つけ出すことができました。

柿渋は古いものほどよいとされていますが，保存状態によって劣化することもあるようです。今回の実験では，新しい渋柿汁のほうが防水効果が高い結果になりましたが，柿渋や渋柿汁の保存の仕方によって結果が変わるかもしれません。柿渋や渋柿汁の保存の仕方を考えるだけでも，新たな研究が始まりそうです。

柿渋の熟成が進むと，赤褐色や茶褐色になりますが，絞り立ては淡い緑色です。これをポイに塗っても，見た目は塗る前とそれほど変わらなかったと思います。渋柿汁を塗ったポイを使って，お兄さんに勝った弟さんはうれしかったでしょうね。負けたお兄さんもびっくりしたと思います。その様子を見て楽しむ稲波さんの姿も目に浮かびます。やはり，研究は楽しむことが一番です。もちろん追究する楽しさ，わかる楽しさを味わうことが本道ですが，遊び心を持って楽しむことも研究にとって大切なことだと思います。

図５　実験で使用したポイ

柿渋は古来からさまざまな場面で使われてきましたが，研究してみると新たな可能性が見えてくるかもしれません。さらなる追究を期待しています。

夢を見るのはどんな時？

とくどめ りこ
徳留 理子
［大阪教育大学附属池田小学校 5年］

私は「夢を見ること」に何が関係しているのか調べました。
夢を見ること・日常の項目を数値化し、グラフにして比較しました。運動や当日の出来事は夢を見ることとの関係が浅く、睡眠時間や睡眠効率は関係が深いことがわかりました。イメージである夢と、実体である日常の項目の関係を論理的に調べる方法が難しかったです。

研究の概要

動機

夢を見ていないと思っていたら，お母さんから「寝言をいっていたよ」といわれた。「夢は起きたら忘れているのではないか？」「前日の出来事は夢の内容に影響するのか？」など，毎日の出来事と夢の関係を調べることにした。

予想

① 運動した日は疲れて夢は見ていない，または覚えていないのではないか。

② 何か特別な出来事があった日は夢を見るのではないか。

③ 昼寝は夜に夢を見ることに影響するのではないか。

④ 睡眠時間が長いほうが夢を見るのではないか。

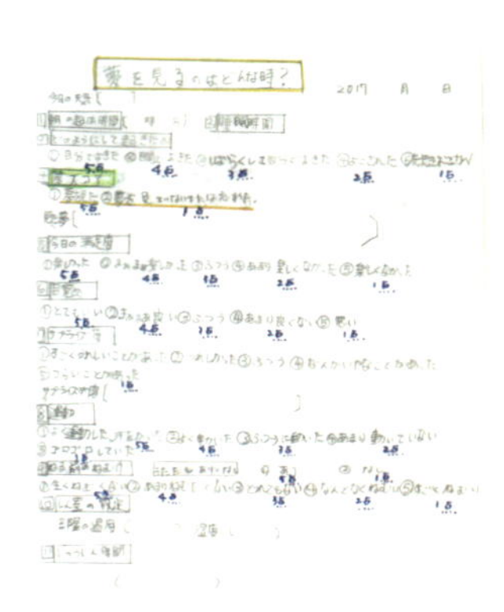

図１　調査用紙

方法

- 調査用紙の項目を５段階に点数化する。
- 夢のサプライズ内容（今日の出来事）は点数化せず，睡眠アプリのデータをもとに記録する。
- 「夢を見る・見ない」にどの項目が深く関係するのかは，夢を見た日の各項目の点数を合計し，夢スコアの合計に対する割合で表す。
- 睡眠アプリで得られる「睡眠効果」と「睡眠，時間」のデータを５段階にスコア化し，「夢を見る・見ない」との関連性を調べる。

アプリ “Sleep Meister” の睡眠記録と睡眠効率

① 就寝時間　② 起床時間　③ 睡眠効率　④ 前日の出来事　⑤ 夢の内容

- 睡眠アプリのデータと「夢を見る・見ない」の関係に注目すると，睡眠効率が高いほうが夢を見ていそうだ。また，睡眠時間も「夢を見る・見ない」に関係がありそうだった。
- 詳しく調べるため，夢スコアと他の項目のスコアを同じグラフ上に示すことにした。
- 25 日間のデータ採取時間中，夢を見たのは 15 日間だった。夢を見た日に焦点を絞り，夢スコア（15 日 × ５点 = 75 点）に近いスコアの項目を抽出する。ここで 75 点の 80％程度（60 点）を関係が深いものとした。

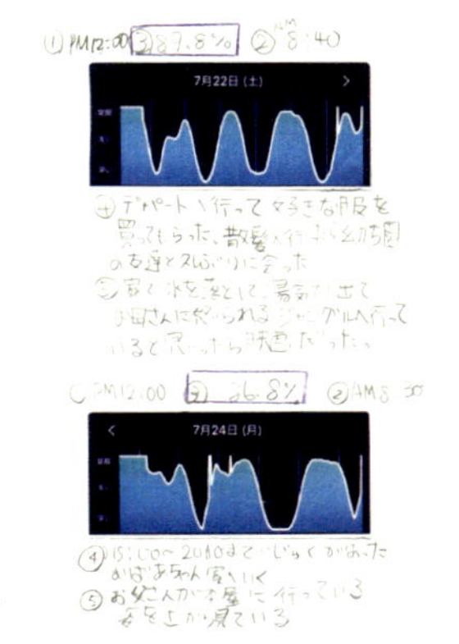

図２　睡眠アプリを使った記録

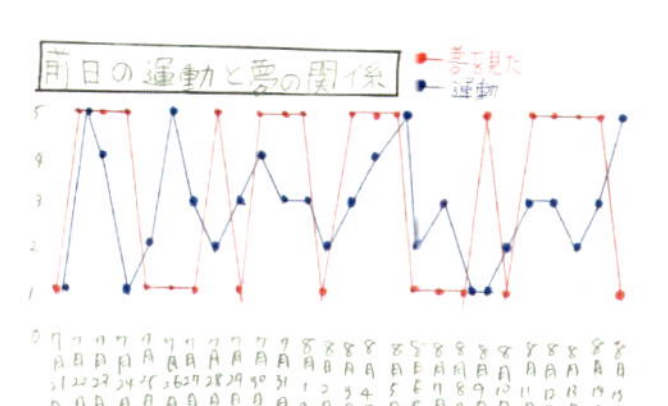

・夢を見た：７５点
・運　　動：４３点
・計 算 式：運動÷夢×100
・関係一致度：５７．３％

運動した日はもともと少なかったが，あまり夢を見ることとの関係性はなさそう。

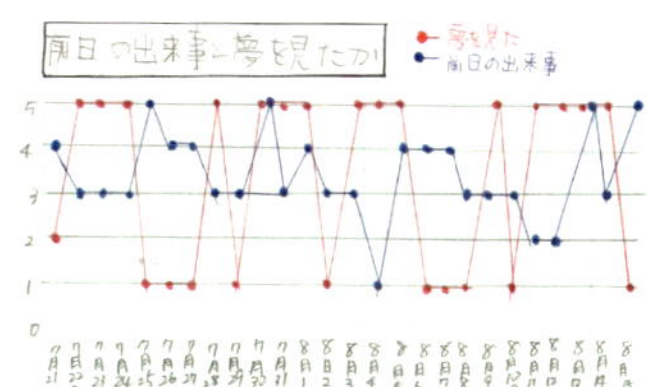

・夢を見た：７５点
・サプライズ：５０点
・計算式：サプライズ÷夢×100
・関係一致度：６６．６％

特別な日も少なかったが，思っていたよりも前日の出来事と夢を見ることについての関係はなさそう。

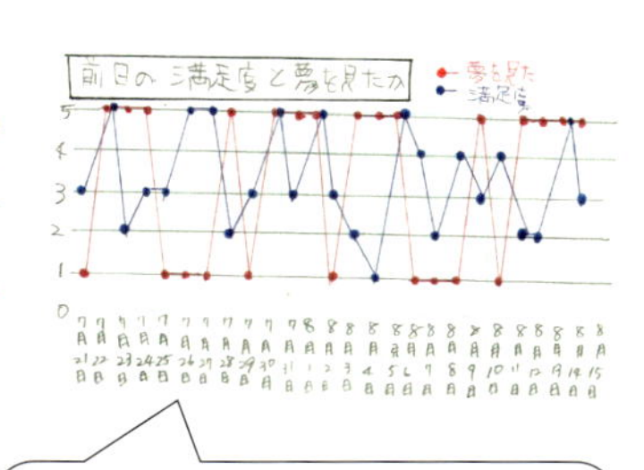

・夢を見た：７５点
・満足度：５０点
・計算式：今日の満足度÷夢×100
・関係一致度：６６．６６％

楽しい出来事があれば夢を見ると思っていたが，思っていたよりも関係はなさそう。

図３　夢スコアと項目スコアをグラフで表現　※「睡眠時間と夢を見たか」の結果とグラフは省略。

結果のまとめ

1 夢スコアと運動の有無，サプライズ度には，強い関連性はなかった。サプライズ度には楽しいこと，悲しいこと，驚（おどろ）いたことをすべて含めたが，落ち込んだ日や悲しかった日は両日とも不快な夢を見た。

2 睡眠時間と夢スコアには比較的（ひかくてき）高い関連性があった。

3 睡眠アプリで得られた「睡眠効率」と夢スコアにも比較的高い関連性があった。

4「起床時間，起き方，満足度，目覚め，寝る前の眠気，就寝時間，天気」と夢スコアには強い関連性はなかった。

5 昼寝をした日は睡眠リズムが乱れる傾向があったが，昼寝の有無と夢スコアには強い関連性はなかった。

6 睡眠のリズムは毎日異なっていることが大変印象的だった。

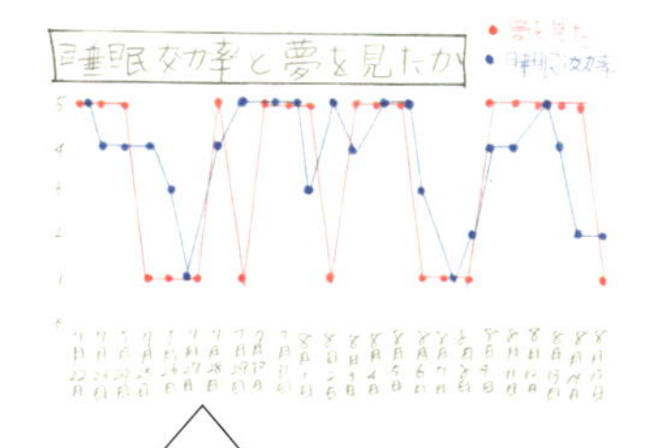

・夢を見た：７５点
・睡眠効率：６３点
・計算式：睡眠効率÷夢×100
・関係一致度：８４．０％

睡眠効率が良いと夢を見ていることがわかりました。予想していなかったのでおどろきました。

図４　睡眠効率と夢を見たか

考察・調べたこと

・「睡眠時間の長さ」は夢スコアとの関連が強かったが，これは長く寝ると起きる直前にレム睡眠が出現しやすくなるので，夢を覚えているのだろう。

・睡眠効率は睡眠のリズムが整っていると高くなるようだが，睡眠効率と夢スコアの関連性が深かった理由は調べたけどわからなかった。

・睡眠は解明されていないことが多そうで，「夢のある研究分野だな」と思った。

作品について

この作品は，スマートアプリから得られた睡眠に関するデータを，さまざまな視点から分析（ぶんせき）・考察し，夢を見るときと見ないときではどのような条件の違（ちが）いがあるのかを追究したものです。

表１　調査内容の数値化

日時	8/10	8/11	8/12	8/13	8/14	8/15
天気	☀	☀	☀	☀	☀	☀
起床時間	9時	7時40分	10時	9時[illegible]	9時[illegible]	7時[illegible]
前日の就寝時間	12時40分	11時30分	12時	12時	12時10分	12時10分
どのようにして起きたか	5	2	5	5	5	3
夢を見たか見てないか	1	5	5	5	5	1
今日の満足度	4	2	3	5	3	5
目覚め	4	3	5	4	3	3
サプライズ度（今日のできごと）	3	2	3	5	3	5
運動	2	3	4	2	3	5
昼寝うたたね	1	1	1	1	5	1

徳留さんは研究をスタートさせるに当たり，まず自分の「予想」を明確にしています。そして，予想していた「運動」「特別な出来事」「昼寝」「睡眠時間」を関係すると思われる要素として実験の計画に取り入れています。

このように，「予想」と「実験の計画」との関係を明確にすることで，その後の展開にぶれがなくなり，一連の追究に一貫性（いっかんせい）が出てきます。

表２「睡眠時間」と「睡眠効率」の数値化

睡眠時間	点数	睡眠効率	点数
7時間－7時間30分	1	87.5%－95%	5
7時間30分－8時間	2	80%－87.5%未満	4
8時間－8時間30分	3	72.5%－80%未満	3
8時間30分－9時間30分	4	65%－72.5%未満	2
9時間30分－10時間	5	65未満	1

また，考えられる要素をさらに加えた11項目を調査し，その内容をスコア化（数値化）することで，その後，客観的な視点で分析・考察ができるように工夫している点も見逃（みのが）せません。

さらに，集めたデータ（数値）処理の方法についても，夢を見た日を「５点」として調査した日の合計を出し，それぞれの条件の得点との割合を出すことをあらかじめ計画で明らかにしています。そのことで，実験の結果が少しずつ集まってくる過程でも分析が同時進行で行われ，より妥当（だとう）な結論を導き出すための伏線（ふくせん）となっています。

処理され集められた要素のデータは，その後に折れ線グラフに表されます。それぞれの要素が「夢を見た」ことと関係があるのかないのか，比較するデータを２つに絞ることで，一目瞭然（いちもくりょうぜん）に読み手が判断できるよう表現の工夫がされていました。

スマートアプリで得られたデータそれ自体については，信頼性（しんらいせい）があるとは断言できません。しかし，徳留さんの研究が優れているのは，その信頼性に乏（とぼ）しいデータを多面的なデータとして数値化，処理し，読み手にわかりやすく表現することで，その信頼性を高めた点にあるのです。

清水の舞台の秘密

雨宮（あめみや） 龍ノ介（りゅうのすけ）
［筑波大学附属小学校 5年］

清水の舞台の下に長い柱がたくさん建っているのを見て、なぜこんな崖の上に建てるのだろう？ なぜ平地に建てないのだろう？ と疑問に思いました。それは、山を神聖なものと考えているからという理由もあるけれど、柱のゆれの周期を変えることによって地震に強い建物にしていたからこそ、385年も壊れずに建っていることが分かりました。

I 研究の概要

1 実験のきっかけ

清水寺の舞台を下から見上げると，舞台を支えている柱がとても長く，柱の数もたくさんある。この崖の上の柱にも存在する理由がきっとあるのだろうと思った。そして驚いたことに，舞台の柱は釘を1本も使わずに造られている。これを“かけ造り”というそうだが，本当に地震に強いのか，実験して確認してみようと思う。

2 実験方法

理科の時間に学習した，左右均等に動きだんだんと揺れが小さくなりやがて止まるという振り子の動きが地震の揺れ方と似ていることから，今回は振り子を使って実験することにした。振り子は上から吊るすが，清水の舞台の柱が固定されている部分は，屋根（上）ではなく地面（下）なので，上下を逆にした振り子模型を作った。

3 実験装置と測定方法

崖は段ボールで作り，柱に見立てた振り子を上から吊るす。本堂の部分は大きな屋根を支えているので8gのおもりを使い，舞台の部分は小さい屋根と舞台しかないので3gのおもりを使った。

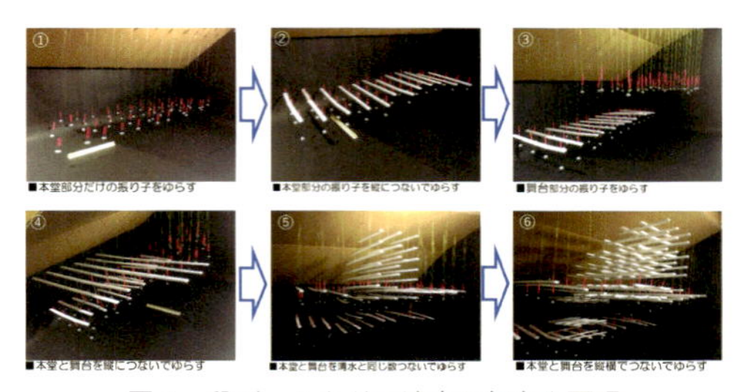

図1　段ボールなどで清水の舞台を再現

横梁には，スチレンボード（発泡スチロールを紙で挟んだもの）を使用した。

・振り子を30度の高さから振って，10往復するまでにかかる時間を計り，周期を測定する（3回測定して平均を出す）。

・振り子の揺れが完全に止まるまでの時間も計測する。

4 実験と結果

【実験1：本堂と舞台の振り子をばらばらに振って振り子の周期を確認】

・長い振り子と短い振り子では周期が違うため，バラバラな動きになってぶつかり合った。

・横梁なしで柱だけにすると，揺れがかなり大きくなる。

表1　実験1の結果

おもり	周期（実験1）							
	1回目		2回目		3回目		平均	
おもり1	10.13	秒	10.29	秒	10.29	秒	10.24	秒
おもり2	10.94	秒	10.85	秒	10.84	秒	10.88	秒
おもり3	11.62	秒	11.62	秒	11.63	秒	11.62	秒
おもり4	12.44	秒	12.34	秒	12.50	秒	12.43	秒
おもり5	9.56	秒	9.60	秒	9.66	秒	9.61	秒
おもり6	10.59	秒	10.63	秒	10.62	秒	10.61	秒
おもり7	10.60	秒	10.68	秒	10.65	秒	10.64	秒
おもり8	11.09	秒	11.12	秒	11.16	秒	11.12	秒

【実験2：本堂の振り子を横梁でつないで揺れ方を確認】

・振り子同士を横梁でつなぐことで，振り子の揺れがかなり小さくなり，横梁でつながないときの約

表2　実験2の結果

ゆらし方	観察した部分	実験の様子	周期			平均	時間	結果
横	本堂		10.72秒	10.71秒	10.72秒	10.71秒	3分05秒	横梁でつないだことで、横方向にいっせいにゆれた。横梁の中心部分はあまり動かず、はしっこの方が大きくゆれた。
縦	本堂		9.53秒	9.53秒	9.54秒	9.53秒	3分21秒	はじめは、横方向に大きく波のように動いて、ゆっくり止まった。横梁でつないでいない時の約半分の時間でゆれが止まった。
斜め	本堂		10.09秒	10.10秒	10.09秒	10.09秒	2分50秒	はじめは大きくゆれたけれど、縦や横にゆらすよりも早くゆれが止まった。

半分の時間で止まった。

・縦と横を連結させると，かなり安定する。

【実験３：本堂と舞台を横梁でつないで揺れ方を確認】

・本堂と舞台を別々に揺らしたときよりも，短い時間で揺れが止まった。

・横梁でつなげることによって，違う周期のもの同士がそれぞれの動きを打ち消し合うことで，速く揺れが止まるのかもしれない。

表３　実験３の結果

ゆらし方	観察した部分	実験の様子	周期			平均	時間	結果
横	本堂		1.100秒	1.105秒	1.102秒	1.102秒	1分13秒	舞台とつないだことでゆれが止まる時間がすごく早くなった。
	舞台		1.041秒	1.042秒	1.040秒	1.041秒	40秒	舞台の部分が先にゆれが止まって、本堂の部分は、それからしばらくしてから止まった。
縦	本堂		1.009秒	1.012秒	1.011秒	1.010秒	55秒	舞台とつないだことでゆれが止まるのがすごく早くなった。
	舞台		9.08秒	9.15秒	9.10秒	9.11秒	30秒	舞台の部分は、本堂の約半分の時間で止まった。
斜め	本堂		1.031秒	1.030秒	1.031秒	1.030秒	1分40秒	横梁でつないだことで、ふりこがからまなくなった。
	舞台		1.060秒	1.065秒	1.062秒	1.062秒	40秒	舞台の部分は、本堂の約３分の１の時間で止まった。

【実験４：本堂と舞台を上から下まで７本の横梁でつないで揺れ方を確認】

・全体として揺れが小さくなった。

・ただし，本堂の部分は揺れが少し長くなった。これは，おそらく舞台の部分がかなり固定されたので，その分本堂の部分が揺れたのではないかと思う。

【実験５：本堂と舞台を縦横に格子状につないで揺れ方を確認】

・縦横に格子状にしっかりつないだことで強くなり，ほとんど揺れなくなった。

・ある程度の本数の柱と横梁が必要であることがわかった。

・異なる周期の柱を横梁でつなげば，お互いの揺れを打ち消し合う作用が生まれるのかもしれない。舞台を造ることは，雅楽（ががく）や能のためだけではなく，地震に強い建物にするためでもあったのではないかと思う。

【実験６：舞台を崖につないで揺れ方を確認】

・崖につないだ舞台自体の揺れは小さくなったけれど，本堂の部分は崖を中心にして大きく揺れた。横梁も吹（ふ）き飛んだ。

・崖に横梁をつなげないほうが，揺れに強いことがわかった。

表４　実験６の結果

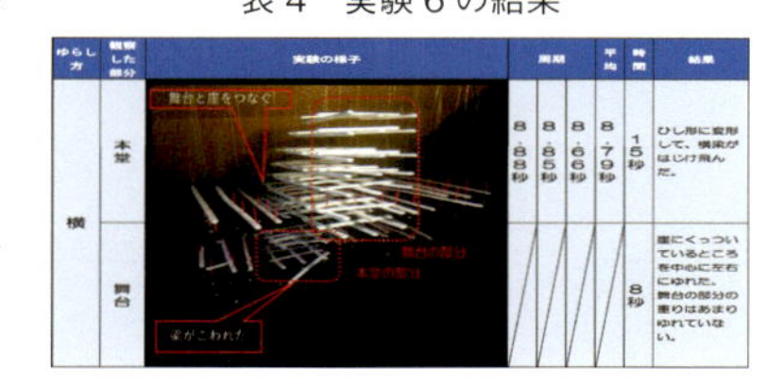

ゆらし方	観察した部分	実験の様子	周期			平均	時間	結果
横	本堂	舞台と崖をつなぐ / 舞台の部分 / 本堂の部分 / 梁がこわれた	8.88秒	8.85秒	8.66秒	8.79秒	15秒	ひし形に変形して、横梁がはじけ飛んだ。
	舞台						8秒	崖にくっついているところを中心に左右にゆれた。舞台の部分の重りはあまりゆれていない。

感想

前回の「五重塔はなぜたおれないのか？」の研究に引き続き，昔の人のアイデアや技術の高さには驚いた。清水寺が創建されてから300年後に舞台が造られており，そのことにより清水寺自体がより強い建物に進化していた。

日本は山が多いから，高い山にも家が造れる技術の発達が必要で，いろいろな人が努力して生み出した方法なのだと思う。

今ある建物の状態から，昔の人が何を考えて，どんな目的で造ったのかを考えるのはとても楽しかった。

作品について

この作品は，前回の「五重塔はなぜたおれないか？」の研究に引き続き，同じ歴史的建造物である清水寺の舞台がどうして地震に強いのか，その秘密を解き明かしたものです。

五重塔の強さの秘密を追究したときには，五重塔をジェンガに見立てることで，条件を変えながら繰り返し実験することができました。そして今回は，清水の舞台を上下反転させることによって，柱の動きを振り子に見立てて実験する工夫をしています。まさに発想の転換です。右の写真①は，振り子に見立てた実際の実験装置ですが，それを上下反転させれば，写真②のように清水の舞台の柱や横梁そのものになるのです。

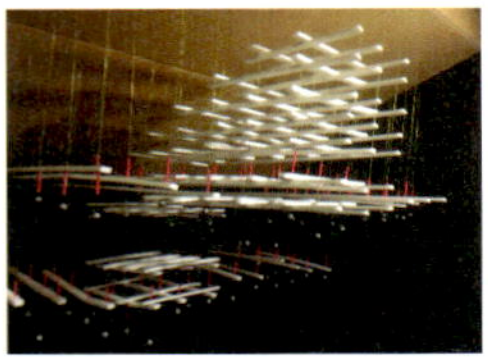

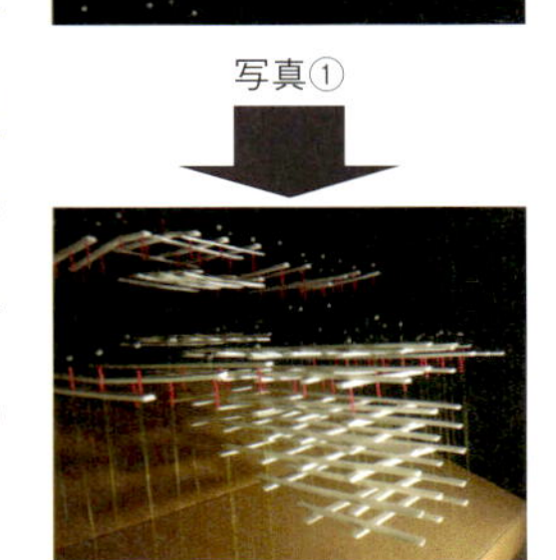

写真①

写真②

図２　模型を上下反転させる

この工夫によって，地震が起きたときの清水の舞台がどのような影響を受けるのか視覚化できるとともに，振り子の周期を調べることで数値化することもできるのです。

【実験 1】【実験 2】では，柱に見立てた振り子の周期がバラバラでも，横梁をつなぐことで揺れが小さくなることを確かめます。次の【実験 3】では，さらに本堂と舞台を横梁でつなぐことで，違う周期同士が揺れを打ち消し合い，揺れが早く止まることを突き止めます。【実験 4】では本物の舞台と同じ数の横梁をつけ，【実験 5】ではさらに格子状に横梁をつけることで，揺れが小さくなっていくことがわかります。最後の【実験 6】では，崖と舞台をあえて固定しないことで，本堂が大きく揺れないことを突き止めます。

このように，横梁のつけ方を少しずつ本物の舞台に近づけながら，揺れがどのように変化していくかというデータを集めて，横梁の役割，そして効果的なつなぎ方に，雨宮さんは迫っていきます。その問題解決の過程が読み手を引きつけるのです。

雨宮さんのこれまでの取り組みは，いずれも“故きを温ねて新しきを知る”に値する研究です。これからも，先人の知恵と最新の技術との関係を追究していってほしいと思います。

キャッチャーはつらいよ

～少年野球のキャッチャーが暑い夏を乗り切るために～

神﨑 咲（こうざき さく）
［京都市立西陣中央小学校 6年］

キャッチャーのつらさは、気候（温度や湿度）や運動量だけでなく、土の性質や精神的なことも関係していることがわかりました。実験と調査を行って、キャッチャーのしんどさについて知らないことばかりだなぁ と感じました。そして、キャッチャーのことだけでなく、人間のからだの仕組みについてもっともっと実験をして知りたいと思いました！ 実験も暑さとの戦いでした。

 研究の概要

この研究を始めようと思った動機

夏の暑いグラウンドで，僕は野球の試合にキャッチャーとして出場したが，暑さのために体調が悪くなり，途中で交代しなければならないときがあった。どうすれば，キャッチャーが暑い夏を乗り切ることができるかを考えようと思い，この研究を始めた。

夏のグラウンド

① 調査：夏のグラウンドの温度

・一番暑かったと感じたのは 8 月 11 日の試合だったが，試合中の温度感覚は気象庁発表の気温プラス 10℃くらいだった。

・気象庁発表の気温は，直射日光が当たらないようにしていると書いてあったが，野球をしているときは直射日光が当たるので異なる。

② 実験：直射日光と日陰の温度の比較

・デジタル温度計は日向と日陰の風通しのよいところに置き，その高さは 120 cm にした。

・直射日光が当たるかどうかが，気温に大きな影響を与えることがわかった。野球の試合では直射日光を浴びることが多い。

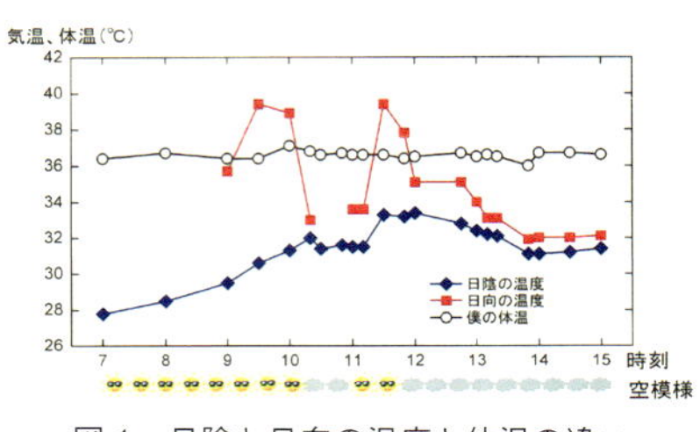

図 1　日陰と日向の温度と体温の違い

③ 調査：体の感覚に及ぼす湿度の影響

・湿度によって体で感じる温度が違うかもしれないと思い，ヒートインデックス（気温と湿度から計算した体感温度）を調べた。

・8 月 11 日の試合が一番暑く感じた。しかし，予想に反してヒートインデックスが一番高かったのは 7 月 30 日と 8 月 5 日で，それぞれ 40.2℃だった。実際のグラウンドの状況とは異なるのかもしれない。

・試合が始まる前に，そのグラウンドの気温や湿度を測ってヒートインデックスを知っておけば，暑さ対策の助けになると思う。

④ 実験：黒土と白土の温度の比較

・黒土の温度は日が陰ると下がった。40℃を超えると黒土と白土の温度は同じくらいになった。

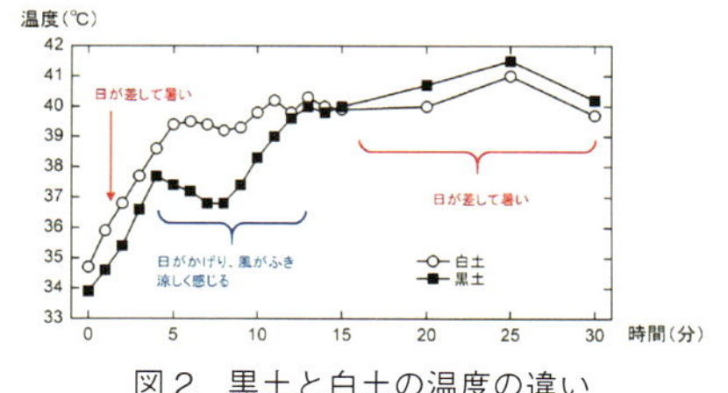

図 2　黒土と白土の温度の違い

キャッチャーの負担

キャッチャーはしゃがむと地面に近い距離になる。また，胸にはプロテクター，脚にはレガース，そして頭にはヘルメットとマスクを被ることで，さらに暑さを感じる。その重さは，2.9 kg にもなる。

⑤ 実験：防具をつけたときの負担を調べる

・安静時の脈拍(みゃくはく)を測定し，防具をつけたときと防具をつけないときで，スクワット運動を２分間行った。スクワット動作直後の脈拍数とスケールを使い主観的運動強度を調べる。

・防具をつけてスクワットをしたときのほうが脈拍が多くなった。レガースをつけると膝(ひざ)の曲げ伸(の)ばしがしにくい。マスクで視界も狭(せま)くなる。

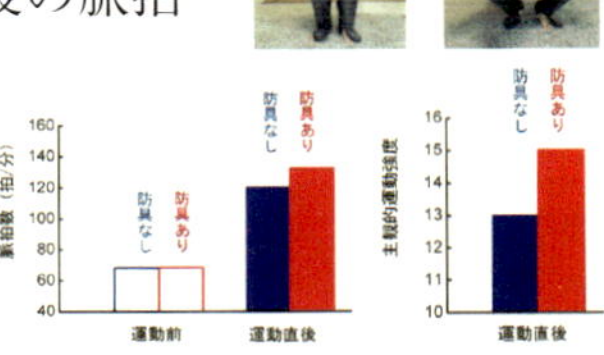

図３　防具の有無による負担の違い

⑥ 実験：地面からの距離の違いが暑さにどう影響するのか？

・低く構えると地面から頭までは約 60 cm，高く構えると約 80 cm になる。立って守備をするよりも 65〜85 cm 低い位置に頭がある。

・地面から 50 cm と 150 cm の位置にデジタル温度計を固定して，温度を調べる。

・低い位置の温度計のほうが高い値だった。日が陰ると，地面から 150 cm 程度までは高さに関係なく温度は同じくらいだった。

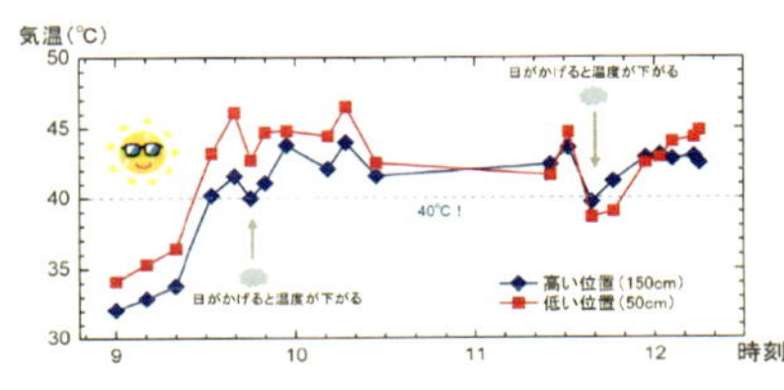

図４　地面からの高さによる温度の違い

⑦ 調査：試合中のキャッチャーの運動

・記録したビデオを見て，「防具を着用していた時間」「座り立ちの回数」「ボールを投げた回数」「イニング間の休憩(きゅうけい)時間」の項目について分析(ぶんせき)した。

・一番つらいと感じた８月 11 日の試合では，防具をつけていた時間は 40 分を超え，座り立ちは 119 回もしていた。試合後半の一番つらいときに，イニング間の休憩が１分 11 秒と一番短く，もっと長い休息をとらないといけないと思った。

研究からわかったこと

●事前にグラウンドの環境を確認し，暑さ対策を行うこと。

●試合前にグラウンドの温度や湿度を測り，心の準備をすること。

●休息のときはなるべく日陰に入ること。

●守備が終わったらすぐ防具を外すこと。

●座り立ちの回数をイニングごとに数え，多いときは休息を多めにとること。

●キャッチャー防具に日ごろから慣れておくこと。

研究を終えて

実験と調査を行って，キャッチャーのしんどさについて知らないことばかりだった。もっと実験と調査をして，人間の体の仕組みについて知りたいと思った。

キャッチャーはきつくてつらくて大変だけど，僕はこんなキャッチャーが大好きだ。

作品について

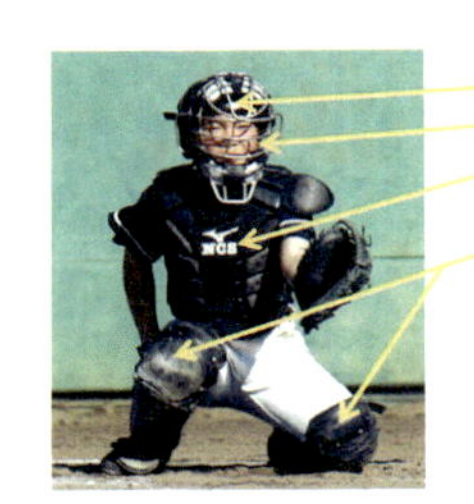

図５　キャッチャーの防具の重さ

神崎さんは，地元のスポーツ少年団の野球部に入っています。ポジションはキャッチャーです。身につける防具は合計で 2.9kg にもなり，１Ｌの牛乳パック３本分にもなります。この作品は，そんな厳しいポジションでも，夏の暑い日の試合でどう乗り切るか，観察・実験によって得られた客観的なデータをもとに，その工夫を追究したものです。

まず「①調査」では，試合当日の天候，気温，湿度を気象庁のホームページで調べます。ここで，自分が試合中に感じた実際の温度（体感温度）との違いに気づき，その原因を探る追究へと進んでいきます。

「②実験」では，直射日光と日陰のときのグラウンドの温度について調べます。ここで神崎さんは，それぞれの場所で２つの温度計を準備して計測し，２つの温度計の温度差を誤差と考え，より客観的なデータを集めていきます。また，自分の体温も測り，温度が体に及(およ)ぼす影響も調べています。このような実験手法によって，得られた観察・実験のデータの信頼性(しんらいせい)が高まっていきます。「③調査」では湿度の影響，「④実験」では土の色（黒土と白土）の違いによる温度の違いを調べます。

さらに「⑤実験」では，防具をつけてのキャッチャーの座り立ちによる体への影響を，防具をつけていないときと比較して確かめます。「⑥実験」では，地面からの距離の違いと暑さとの関係を調べ，「調査⑦」では試合中のビデオをもとにキャッチャーの運動量を，他のポジションとの動きや条件の違いをもとに調べ，キャッチャー特有の体への負担を数値化していきます。

このように，神崎さんの追究は，実に多面的な視点からのアプローチによって成立しているのです。また，それぞれの観察・実験を工夫し，得られるデータの客観性を高めるために数値化していることも注目すべき点です。

最後に示されたキャッチャーが暑い夏を乗り切るための６つの「わかったこと」は，決して目新しいものではありません。しかし，それぞれが観察・実験のデータによって裏づけられていることが，この作品の優れている点なのです。

小学生部門の審査から思うこと

松本末男

「科学の芽」賞の審査に加わって8年になるが，これまで主に小学生の作品を審査させてもらった。

小学生の作品には，「どうしてなのか？」というふしぎがたくさん詰まっている。

たとえば，アサガオに興味を持った3年生の作品がある。それは，アサガオの芽が折れたところに新しい芽が出てきたことに気づき，芽が出たり出なかったりするのはどうしてなのかという疑問を持って，いろいろ条件を変えて栽培をした作品だが，その実験の条件がとてもよく考えられていて本当に驚いた。わずか3年生でここまで考えるのかと本当に感心した。

また，自然エネルギーに川の流れが利用できることを知り，どうすれば効率的に水を利用できるのかについて，羽の形状を工夫して調べてみた研究も長く記憶に残っている。

みんなふしぎに思うことはたくさんあるだろうが，そこから探究したいという思いがなぜ生じるのだろうか。

子どもの成長を考えてみると，幼児期になると「どうして？」と何でも疑問に思ったことを質問する時期がある。子どもたちはそうした質問を覚えて，それに答えてくれる大人とのやりとりが面白くて何度も問いかけをするようになるのかもしれない。しかし，大人が丁寧に子どもにわかるように答えてあげると，より深い質問をするようにもなる。子どもにはわからないことを何でも質問できる特権がある。わからないことはとりあえず大人たちに聞いてみようと行動する。私も以前子どもから人間は足が2本なのに，虫の足が6本あるのはどうしてかと聞かれて，うまく答えられなかった記憶がある。

これまでに多くの子どもたちを育ててきたが，子どもがふしぎだと思う気持ちに寄り添って一緒に考える大人たちの存在が大事なのだと思う。答えが出なくても一緒に考えてくれた，一緒に調べてくれた，一緒に困ってくれた。そんな経験が大事なんだろうと思う。また，どんな小さなことでも経験したことは子どもたちにきっと残っていく。一緒に洗濯をする，一緒に台所で料理やおやつを作る，公園を散歩する，いつも通る道端に目を向ける。子どもが興味を持ったことに多くの先生やお父さんやお母さんが付き合ってくれている。その行動なくしてはふしぎな問いかけは育たないかもしれない。子どもたちのふしぎに思う気持ちを大事に育みたいと思う。それが明日の日本を支える。そんなことを考えている。

これからも，小学生が日頃から「どうして？」という気持ちをきっかけに始める研究がたくさん集まることを期待している。

[筑波大学特命教授]

CHAPTER 2 Cultivation of “KAGAKUNOME”

第２章「科学の芽」を育てる

～発明・発見は失敗から～（中学生の部）

「科学の芽」賞

中学生の部について

「科学の芽」賞の中学生部門に対して，第11回（2016年度）には24都道府県と海外5カ国から1,736件，第12回（2017年度）には25都道府県と海外5カ国から1,936件の作品が寄せられました。応募件数は2年連続で過去最高を更新し，第10回（2015年度）の節目を迎えた後も増え続けたことをとてもうれしく受け止めています。

「科学の芽」賞の発足当時から引き継がれている審査の観点を以下に示します。ふしぎだと感じる“こと”や“もの”との出会いがきっかけとなり，これを理解しようと観察・観測・実験・調査を行うこと。想定外の事態に対しても工夫を織り交ぜたり，仲間と協力したりして乗り切ろうと努力すること。そして，その成果を多くの人たちと共有すること。それらが，“これまで”も“これから”も科学の発展を支える大切な精神だと考えています。それでは，第11回と第12回に受賞した16作品を6つの観点から振り返っていきましょう。

【審査の観点】

① 着眼点：ふしぎだと思っているテーマや解決したいテーマが明確であり，さらに魅力的であるか。

② 洞察力：自分の力で，観察・観測・実験・資料調査などを行っているか。

③ 創造力：自分の力で，テーマを解決するための工夫や考察を行っているか。

④ 発表力：自分なりの結果をまとめ，それを的確に人に伝えているか。

⑤ 独創性：今までにない着想・探究・アプローチがあるか。

⑥ 仲間とのチームワーク：共同研究の場合，仲間との協力体制がうまく作られているか。

研究の第一歩である着眼点として，生活に潜む身近なふしぎに注目した作品が多く見られます。風船ポテトチップスや凍らせたジュースを題材にした作品は，独創的な視点で食を追究し，素朴な疑問を見事に解決しました。研究が計画的に進められた点も一致し，高く評価されています。また，水の性質に注目した3作品は，見過ごされがちな現象が研究のきっかけとなっています。落下する水が“一滴”か“連続”か，注目したのがコップの縁などの“注ぎ口”か流し台の底などの“受け口”か，現象からふしぎを感じ取る洞察力にも個性が現れているといえるでしょう。それぞれの実験手法も同様に，個性あふれるユニークなものでした。一方，人以外の動物をテーマにした3作品で対象となったクワガタムシ，ワニ，ヤマビルは，決して身近ではないかもしれません。しかし，その着眼点はこれまでの興味・関心や実体験が原点にあり，鋭い洞察力で生き物と接するなかから生まれたものと推察できます。いずれも忍耐強く観察・実験に取り組んだ成果が伝わってきました。

二足歩行のおもちゃ，ボダイジュの種，クルクルグライダー，風力発電に適した羽根の4作品は，動作に影響を与える“条件を探り”，動作を“制御する”あるいは動作の“効率を上げる”という明快な目標のもと，独創的な試行錯誤を繰り返してそのメカニズムを解明し，ある答えを導くことに成功しています。どの作品も思い通りにいかないことに苦戦し，それをひとつずつ克服していった様子が強く印象に残りました。

興味・関心を持って始めた研究は，その過程で新たな疑問を生み出します。これを次の課題とし，継続して取り組む大切さを伝えてくれた作品もあります。つるの研究，「ながら勉強」と学習効果の研究は，どちらも自身の研究を継続する形で発展させ，それぞれ2回ずつ受賞に輝いています。また，金の赤色コロイドは，高校生の先行研究から課題を見出し，新しい道を独自に切り開きました。これら3作品はいずれも斬新なアイデアと工夫が活かされ，豊かな創造力が存分に発揮されています。

研究成果を的確に伝える発表力は，年々磨きがかかっています。写真や表・グラフなどの図を効果的に用い，限られた枚数でも丁寧に説明する姿勢が定着したといえるでしょう。また，自作した実験装置を使って研究に取り組んだ作品が近年目立ってきました。観察・実験の目的に合致する測定器なども，買えば手に入るとは限りません。ないものは自分で作るという精神をおおいに評価したいと思います。さらに，研究は仲間と協力・協調して進めることで，一人では気づかない視点を得ることや作業を分担できるなどの効果が期待できます。共同研究として進められた3作品は，いずれも計画を立てて実験を行うという流れが明解で，協力体制の構築には見通しの共有が大切であることを教えてくれています。

それでは，受賞した16作品すべてについての概略を紹介しましょう。

クワガタムシは右利き？ 左利き？

嶋田 星来（しまだ せいら）
［筑波大学附属中学校 1年］

人間だけでなく、クワガタムシにも右利きや左利きがあるのではないかと考え、研究を行いました。生活の違いがあることから、野外採集した個体と人工飼育した個体の２つに分けるなどの工夫をしました。
チビクワガタなどの三つ折れタイプについては、右利きタイプが成り立つ可能性がでたのでよかったです。そこは注目してほしい点です。

I 研究の概要

研究の動機・目的

甲虫の後翅は折りたたまれて硬い前翅の内側に格納されている。クワガタムシではいつも後翅の左を下に，右を上に重ねて折りたたんでいるように思えた。一方の優位性が見られれば，遺伝子によってプログラムされているのかもしれないと思った。

実験方法

クワガタムシを糸でつるしたりしてみたが全く翅を広げないので，標本用に保管しておいたクワガタムシの死骸について，後翅の折りたたみ方を調べた。また，コガネムシ科のリュウキュウツヤハナムグリに飛行着陸繰り返しを行わせ，翅の折りたたみ方に左右どちらかの優位性が見られるかどうかを調べた。

実験と結果

【調査 1：クワガタムシの翅の折りたたみ方】

オオクワガタとチビクワガタの右利きタイプ

クワガタムシの後翅には太い 2 本の翅脈があり，約半分あたりでカギ状に曲がり，そこを境におよそ半分に腹側（下側）にたたまれる。先端側の半分はさらに数カ所縦折りが入り，細くたたまれ腹部背側の傾斜にフィットするようになっていた。チビクワガタなどの小型のクワガタムシは体長に比べて翅の長さがさらに長く，先端側をさらに四分の一程度を腹側に折りたたんでいた。この違いを「二つ折れタイプ」と「三つ折れタイプ」と呼んで区別することにした。さらに，よく見ると背側（上側）に見えている方の折りたたまれた翅の間にもう一方の翅を折りたたんで挟んでいる状態であった。挟む所作の方が難しそうなので，背側に見える翅を利き翅と呼ぶことにした。

右利きタイプで左側の翅を挟んでいる状態をおしり側からみている図

左側の翅

右側の翅

【調査 2：野外採集した三つ折れタイプのクワガタムシについて】

野外で採集したチビクワガタ 10 頭（♂ 5，♀ 5）については，すべて右利き，すなわち折った右側の翅を，より背側にして左側の翅を挟んでたたんでいた。同じく三つ折れタイプのルイスツノヒョウタンクワガタの野外採集個体6頭（♂2，♀4）について調べたところ，♂は2頭とも右利き，♀は3頭が右利き，1頭が左利きであった。まれに左利きもいたが，小型のクワガタムシはほぼ右利きであると思われた。

【調査3：野外採集した二つ折れタイプのクワガタムシやカブトムシについて】

野外で採集したり拾ったりした二つ折れタイプのヒラタクワガタ，ノコギリクワガタ，コクワガタ，カブトムシ合計6頭では，右利き左利きがちょうど半々であった。

【調査4：人工飼育したクワガタムシについて】

調査個体数を増やすために，人工飼育したチビクワガタ10頭についても調べてみたが，保存状態がよくなく雌雄の判別はできなかった。また，中型から大型種も調べた。

折りたたみタイプ	種類	性別	左利きタイプ	右利きタイプ
三つ折れタイプ	チビクワガタ（人工飼育）	性別不明、合計	6	4

折りたたみタイプ	種類	性別	左利きタイプ	右利きタイプ
二つ折れタイプ	オオクワガタ（人工飼育）	オス	2	2
		メス	3	2
二つ折れタイプ	ヒラタクワガタ（人工飼育）	オス	4	3
		メス	3	3
	合計		1 2	1 0

【調査5：人工飼育したリュウキュウツヤハナムグリの飛行着陸繰り返し実験】

生きた甲虫に左右利きの違いがあるか調べるため，糸でつるしても良く飛ぶリュウキュウツヤハナムグリ2頭について，後翅を折りたたむ行動を何度も観察した。それぞれ20回の飛行着陸を2日間記録した結果，右利き型:左利き型＝19:21，16:24（それぞれが別個体の2日間合計）となり，左右に優位性の差は見られなかった。

考察と課題

① 三つ折れタイプの小型のクワガタムシは，性別や種類に関係なく右利きが優位であるといえそうであった。さらに個体数を増やして調査を進めていきたい。

② 人工飼育したクワガタムシでは，一度も羽ばたいて飛ぶことがなく，狭い蛹室で羽化したときの一度きりの折りたたみのため，その際の状況次第で，左右どちらかに決まった優位性が現れないと思われた。

③ 二つ折れタイプの中型～大型のクワガタムシでは，調査個体が少ないながら，特に右利きが優位であるという仮説は成立しないと思われた。

④ コガネムシ科のリュウキュウツヤハナムグリを繰り返し飛行させ，翅の折りたたみ行動を観察したところ，左右に優位性の差は見られなかった。

作品について

動物の体には，前 - 後，背 - 腹，基部 - 末端の 3 つの体軸（方向軸）があることが知られています。また，私たちヒトの身体には，肺の分かれ方，心臓の傾きぐあいや盲腸（虫垂）の位置などのように顕著な左右の違いが見られますが，動物によっては，このような左右の違いは不明瞭となっています。さらに，こういった動物の場合，左 - 右軸（左右の非対称性）が遺伝子によって決められているかどうかについては，まだ不明な点も多いといわれています。

嶋田さんは，まず身近なクワガタムシの後翅の折りたたみ方に左右の非対称性があることを見いだしました。誰にでも明確に区別できる身体の左右の違いについての発見は，この研究の重要な出発点であり魅力的です。また，「左右軸の決定に遺伝子が関係しているかもしれない」という，研究の科学的意義について，ある程度想定しています。この着眼点も大いに評価したいと思います。

研究では，クワガタムシの翅の折りたたみ方について，三つ折れタイプと二つ折れタイプという，身体の大きさに関係する２つのカテゴリーを設定しました。できるだけ多数のデータを集めるため，飼育個体についても調べ，野外から採集した個体と区別しながらまとめています。このようなデータのカテゴリー分けは調査研究には欠かせないもので，嶋田さんも調査の過程から自ら見いだした方策だったと思います。さらに，この研究報告で素晴らしいのは，野外からの採集個体と飼育個体との結果の違いがどんな生物学的な意味を持つのか，非常に興味深い独自の考察をしている点です。リュウキュウツヤハナムグリを使って翅の折りたたみ行動を実際に観察した記録は，別の科に属する甲虫ではありますが，クワガタムシを使ってできなかった調査を補完する意味で興味深く有効だったと思います。

今後は，チビクワガタなど，三つ折れタイプである小型のクワガタムシについて，示唆された右優位性を，さらに多くの個体で検証して欲しいと思います。その際，前翅・後翅や翅の接する腹部のいくつかのパラメータについて形態計測して左右に微(かす)かな非対称性があるかどうかを調べたり，難しい行動観察を何とか追加で行ったりする工夫が必要になるかもしれません。また，クワガタムシや甲虫数種にわたって調査を行っていますが，種に関係なく示される普遍的な結果と，種特有な結果との違いについても，念頭において考察を深めていくと研究に奥行きが出て良いと思います。

ワニを解剖してみたら…

〜１本の骨から全長を推定する〜

田中(たなか) 拓海(たくみ)

［多治見市立北陵中学校 1年］

この研究は、深く恐竜を理解したいという思いでワニの解剖を行ったことからスタートしました。
amazon1、amazon2と名付けた２個体のワニの部分骨格から全長推定を行うために、たくさんの博物館や動物園の収蔵庫で計測をさせていただきました。その過程で、骨の機能性やワニという生物の奥深さを感じ、ほんの少しだけワニのことを好きになっていました。

I 研究の概要

研究の動機・目的

これまで7年間，恐竜の子孫である鳥類のニワトリの解剖や，ニワトリ胚の発生の様子を観察するなど，恐竜の研究を続けてきた。博物館の先生方から，恐竜の研究をするうえで，筋肉の付き方や骨の様子を理解することが重要で，ニワトリだけでなくワニなど現生動物の解剖がとても有用であると教わった。そこで，恐竜と近い関係にある主竜類に属するワニの前肢と後肢の解剖をして筋肉や骨の観察をした。

解剖方法および骨格標本の作成

ネット通販で，食肉用オーストラリア産養殖ワニ（クロコダイル科）を取り寄せた。メスを使って皮を丁寧にはぎ，各筋肉を一つずつ同定した。その後，前肢と後肢を熱湯でゆで，骨から肉を外した。軟骨と関節がついたままの骨を入れ歯洗浄剤に3日間つけ，軟骨と肉を取り除いた。骨格の同定をして，骨の位置関係を観察しながら骨格標本にした。同定では，『新編家畜比較解剖図説』と『恐竜学入門』を参考にした。

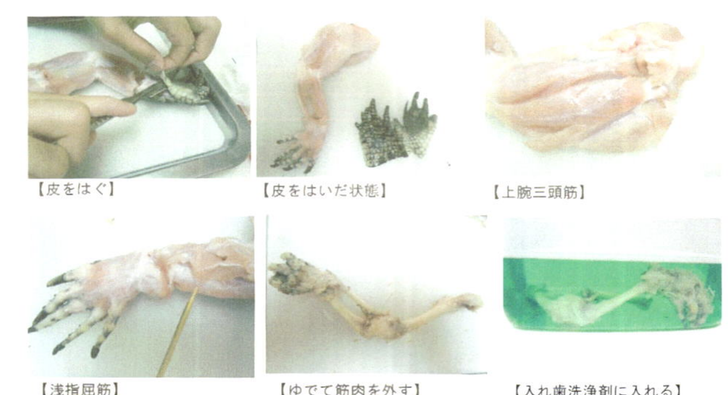

図1　前肢を解剖し，筋肉や骨を同定してから骨格標本を作る

1本の骨からワニの全長を推定する

解剖をしていたら，これらのワニはどのくらいの大きさだったのか気になった。前肢と後肢は入手ルートから別個体と考えられる。1本の骨から，前肢のワニ（Amazon1とする）と後肢のワニ（Amazon2とする）について，全長の推定に挑むことにした。

【理論：どうやったらわかるのか】

1本の骨と全長との間に相関があるとすれば，次の方法で推定できる。①今回解剖したワニの骨の特定の部位（a）を測定する。②全長のわかっているワニの骨格標本を探し，全長（B）と今回得た骨格標本と相同する骨の部位（b）を計測する。③相同する部位の長さの比を利用して，解剖したワニの全長（A）を，$A=B\times a/b$ で算出する。

【方法：全長がわかっているワニの骨格標本を計測して相関があるか調べる】

博物館や動物園に問い合わせ，豊橋市自然史博物館所蔵のアメリカンアリゲーター，メガネカイマンの2個体，神奈川県生命の星・地球博物館所蔵のインドガビアル2個体，シャムワニ2個体，クチヒロカイマン1個体，計5種7個体の計測をさせてもらった（表1）。

【結果：どの骨が全長と相関があるか】

シャムワニとインドガビアルがそれぞれ2個体あったので，まず，一方の個体の全長をもう一方の個体との比から算出して「算出値」と「実測値との誤差」を骨の部位ごとにまとめた（表2）。その結果，上腕骨（じょうわんこつ），尺骨（しゃっこつ），橈骨（とうこつ），大腿骨（だいたいこつ），脛骨（けいこつ），腓骨（ひこつ）の各最大長が，シャムワニとインドガビアルのどちらも誤差20％以内となり，それぞれの骨の最大長が，全長との相関性が高いとわかった。

【考察：グラフを作って推定する】

次に，測定した7個体すべてについて，各骨の最大長と全長との相関グラフ（図2）を作った。近似線はエクセルの対数近似を使った。体長の小さな個体は幼体と考えられ，成体に比べると頭でっかちに見える「アロメトリー」に配慮したためである。この骨ごとの相関グラフを使って，Amazon1とAmazon2の相同する骨のデータを当てはめ，推定全長を読み取った。

表1　ワニの骨格標本の測定結果

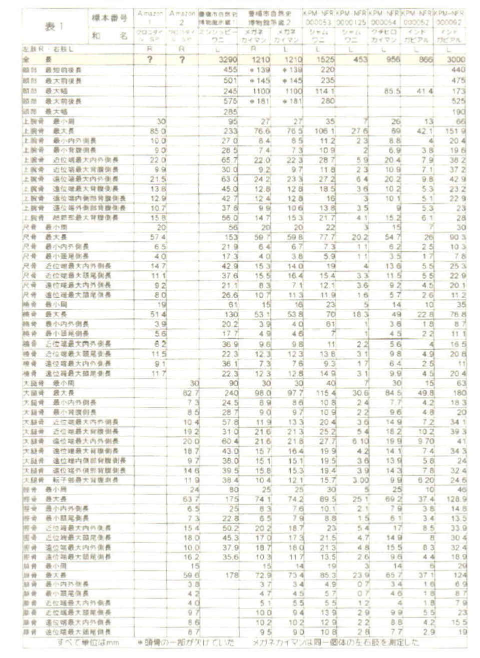

表1 標本番号	Amazon 1	Amazon 2	豊橋市自然史博物館所蔵1	豊橋市自然史博物館所蔵2		KPM-NFR 000053	KPM-NFR 0000125	KPM-NFR 000054	KPM-NFR 000052	KPM-NFR 000092
和名	クロコダイル SP	クロコダイル SP	ミシシッピーワニ	メガネカイマン	メガネカイマン	シャムワニ	シャムワニ	クチヒロカイマン	インドガビアル	インドガビアル
左肢R・右肢L	R	R	L	R	L	L	L	L	L	L
全長	?	?	3290	1210	1210	1525	453	956	866	3000
頭部 最短前後長			455	＊139	＊139	220				440
頭部 最大前後長			501	＊145	＊145	235				475
頭部 最大幅			245	1100	1100	114.1		85.5	41.4	173
頸部 最大前後長			575	＊181	＊181	280				525
頸部 最大幅			285							190
上腕骨 最小周	30		95	27	27	35	7	26	13	66
上腕骨 最大長	85.0		233	76.6	76.5	106.1	27.6	69	42.1	151.9
上腕骨 最小内外側長	10.0		27.0	8.4	8.5	11.2	2.3	8.8	4	20.4
上腕骨 最小背腹側長	9.0		26.5	7.4	7.3	10.9	2	6.9	3.8	19.6
上腕骨 近位端最大内外側長	22.0		65.7	22.0	22.3	28.7	5.9	20.4	7.9	38.2
上腕骨 近位端最大背腹側長	9.9		30.0	9.2	9.7	11.8	2.3	10.9	7.1	37.2
上腕骨 遠位端最大内外側長	21.5		63.0	24.2	23.3	27.2	6.4	20.2	9.8	42.9
上腕骨 遠位端最大背腹側長	13.8		45.0	12.8	12.8	18.5	3.6	10.2	5.3	23.2
上腕骨 遠位端内側部背腹側長	12.9		42.7	12.4	12.8	16	3	10.1	5.1	22.9
上腕骨 遠位端外側部背腹側長	10.7		37.8	9.9	10.6	13.8	3.5	9	5.3	23
上腕骨 結節部最大背腹側長	15.8		56.0	14.7	15.3	21.7	4.1	15.2	6.1	28
尺骨 最小周	20		56	20	20	22	3	15	7	30
尺骨 最大長	57.4		153	59.7	59.8	77.7	20.2	54.7	26	90.3
尺骨 最小内外側長	6.5		21.9	6.4	6.7	7.3	1.1	6.2	2.5	10.3
尺骨 最小頭尾側長	4.0		17.3	4.0	3.8	5.9	1.1	3.5	1.7	7.8
尺骨 近位端最大内外側長	14.7		42.9	15.3	14.0	19	4	13.6	5.5	25.3
尺骨 近位端最大頭尾側長	11.1		37.6	15.5	16.4	15.4	3.3	11.5	5.5	22.9
尺骨 遠位端最大内外側長	9.2		21.1	8.3	7.1	12.1	3.6	9.2	4.5	20.1
尺骨 遠位端最大頭尾側長	8.0		26.6	10.7	11.3	11.9	1.6	5.7	2.6	11.2
橈骨 最小周	19		61	15	16	23	5	14	10	35
橈骨 最大長	51.4		130	53.1	53.8	70	18.3	49	22.8	76.8
橈骨 最小内外側長	3.9		20.2	3.9	4.0	61	1	3.6	1.8	8.7
橈骨 最小頭尾側長	5.6		17.7	4.9	4.6	7	1	4.5	2.2	11.1
橈骨 近位端最大内外側長	6.2		36.9	9.6	9.8	11	2.2	5.6	4	16.5
橈骨 近位端最大頭尾側長	11.5		22.3	12.3	12.3	13.8	3.1	9.8	4.9	20.8
橈骨 遠位端最大内外側長	9.1		36.1	7.3	7.6	9.3	1.7	6.4	2.5	11
橈骨 遠位端最大頭尾側長	11.7		22.3	12.3	12.8	14.9	3.1	9.9	4.5	20.4
大腿骨 最小周		30	90	30	30	40	7	30	15	63
大腿骨 最大長		82.7	240	98.0	97.7	115.4	30.6	84.5	49.8	180
大腿骨 最小内外側長		7.3	24.5	8.9	8.6	10.8	2.4	7.7	4.2	18.3
大腿骨 最小背腹側長		8.5	28.7	9.0	9.7	10.9	2.2	9.6	4.8	20
大腿骨 近位端最大内外側長		10.4	57.8	11.9	13.3	20.4	3.6	14.9	7.2	34.1
大腿骨 近位端最大背腹側長		19.2	31.0	21.6	21.3	25.2	5.4	18.2	10.2	39.3
大腿骨 遠位端最大内外側長		20.0	60.4	21.6	21.8	27.7	6.10	19.9	9.70	41
大腿骨 遠位端最大背腹側長		18.7	43.0	15.7	16.4	19.9	4.2	14.1	7.4	34.3
大腿骨 遠位端内側部背腹側長		9.7	38.0	15.1	15.1	19.5	3.6	13.9	5.8	24
大腿骨 遠位端外側部背腹側長		14.6	39.5	15.8	15.3	19.4	3.9	14.3	7.8	32.4
大腿骨 転子部最大背腹側長		11.9	38.4	10.4	12.1	15.7	3.00	9.9	6.20	24.6
脛骨 最小周		24	80	25	25	30	5	25	10	46
脛骨 最大長		63.7	175	74.1	74.2	89.5	25.1	69.2	37.4	128.9
脛骨 最小内外側長		6.5	25	8.3	7.6	10.1	2.1	7.9	3.8	14.8
脛骨 最小頭尾側長		7.3	22.8	6.5	7.9	8.8	1.5	6.1	3.4	13.5
脛骨 近位端最大内外側長		15.4	50.2	20.2	18.7	23	5.4	17	8.5	33.9
脛骨 近位端最大頭尾側長		18.0	45.3	17.0	17.3	21.5	4.7	14.9	8	30.4
脛骨 遠位端最大内外側長		10.0	37.9	18.7	18.0	21.3	4.8	15.5	8.3	32.4
脛骨 遠位端最大頭尾側長		16.2	35.6	10.3	11.7	13.5	2.6	9.6	4.4	18.9
腓骨 最小周		15		15	14	19	3	14	6	29
腓骨 最大長		59.6	178	72.9	73.4	85.3	23.9	65.7	37.1	124
腓骨 最小内外側長		3.8		3.7	3.4	4.9	0.7	3.4	1.6	6.9
腓骨 最小頭尾側長		4.2		4.7	4.5	5.7	0.7	4.6	1.8	8.7
腓骨 近位端最大内外側長		4.0		5.1	5.5	5.5	1.2	4	1.8	7.9
腓骨 近位端最大頭尾側長		9.7		10.0	9.4	13.9	2.9	9.9	5.5	23
腓骨 遠位端最大内外側長		8.6		10.2	10.2	12.9	2.2	8.8	4.2	15.5
腓骨 遠位端最大頭尾側長		8.7		9.5	9.0	10.8	2.8	7.7	2.9	19

すべて単位はmm　＊頭骨の一部が欠けていた　メガネカイマンは同一個体の左右肢を測定した

表2　各骨の算出値と実測値の誤差（一部）

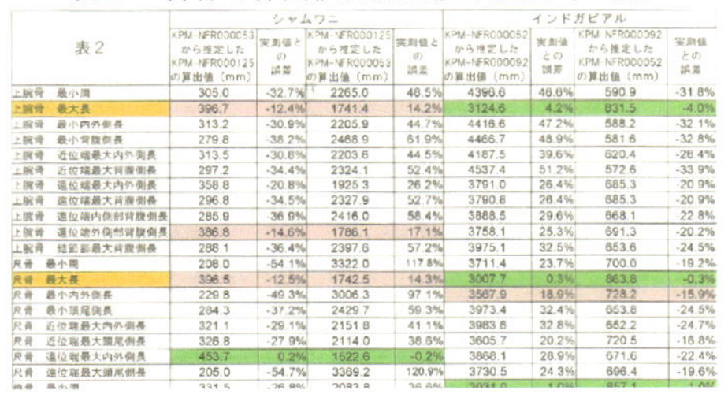

表2	シャムワニ				インドガビアル			
	KPM-NFR000053から推定したKPM-NFR000125の算出値（mm）	実測値との誤差	KPM-NFR000125から推定したKPM-NFR000053の算出値（mm）	実測値との誤差	KPM-NFR000052から推定したKPM-NFR000092の算出値（mm）	実測値との誤差	KPM-NFR000092から推定したKPM-NFR000052の算出値（mm）	実測値との誤差
上腕骨 最小周	305.0	-32.7%	2265.0	48.5%	4396.6	46.6%	590.9	-31.8%
上腕骨 最大長	396.7	-12.4%	1741.4	14.2%	3124.6	4.2%	831.5	-4.0%
上腕骨 最小内外側長	313.2	-30.9%	2205.9	44.7%	4416.6	47.2%	588.2	-32.1%
上腕骨 最小背腹側長	279.8	-38.2%	2468.9	61.9%	4466.7	48.9%	581.6	-32.8%
上腕骨 近位端最大内外側長	313.5	-30.8%	2203.6	44.5%	4187.5	39.6%	620.4	-28.4%
上腕骨 近位端最大背腹側長	297.2	-34.4%	2324.1	52.4%	4537.4	51.2%	572.6	-33.9%
上腕骨 遠位端最大内外側長	358.8	-20.8%	1925.3	26.2%	3791.0	26.4%	685.3	-20.9%
上腕骨 遠位端最大背腹側長	296.8	-34.5%	2327.9	52.7%	3790.8	26.4%	685.3	-20.9%
上腕骨 遠位端内側部背腹側長	285.9	-36.9%	2416.0	58.4%	3888.5	29.6%	668.1	-22.8%
上腕骨 遠位端外側部背腹側長	386.8	-14.6%	1786.1	17.1%	3758.1	25.3%	691.3	-20.2%
上腕骨 結節部最大背腹側長	288.1	-36.4%	2397.6	57.2%	3975.1	32.5%	653.6	-24.5%
尺骨 最小周	208.0	-54.1%	3322.0	117.8%	3711.4	23.7%	700.0	-19.2%
尺骨 最大長	396.5	-12.5%	1742.5	14.3%	3007.7	0.3%	863.8	-0.3%
尺骨 最小内外側長	229.8	-49.3%	3006.3	97.1%	3567.9	18.9%	728.2	-15.9%
尺骨 最小頭尾側長	284.3	-37.2%	2429.7	59.3%	3973.4	32.4%	653.8	-24.5%
尺骨 近位端最大内外側長	321.1	-29.1%	2151.8	41.1%	3983.6	32.8%	652.2	-24.7%
尺骨 近位端最大頭尾側長	326.8	-27.9%	2114.0	38.6%	3605.7	20.2%	720.5	-16.8%
尺骨 遠位端最大内外側長	453.7	0.2%	1522.6	-0.2%	3868.1	28.9%	671.6	-22.4%
尺骨 遠位端最大頭尾側長	205.0	-54.7%	3369.2	120.9%	3730.5	24.3%	696.4	-19.6%
橈骨 最小周	331.5	-26.8%	2083.8	36.6%	[illegible]	[illegible]	857.1	[illegible]

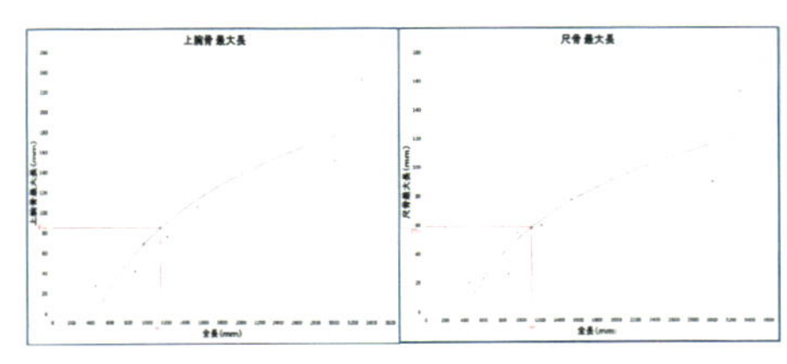

図2　最大長と全長との相関

表3　Amazon1の推定全長

部位	推定全長(mm)
上腕骨最大長	1140
尺骨最大長	1100
橈骨最大長	1105
平均	**1115**

表4　Amazon2の推定全長

部位	推定全長(mm)
大腿骨最大長	975
脛骨最大長	975
腓骨最大長	940
平均	**963**

Amazon1とAmazon2ともに，どの骨から求めた推定全長も比較的近い値が得られたため，この平均を推定全長とし，Amazon1は1115mm，Amazon2は963mmであると結論付けた。

さらに研究したいこと

今回5種のワニを使ったが，種によって全体のプロポーションが異なるため，解剖したワニと同じクロコダイル科の相関グラフから推定全長を求めれば，より正確な値になるはずである。現生種で行った今回の方法を絶滅種にも応用して研究したい。

中学生の部

作品について

恐竜に対する興味・関心がきっかけとなり，ニワトリの研究をこれまで続けてきたという田中さんですが，今回は新たにワニの肢の解剖にチャレンジしました。解剖して骨格標本をつくることから研究を始め，できあがった標本からワニの大きさを推定できないかと発展させていったところが大変素晴らしい作品です。これまでの研究活動で培われた鋭い観察眼や，ふと疑問に思ったことを解決しようという意欲がひしひしと伝わってきます。

どのような研究にするか着想を得る段階から，研究を進めてまとめる段階に至るまで，名古屋大学博物館の藤原先生，岐阜県博物館の服部先生，豊橋市自然史博物館の安井先生，神奈川県生命の星・地球博物館の松本先生といった実に様々な先生の名前が挙げられている点も素晴らしいです。多くの専門家の協力を得ながら，全身骨格標本７体分の詳細な計測を根気よく行い，結果に基づいて骨の最大長とワニの全長から相関グラフを見出しました。

自然科学の研究の中でも，特に生物や地学の分野においては，化石がたいてい体の一部分のものしか発掘されないように，完全な標本やすべてのデータを実測することが難しい場合が多くあります。このような場合は，手元にあるわずかな標本や，測ることができる範囲の一部のデータを実測して，推定値を求める算出式を作り出し，全体を推定するという手法がよく取られます。算出式を用いると，将来どうなるのか，あるいは条件が変わると現象がどう変化していくのか，過去のものはどのような状態だったのか，など，今ここにないモノや現象について推測することが可能になり，その科学研究の社会に対する有用性がとても高まるといえます。手元にあったのは，パウチされた動かないグロテスクなワニの手だけだったかもしれませんが，詳細な研究でそのワニの体の大きさまで突き止めてしまったのは見事としかいいようがありません。

作品の最後を,「僕は,どちらかというとワニが苦手で大嫌いでした。けれど,今年の夏中ずっとワニのことばかり考え,じっくりと観察や実験をしていたら,少しだけ好きになっていました」と締めくくった田中さん。これからもたくさんの生物（ナマモノ）に触れて，研究にいそしんでほしいと思います。

つるの研究
～正確な測定と解析～

大川(おおかわ) 果奈実(かなみ)
［藤枝市立高洲中学校 1年］

葉の面積と実の重さの関係の研究の中で、葉の面積を正確に測定する方法を追求した。正確な面積を求めるために、粘土を使用し、粘土の重さから精度よく面積を求める方法を見つけた。その結果、葉の面積と実の重さに関係があることを掴めた。
研究の中で測定精度の重要性や大切さ、測定のバラツキについても学ぶことが出来た。

I 研究の概要

研究の動機・目的

自然教室などに参加していくうちに，植物のつるがとてもきれいに巻いているのを見つけた。そのつるが，どうやって巻くのか不思議に思い，小学校3年生から研究を始めた。昨年の実験で，葉の大きさとつるの耐えられる重さは関係していることがわかった。しかし，面積の出し方を葉の大きさ（面積）＝縦の長さ × 横の長さで出していたので，葉の正確な面積との関係を調べることができなかったため，より正確な面積でつるの実の重さとの関係を調べることにした。

実験方法

【実験1：複雑な葉の面積を正確に測るためにはどうすればよいか？】

アイデア1：方眼紙（5 mm マス目）に葉の形をとり，葉の面積の入ったマスの数を数える。

アイデア2：薄く伸ばした粘土に葉の跡を付け，面積を求める公式がある図形に分け，求める。

アイデア3：粘土を葉の大きさに切り，重さを測り，重さから面積を出す。

〈結果〉葉の面積を早く正確に測れるアイデア3の方法を使って，葉の面積を出す。

・1 cm^2 当たりの粘土の測定方法

[9.7 cm×9.7 cm の正方形 94.09 cm^2 の粘土の重さの平均÷面積＝ 1 cm^2 当たりの重さ]

・葉の計測方法

[葉の粘土の重さ ÷1 cm^2 当たりの重さ＝葉の面積]

【実験2：標準版（基準版）の面積を測る】

厚さ 6mm，9.7 cm×9.7 cm の正方形のプラスチック粘土の重さを測り，この実験のデータの精度を，22 回測定して確かめた。測定は1 g 単位のはかりで粘土の重さを測ったが，1 g 単位で計測したはかりが，ばらつきの原因となったと考え，はかりの表示に 0.1 g 単位まであるはかりを使用した。

〈結果〉はかりを1 g 単位から 0.1 g 単位のあるはかりに変えた結果，1 cm^2 当たりの重さは 1.121 g/cm^2 とわかり，さらに正確なデータが測定できることがわかった。

【実験3：葉の面積を測る】

今年は，ゴーヤ，メロン，キュウリ，ひょうたん，ヘチマ，えんどう豆の6種類の植物を使って実験し，昨年のデータと比較した。

〈結果〉葉の面積の正確なデータを作ることに成功した。

【実験４：葉の面積と実の重さの関係調査】

「実が大きいほうが，葉の面積が大きい」という仮説をもとに，実験を進めた。今年は，植物によって，実のなる数や実の大きさが異なった。一番大きい実は，平均で見ると，1068.0ｇと一番重いヘチマだとわかった。反対に一番小さい実は，7.9ｇのえんどう豆だった。

次に，葉の面積と実の重さの関係を表すグラフを作った。縦軸は葉の面積，横軸は実の重さを表している。このグラフから，実の重さと，葉の面積は，関係性が少ないことが分かる。

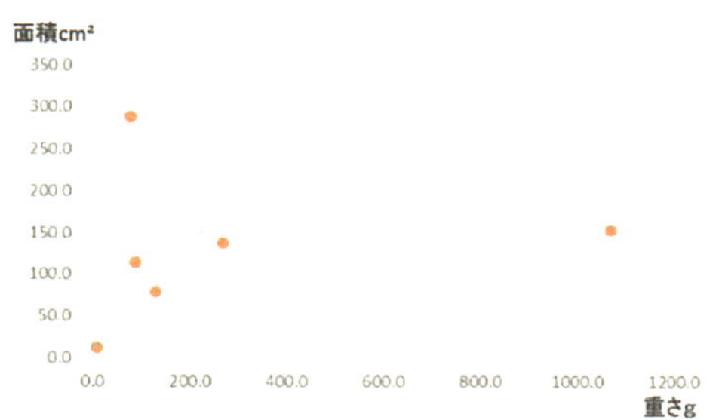

図１　葉の面積と実の重さの関係

葉の面積と実の重さの関係があるかを調べるために，葉の面積と実の重さの比較表を作った。この比較表を見ると，67％の確率（10ケ/15ケ）で，葉の面積が大きくなると実が重くなり，葉の面積が小さいと実が軽くなる傾向があることがわかった。

表１　葉の面積と実の重さの比較表

重さ×面積の関係	えんどう豆		ひょうたん		メロン		ゴーヤ		キュウリ		ヘチマ	
	重さ	面積	重さ	面積	重さ	面積	重さ	面積	重さ	面積	重さ	面積
えんどう豆			×	×	×	×	×	×	×	×	×	×
ひょうたん	●	●			×	○	×	○	×	○	×	○
メロン	●	●	○	×			×	○	×	×	×	×
ゴーヤ	●	●	○	×	○	×			×	×	×	×
キュウリ	●	●	○	×	●	●	●	●			×	×
ヘチマ	●	●	○	×	●	●	●	●	●	●		
評価方法	縦と横を比較して”大きい”、”重い”方に○印を付ける											
結果	重さが重いと面積も大きいとなったものが１０ケ／１５ケです 67%の確率で実が重たいと葉の面積も大きい傾向があります											

考察

実験４の結果から，葉の面積と実の重さは，直接は関係がないと考えた。植物によって，実のなる数や葉のできる数は異なる。葉が一度にたくさん光合成をする必要がある植物であったり，少量でいい植物があったり，種類はさまざまである。葉の面積は，実の重さと直接に関係ないと考えられるが，１本の苗になる実の数や葉の数によって，面積が変わると考えた。

感想

この研究を通じて，研究結果を，誰が見てもわかりやすく，正確なデータにすることの大切さを学んだ。結果の正確さを重視することで，(実験方法を考えるにあたって) 今まで以上に時間がかかり，とても大変だった。しかし，時間をかけて出した方法の案の中から，効率がよく，正確に結果が出せるものを選んだところ，とてもいい結果，データを出せたと思う。ばらつきの考え方も勉強できてよかった。来年も，今年よりもさらに正確なデータを基礎とした研究をしていきたい。

作品について

植物のつるの美しさに感動し，小学校３年生から継続的に行っている作品で，研究に対する情熱が大変感じられます。というのも，この研究を行うには，苗を植える時期や実がなる時期も違う植物を計画的に育て，毎日水やりをするという作業を継続しなければいけないからです。この研究に対する熱心さと努力には大変驚かされます。そのかいもあって大川さんは，これまでにつるについての６つもの発見をしており，その研究結果をもとに，２年かけて人工的につるを作ることに成功しています。

大川さんは昨年の実験で，葉の大きさとつるの耐えられる重さが関係していることを発見しました。しかし，面積の出し方を葉の大きさ（面積）＝縦の長さ × 横の長さで出していたので，葉の正確な面積との関係を調べることができませんでした。

実験結果には信頼性が求められます。その信頼性を得るためには，実験結果がどれくらい正確であるかが大切です。実験結果に関して，「正確さ」や「精度」という言葉がよく使われます。実験で得られた値が実際の値にどれだけ近いかを表す指標を「正確さ」といいます。また，複数回同じ操作を繰り返したときに得られる複数の実験値がどれだけ近いか（ばらつきの程度）を表す指標を「精度」といいます。

大川さんは，信憑性(しんぴょうせい)の高い結果を得るため，正確な葉の面積を求めるための３つのアイデアについて実験を行い，試行錯誤を繰り返しました。さらには，粘土の重さのばらつきを減らすために粘土の重さを何十回と測定し，使用するはかりの種類や粘土の切り取り方にまでこだわりました。そのような意味で今回の大川さんの研究は，「正確さ」と「精度」についてかなり高いレベルまで追究した大変素晴らしい作品といえます。

今回の研究では，６種類の植物を扱い，計画的に実験を行ってきましたが，実が夏休みまでに実らなかったり，例年より小さい葉や実ができてしまったりしたそうです。このような背景には，気温や周りの環境，育てている畑の土など，さまざまな要因が関係していると大川さんは述べています。植物の研究には，その植物の環境適応能力や光，温度，水などの植物の生育に与える影響が関わってきます。その点を考慮し，上手に育てた実をもとにした正確なデータを収集することで，本研究のさらなる発展を願っています。

斜面を下る二足歩行のおもちゃの秘密

小深田(こぶかた) 拓真(たくま)
［佐世保市立広田中学校 1年］

今回の研究で難しかった点は二つあります。
一つ目はダウンロードしたものをその通りに作りましたが上手く出来ず、それを少しずつ改良させていった点です。
二つ目はそれぞれ足の形や幅、重心の高さなどが一つ一つ違うという点です。その原理を見つけて、上手く坂道を下るおもちゃを作れた時は、とても嬉しかったです。

I 研究の概要

研究の動機・目的

昨年は，前後の足で斜面を下るおもちゃの研究と製作に取り組んだ。今年は，左右の足で二足歩行で動くおもちゃに疑問を持ち，研究を行うことにした。

観察・実験方法と結果

【観察】赤ちゃんの動きと重心移動について

歩く様子を撮影した写真から，赤ちゃんは重心の移動にともなって手でバランスを取ろうとしていると考えた。また，年齢が高くなると手でバランスをとらなくても歩くことができると思った。

【実験１】プラスチック段ボールで作ってみる

インターネットで紹介されていた型紙をプラスチック段ボールに貼って切り取り，おもちゃを作ってみた。斜度の小さい斜面を何歩かは動いたが，前に倒れてしまった。結果に影響を与える要因としては，足や足の棒の“材質”，足の“形（弧の半径）”，足の棒の“長さ”，両足の“幅”，坂道の“斜度”，坂道と足の間の“摩擦”等が考えられる（図１）。

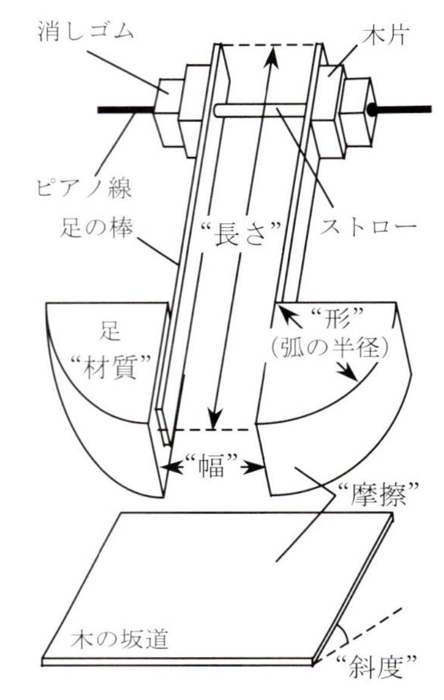

図１　足と斜面の図（名称）

【実験２】“材質”を変えてみる。

強度のある木の方が作りやすいと思い試したが，足の弧をきれいに切り取る加工が難しいことが分かった。

図２

【実験３，４】“長さ”と“形（弧の半径）”について

足が長いと倒れやすく，短いと安定するが，短すぎると下がっていかない。また，弧の半径の大小（図２）を比べると，小さいものの方がゆっくり振れることがわかった。

〈追加実験１〉足の曲線を切る作業が大変だったので，既製品の丸棒を購入した。これを４等分した足に変えると，動きが滑らかになり安定した（図３）。

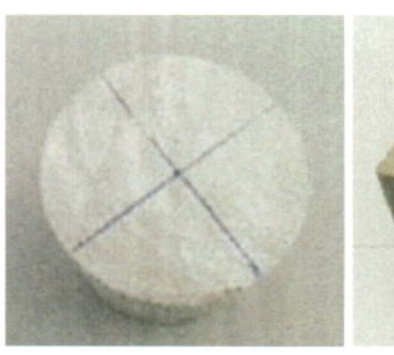

図３

〈追加実験２〉厚さの違い（20 mm と 30 mm）で比較すると，厚い方が倒れにくくなった（図４）。

図４

【実験5，6】足の棒の“材質”と“幅”について

厚さ2mm のバルサ，1mm のヒノキ，0.1mm のプラスチック，0.5mm のアルミを比べると，がんじょうなアルミが両足の間に適度な隙間ができてうまくいった。幅が広いと足の形が円弧にならず，左右に振れず，うまく動かなかった（図5）。

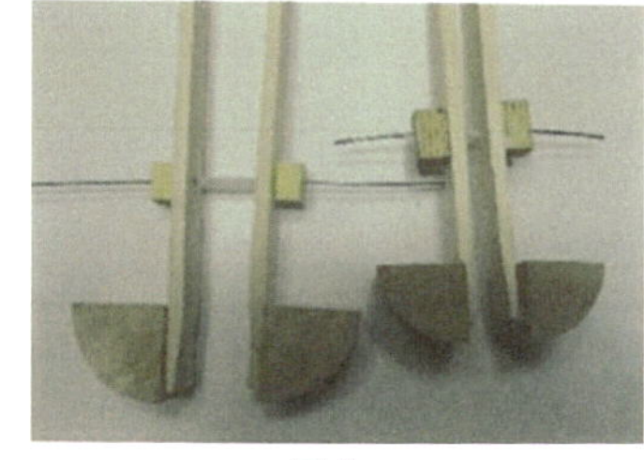
図5

【実験7，8】斜面の角度・摩擦の関係

適した斜度は足の幅と関係がある。角度が大きいと重心が前に移動し倒れてしまう。また，斜面がゆるやかな場合は，紙やすりを貼っても動きに変化はなかった。

考察

【坂道を下るためには，次のようなことを試しながら作ればよいことがわかった】

①足はプラダンより，木の方がよい。②滑らかな円弧とするため，直径60mm の丸棒を使うとよい。③左右によく振れるほうがよい。④長さは，弧の半径の2〜3倍がよい。⑤厚さは薄いと倒れやすく，厚い方が安定する。⑥足の棒の材質は，薄いアルミ板がよい。⑦幅は，広いと左右に振れにくい。10mm 程度のひらきがあったほうがよい。⑧斜面の角度は，おもちゃによって違う。

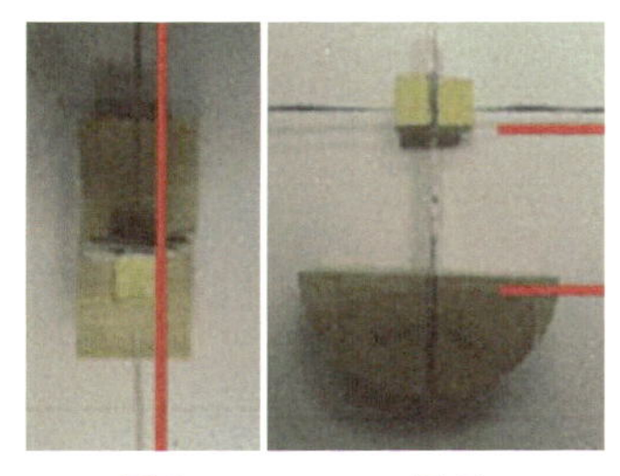
図6　図7

【作るときのポイント】

①上から見たとき，図6のようにピアノ線を直線にする。②ピアノ線の軸の足の面を図7のように平行にする。③横から見たとき，図8のように足と足の棒を直角にする。④足の棒とピアノ線の軸を図9のように直角にする。

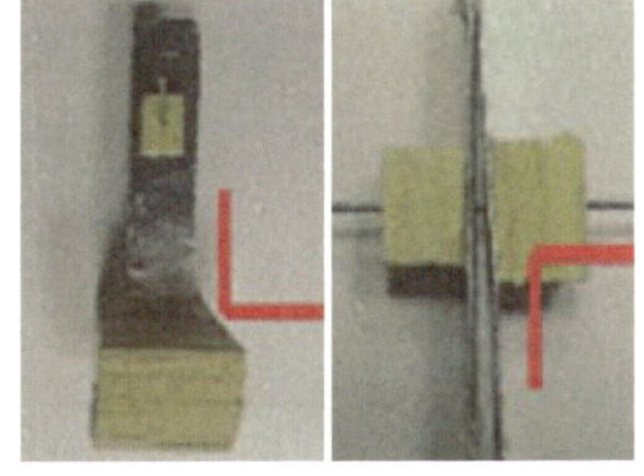
図8　図9

図10　動いているおもちゃのようす

さらに研究したいこと

何度もあきらめようと思ったが，完成したときはとてもうれしかった。安定してゆっくりと坂道を下るおもちゃを作ることができたので，今度は，四足歩行のおもちゃを作ってみたい。

作品について

左右の２本の足を片方ずつ前に出しながら坂道を下るおもちゃの製作に挑戦した研究です。「坂道を下る」だけでなく,「左右にゆれる」動きをこのおもちゃの特徴と捉え，赤ちゃんのよちよち歩きを観察して比較した点はとてもユニークです。結果，手の動きがバランスをとる役割を果たしていると気付き，手のないおもちゃにはバランスをとる機構が別に備わっている必要があると考えたのだと推測できます。

次に，インターネットで紹介されている型紙を利用して，試作機を製作してみました。ところが，思ったほどうまくいかなかったようです。もし，思った通りの結果になっていたら，小深田さんの挑戦はなかったかもしれません。研究の出発点は，こうした「うまくいかない」であることが極めて多いのです。

おもちゃは規則正しい運動を繰り返します。一見単純そうですが，１サイクルで生じる些細(ささい)なずれが繰り返しによって積算され，大きなずれとなることもあります。小深田さんが，まずこの運動に影響を与える要因について考えられるだけ列挙したことは，高く評価できます。手当たり次第ではなく，見通しを立てることが研究にとって必要不可欠だからです。

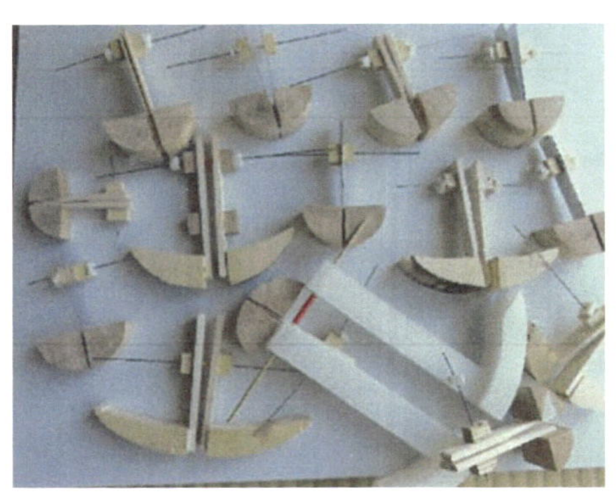

そしていよいよ，これらの要因を一つずつ最適化していく地道な作業が始まります。もちろん，見通しを立てたといってもその通りに進むとは限りません。実験を追加して修正を続けながら，うまくいく条件を根気よく整理していきました。左の写真は，小深田さんが研究のために試作したおもちゃを集めたものです。写真には映っていない製作に失敗した部品もたくさんあると想像でき，何度もあきらめようと思いながらも，粘り強くやり遂げた苦労が伝わってきます。また，研究の概要では省略されていますが，おもちゃの作製方法について丁寧に記述されていることも，この作品の優れた点として挙げられます。とても参考になるので，興味を持った人は是非挑戦してみてください。

さて，次は四足歩行に挑戦したいとのこと。持ち前の粘り強さでより充実した成果が得られることを期待したいと思います。

回れ！不思議なタネ ボダイジュ

大谷 深那津（おおたに みなつ）
［筑波大学附属中学校 2年］

種子によって子孫を増やす種子植物。中には変わった形をして、より遠くに飛ばそうとするものもあります。そこで、お寺等によく見られるオオバボダイジュの種子について、果実の形や大きさなどの条件を変えながら実験をしました。21種類ものサンプルを作り、130回を超える測定とその分析は大変でしたが、そこにはオオバボダイジュの子孫を残すための工夫が感じられました。

I　研究の概要

研究の動機・目的

種子植物にとって種子は子孫を残す重要な手段であり，より遠くへ，よりたくさんの種子を散布するために工夫を凝らしている。中でも特に興味を持ったのは，風散布で種子を飛ばす植物だ。特徴的な飛び方や，なるべく遠くへ飛ぶように計算されてできているところに面白みを感じた。そこで，オオバボダイジュというシナノキ科の植物の種子はなぜ遠くへ飛ぶのか，様々な条件を変えながら実験をしてみることにした。

実験方法

本物のオオバボダイジュの果実をじっくりと観察し，長さなどを測定した。それをもとに本物の果実に似せて模型を作り，飛ぶ距離と時間を本物の果実と比べた。さらに各条件を2倍や1/2倍などにして模型を作って実験した。

風などの影響がないように，窓もドアも閉め切った寝室で2mの高さから模型を落とし，距離（落としたところの真下から離れた長さ）と時間を5回ずつ測って平均した。

また，模型①のみスーパーマーケットの階段を利用して，1m，2m，5mの高さから落として測定した。

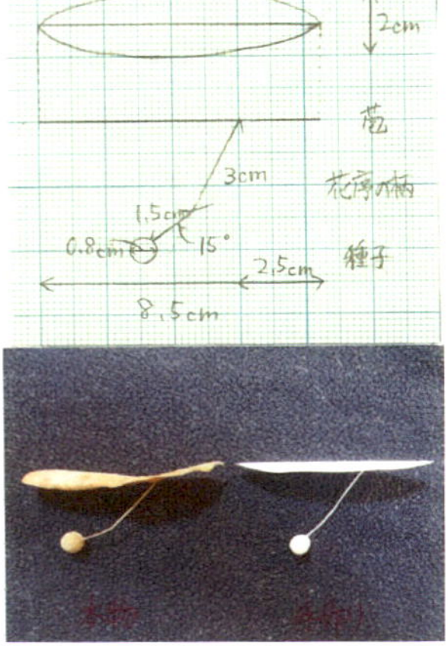

図1　本物に近い模型（①）
左：本物 右：模型

表1　本物に近い模型（①）と条件を変えた模型（②～⑪）

①本物に近い模型	苞（2 cm×8.5 cm，反り下向き，コピー用紙），花序の柄（4.5 cm，角度15°，綿の細口糸），種子（球状，直径0.8 cm，紙粘土）
②糸の長さ	糸長い（6 + 3 = 9 cm），糸短い（1.5 + 0.75 = 2.25 cm）
③種子の大きさと重さ	種子大きい（直径1.6 cm），種子小さい（直径0.4 cm）
④花序の柄の角度	角度大きい（30°），角度なし（0°）
⑤苞の大きさ	4cm×8.5 cm，1cm×8.5 cm，2 cm×17 cm，2 cm×4.25 cm
⑥苞の反りの向き	反り上向き，反りなし
⑦花序の柄をつける位置	右はし，左はし，中央
⑧種子の形	種子を球状から立方体に変えた
⑨花序の柄の太さ	糸を細口糸からたこ糸に変えた
⑩種子の重さ	紙粘土にボンドを混ぜて重くした
⑪苞の重さ	苞重い（コピー用紙3枚），苞軽い（セロハン）

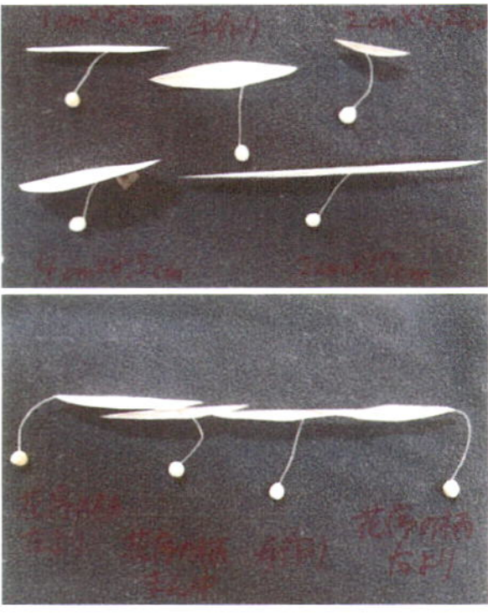

図2　条件を変えた模型の例
上：⑤苞の大きさ
下：⑦花序の柄をつける位置

結果および考察

【真下から離れた距離について】

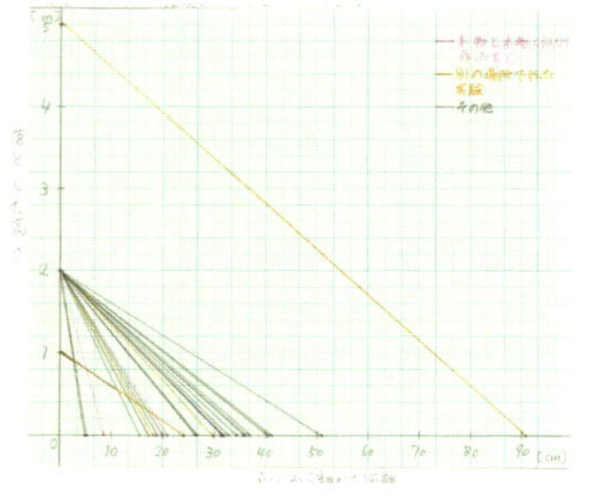
図３　真下から離れた距離

真下から離れた距離の平均は 25～35 cm に集中していたが，本物の果実は平均 8.7 cm，本物に近い模型は平均 20.8 cm とそれより短かった。オオバボダイジュはタンポポなどの植物に比べ，あまり遠くへ種子を飛ばそうとしていないと考えられる。上手く飛ばなかった理由の一つに，空気抵抗が挙げられる。本物の果実のようなクルクルと回る果実は，空気抵抗の力を上手く逃がしたり利用したりできているのかもしれない。

【果実の飛ぶ速さについて】

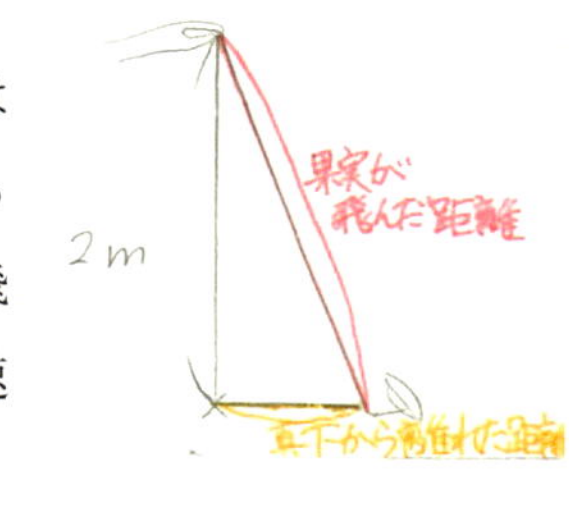

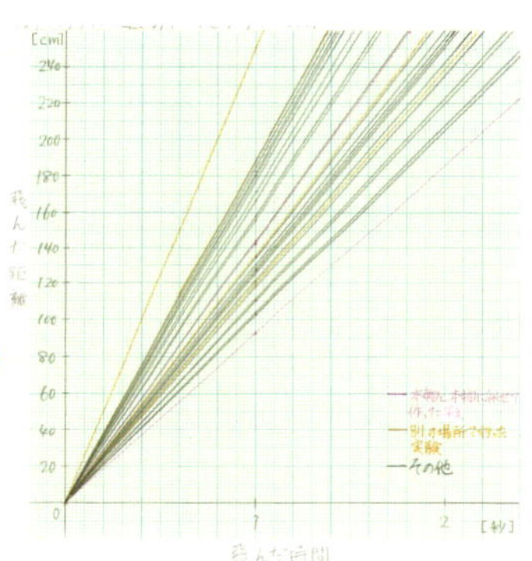
図４　果実の飛ぶ速さ

果実は真下に落ちたわけではないので，三平方の定理を使って果実が飛んだ距離を求め，飛んだ時間と飛んだ距離で飛ぶ速さを算出した。

本物に近い模型は，速さにおいてはあまり近い結果が得られなかった。回り方はほぼ同じだったので，種子の部分の重さが軽くなってしまったことが考えられる。

【よく回る果実について】

本物の果実と同じように回ったのは，①本物に近い模型，③種子大きい，⑪苞(ほう)軽いの３つだった。果実が片側に傾くとその反動でもう片側に傾くといった動きのくり返しで回っていた。⑪苞軽いは，苞に対して種子が重いので，種子が重心となってバランスをとり，きれいに回った。⑦花序右はし，⑦花序左はしもよく回ったが，花序の柄が一番端についているのでバランスがとりやすく，苞がほぼ縦の状態で落ちた。

この２つの回り方から，「重心がしっかりと定まっていること」，「飛んでいる途中に少しだけバランスがくずれること」の２つがよく回る果実に重要だとわかった。

さらに研究したいこと

以上より，オオバボダイジュの種子の条件が少しでも欠けたり変わったりするとうまく飛べないということがわかった。今回は狭い部屋での作業だったので，もっと本格的に実験をするには広くて何もない部屋でやりたい。次はもっと模型の精度を高め，より本物らしく飛ぶように工夫してみたい。

作品について

風散布植物の種子には，タンポポやヤナギのように綿毛で飛ぶものと，オオバボダイジュやカエデの仲間のように翼や羽根で飛ぶものがあります。さらには，ランの仲間のように綿毛も翼も持たず，ホコリが舞うように非常に微細な種子を飛ばす植物もあります。綿毛で飛ぶ種子は非常に軽いため，低い位置からでも遠くへ飛ばすことができます。一方，翼や羽根で回転しながら飛ぶ種子は綿毛のものに比べると種子にある程度の重量があり，あまり遠くへは飛ばないことが知られています。動物のように生育場所を移動できない分，風を使って生育場所を広げる戦略であることに違いはないのでしょうが，ある程度重い樹木の種子が翼や羽根をもつ意義として，親木の真下に落ちない程度に離れ，回転しながらゆっくり落ちることで高い位置から地面に落ちた時の衝撃を和らげるためとも考えられています。親木の真下に芽生えてしまうと，日陰になってしまって光合成するための光が足りず，幼木が生育できないような樹木は「陽樹」と呼ばれ，アカマツやシラカバ，カエデの仲間など，日本の植生における代表的な陽樹は，そのほとんどが風散布植物です。

この研究は，風散布植物の種子の不思議な形状に興味を持ち，その形状の意義を追究した作品です。本物の果実をじっくりと観察して，本物そっくりの果実の模型を作成し，苞の長さや種子の大きさなど果実の形状の条件を少しずつ変化させた模型を作って飛ばしてみることで，散布距離と飛行時間がどう異なるかを調べており，オオバボダイジュの種子の飛ばし方の秘訣に迫ろうとした意気込みがよく伝わってきます。手先の器用な大谷さんだからこそできる，20 通りもの果実模型を作成した点がとてもユニークで，深い観察に基づいた大変独創的な研究です。

この研究をさらに発展させるとすれば，まず本物の果実の種子の重さと苞の重さの比率をより正確に計測し，本物に近い模型が本物の果実と同じように飛ぶことを示したあとで，条件を変えた模型と本物に近い模型の飛び方を比較し，どの要因が飛び方にどう影響するかを 1 つずつ明らかにしていくと面白いでしょう。また，オオバボダイジュは高木で 10 ～ 25m ほどの高さにまで成長しますので，もっと高い位置から風を伴うとどれくらい飛んでいくのか，あえて扇風機を使ったり，体育館などで飛ばしたりしてみても良かったかもしれません。ぜひ研究を継続して，発展させていってくれることを期待しています。

「ながら勉強」をすると なぜ学習効果が落ちるのか

～脳のマルチタスク処理に注目して～

勝山 康（かつやま やすし）
［宮城教育大学附属中学校 3年］

ある日のこと、僕がテレビを見ながら勉強すると親に叱られました。親は「『ながら勉強』は学習に身が入らない」と言いました。でもそれって、本当なのかな？
私の科学の芽は、『ながら勉強』が本当に学習に身が入らないのかを、様々な角度から実験で数値化してみました。すると驚くような結果が出てきました。
この実験結果を全国の小学生・中学生・高校生に紹介したいです！

I 研究の概要

研究の動機・目的

テレビを見ながら勉強をすると勉強がはかどらず，ケアレスミスもたくさん出る。昨年，記憶する阻害要因を研究したところ，最も記憶が阻害されるのは別の作業を同時にしながらの学習（マルチタスク状態による学習）であった。

今年は，なぜ人間の脳ではマルチタスクが苦手なのか，2つのことを同時に行うことがどの程度苦手なのかを調べることにした。

本研究における学習効果の観点と測定方法

本研究では「学習」の指数として「短期記憶」に絞って検討する。様々な条件を変えたときの短期記憶の「記憶力」（覚えた短期記憶の数値）の変化を測定し，学習効果を比較する基準にする。

「記憶力」の測定方法

① 1桁～13桁までの乱数が書かれた紙を4秒間見る。

② 4秒経過した後に目を閉じ，それを覚えているかを確認する。

③ 実験を10回繰り返し，数字を正確に記憶していた場合にだけ正解として，その正解の数を計測する。

実験と結果

【1．視覚聴覚・関心から見た短期記憶の阻害要因の確認】

実験1：テレビ視聴中の短期記憶はどうなるか（図1）

実験2：テレビの視覚と聴覚どちらに注意力は奪われるのか

実験3：ラジオでは何に注意力を奪われるのか（図2）

実験4：関心の有無によって短期記憶は変化するのか（図3）

実験5：音楽（聴覚）で検出した興味の有無はテレビでも同じ傾向がみられるか

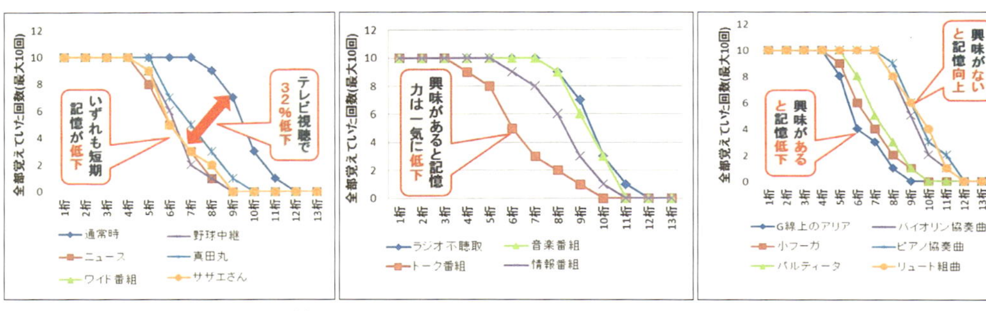

図1　テレビ視聴時の短期記憶　　図2　ラジオ聴取時の短期記憶　　図3　興味の有無による短期記憶比較（音楽）

中学生の部

「ながら勉強」＝マルチタスクが記憶を妨げる原因を実験で確かめた結果，視覚・聴覚のほか，興味関心の有無が短期記憶に大きな影響を与えることが判明した。人間の脳の注意力はおそらく一定量しか存在せず，注意を払うときにはそれを分配して使っているためだと考えた。脳をもっと働かせることは可能なはずなのに，なぜ限界が生じるのか。記憶などの情報の伝達の仕組みに原因があると考え，次の実験を行った。

【2．情報を伝達する神経の仕組みをマルチタスクから分析】

実験 6-1：同時に2つの情報を記憶しようとすると短期記憶はどうなるか（図4）
実験 6-2：同時に3～10の情報を記憶しようとすると短期記憶はどうなるか
実験 6-3：同時に2つの情報を出力しようとするとどうなるか
実験 6-4：歌唱・朗読によるマルチタスクの状況下で短期記憶はどうなるか
実験 7　：脳の出力作業と同時に記憶するマルチタスクの状況下では短期記憶はどうなるか
実験 8-1：脳は運動と記憶という異なるマルチタスクをどのようにさばいているか
実験 8-2：「遅れ指折り運動」を行うと神経は情報をどのようにさばいているか

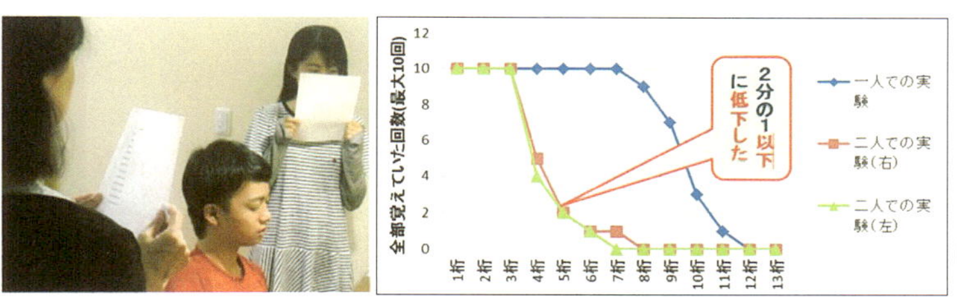

図4　二人同時聞き取りによる短期記憶

注意すべきことが2倍以上になったときは，注意力が等分になるのではなく，等分以下に低下する。これは，複数の情報を分類して記憶するための個別情報メモリが，それぞれに割り振られたためだと考えた。また，同時に複数の記憶情報を思い出そうとしても，交互にしか思い出せない。入出力作業を同時に行う実験では，入出力に関係なく一定の注意力が使われていることが判明した。記憶と運動でマルチタスクを行ったところ，運動量が増えるにしたがって短期記憶が徐々に減少した。記憶や運動を司る神経は同じルートを使い，伝達できる容量もほぼ一定であるため，限られたキャパシティの中で様々な情報をやりくりしていると考えられた。

つまり「ながら勉強」の学習効果が低下するのは，そもそも人間の脳がマルチタスクに不向きであり，そしてその不向きの原因を探ると情報を伝達する神経の伝達できる情報量に上限があることがわかった。

作品について

この作品は脳の働きについての継続研究で，前回の研究も第 10 回の「科学の芽」賞を受賞しています。（『もっと知りたい！「科学の芽」の世界 PART5』pp.115 ～ 118）

応募作品の中でも，味やにおいの感じ方など，自分の体の感覚をテーマにしたものがよく見受けられます。テーマとしては面白く，着眼点もよいのですが，これらを客観的に評価できていない作品であることが多いのです。主観的になりがちなものを指標とする場合は，この作品のように数値化することを考えてみましょう。すると，作品に説得力が生まれます。

さて，本作品のテーマは脳の働きです。皆さんの中にも，きっと「ながら勉強」はよくない！といわれた経験がある人がいることでしょう。なぜ「ながら勉強」は効率が悪いのでしょうか。また，どんなことでも複数のことを同時に行うと，学習効率は下がってしまうのでしょうか。

そんな多くの人が一度は考えたことのある疑問について，乱数の記憶という独自の方法で学習効果を数値化し，「ながら勉強」では学習が阻害されることを明確に示しています。

脳は巨大な神経のネットワークであり，生命活動を維持するだけでなく，外界からの情報を処理し，感覚，感情，記憶などを生み出しています。ヒトが人らしくあるのは，まさに脳があってこそです。脳についての研究は，古くは紀元前 5 世紀の医学の父ヒポクラテスが研究したという記録が残っています。脳のメカニズムの全貌はまだわかっておらず，現在も世界中で研究が進められています。

本作品は，多くの脳の働きの中でも，テーマを「学習」に絞り，短期記憶の成果をインプット（入力）とアウトプット（出力）の差と定義して研究を進めています。これは記憶のメカニズムにせまるものであり，人工知能の研究ともつながるテーマであるかもしれません。人工知能でヒトの脳を再現すること，または，ヒトの脳だからこそできることなど，これからの研究に発展しそうな可能性を秘めた研究です。

飛ばそう！ クルクルグライダー

～主翼の回転するグライダーに、レゴ人形を乗せて滑空できるか～

はっとり たいち
服部 泰知
［東海市立加木屋中学校 3年］

紙のしおりを、落とした時に回転しながら前進するのを目にしたことが、僕の研究の出発点だ。
なぜ、しおりは回転しながら進むのか気になって仕方がなかった。クルクルグライダー 1号、2号、3号と作製する中で、課題点を修正するためにはどうすればよいのか考えた。考えて試す過程はとても楽しかった。
今後も、浮かんだ疑問に向き合っていきたい。

Ⅰ 研究の概要

はじめに

紙のしおりを落としたときに，くるくる回転しながら前進して飛んでいくのを見たことがきっかけとなって，主翼の回転するグライダーを作れないかと思いついた。

観察・実験の方法と結果

【なぜ，しおりはくるくる回転しながら飛んだのか】

回転しながら運動する野球の変化球やグライダーの滑空パターンと類似性を比較した。しかしいずれとも異なり，しおりは回転しながら小さく波打つように運動し，進行方向を維持していると考えた。

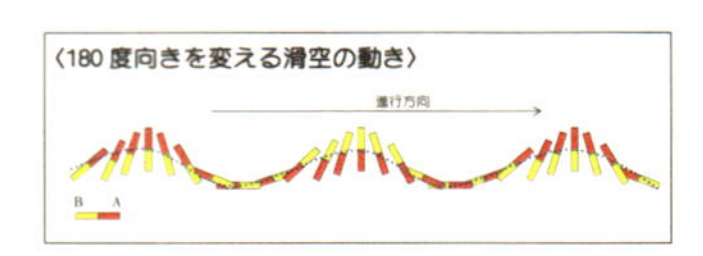

図１　考えたしおりの動き

【主翼が回転するグライダーを作る】

１．クルクルグライダー１号

画用紙で主翼を作製し，羽のふちを折った部分を逆に折り返すとバックした。面白い特徴だといえる。

図２　１号

２．よく飛ばすにはどうすればよいか

薄い紙で作った方が飛距離を伸ばせると考え，ノート紙で長さ 22 cm の羽を５タイプ（幅 2, 3, 4, 6, 8 cm）作り，大小の２種の胴体に取り付けて体育館のベランダ（高さ 430 cm）から飛ばして飛距離を測定した。しかし，どのタイプも思ったよりまっすぐに飛ばず，飛距離も伸びなかった。そこで，羽の両端に 2 cm の切れ込みを入れ折り曲げてみると，どのタイプも回転数が上がった。

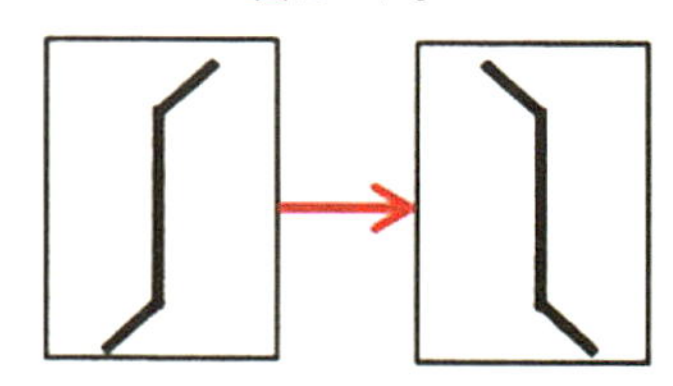

図３　羽のふちの折り返し

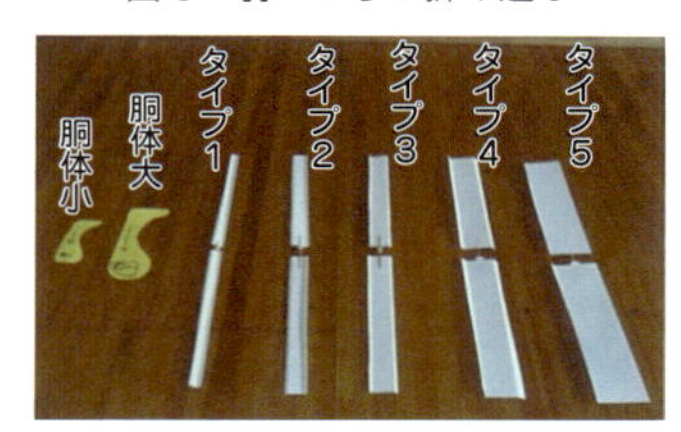

図４　用意した胴体と羽

３．実験からわかったこと

羽は薄い方が良いと思っていたが，ノートは画用紙より飛距離が伸びない。また，羽の幅も広いと抵抗が増し，飛距離が伸びなかった。さらに，回転軸の竹ひごと胴体の「連結部の摩擦」，胴体と羽の接触や胴体に対して羽が斜めになる「連結部の揺れ」などが飛距離に影響を与えていることがわかった。

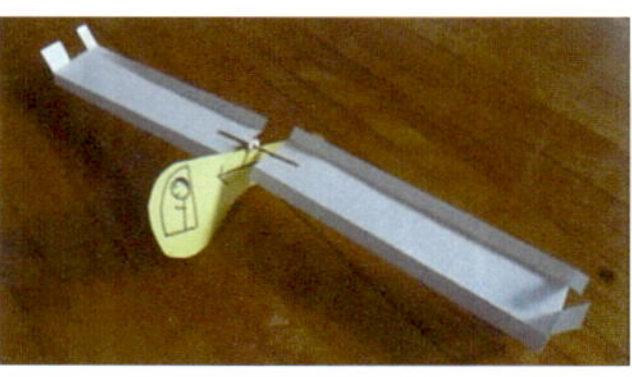

図５　羽両端の切れ込み

４．クルクルグライダー２号

レゴ人形を乗せるために以下の工夫をした。**工夫①大**

図６　２号

きさ：1号より揚力が必要なので大きくし，比較的滑らかに飛行していたタイプ3と4の間の縦横比とした。**工夫②素材**：厚さの割に軽く，加工がしやすいバルサ材を選んだ。**工夫③連結部の揺れ軽減**：竹ひごとバルサ丸棒を組み合わせて**段差**を作り，連結部の**距離**を長くした。**工夫④連結部の摩擦の軽減**：連結部の素材を木からプラスチックに変更した。**工夫⑤回転の安定**：羽の両端に，切れ込みに相当するドーナツ型の発泡パネルを付けた。

結果，1号と同等の飛距離が得られたが，長くなった羽の影響で機体の上下動が生じ，回転数が落ちた。

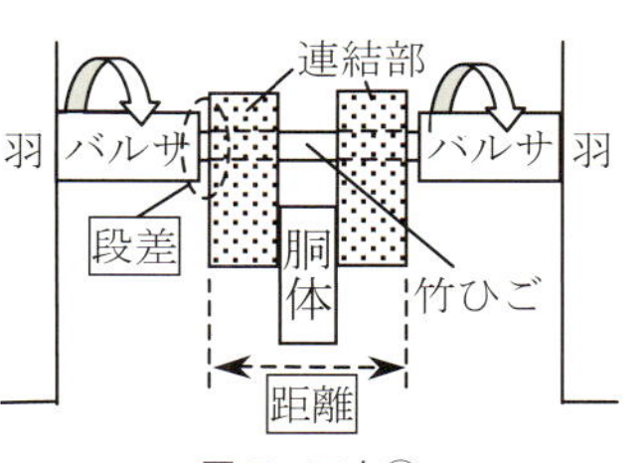

図7　工夫③

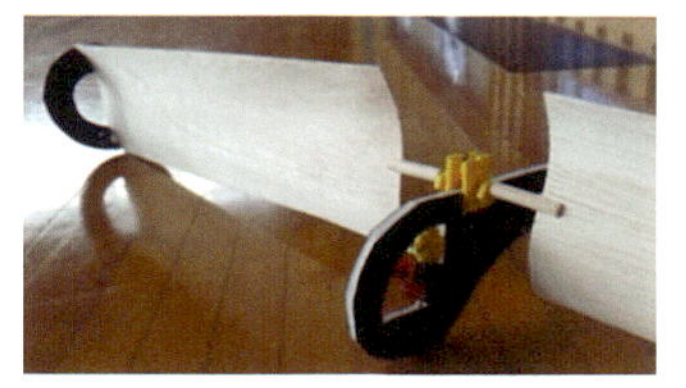
図8　3号

5．クルクルグライダー3号

工夫⑥：強度も増し，空気の流れや回転も滑らかになると考え，羽の形状を曲面に変更した。結果，2号より回転数や上下動が安定し，まっすぐ飛んだ。

【主翼が回転するグライダーを旋回させる】

羽が右に上がっているときは左に，左に上がっているときは右に飛んだことから，左右の羽に高低差をつけると旋回できるのではないかと予想し，ラダーとエルロンを取り付けて実験した。結果，ラダーとエルロンを組み合わせて旋回させることができるとわかった。

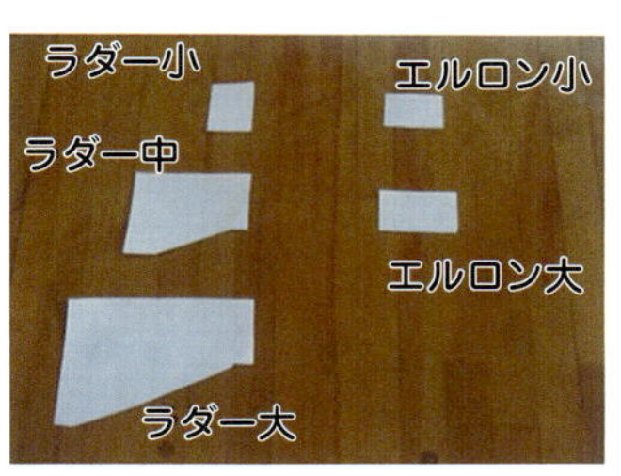

図9　ラダーとエルロン

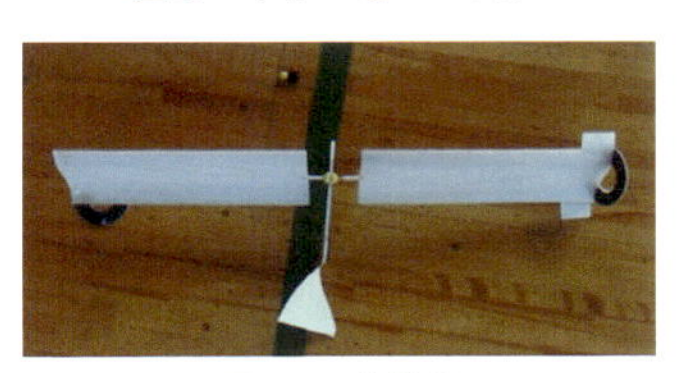
図10　実験⑦

実験	ラダー	右翼エルロン	左翼エルロン	結果
①	小	無	無	まっすぐに飛び旋回しない
②	小	大：折りたたむ*	大	エルロンが大きすぎて回転数が落ち墜落
③	中	無	無	まっすぐに飛び旋回しない
④	中	小	小：折りたたむ*	横滑りしてしまう（機体を斜めにしたまま直進する）
⑤	中	大	セロテープ*	
⑥	大	無	無	
⑦	大	小	セロテープ*	左旋回に成功した

*折りたたんだだけでは飛行中に広がるので，代わりにエルロンと同じ重さのセロテープを貼った。

おわりに

レゴの人形を乗せて飛行させることに成功し面白いものができあがった。バックできる点も面白いので，将来，このアイデアが何かに役立つといいなと思う。

作品について

紙のしおりが落ちながらも前進していくのをたまたま見かけたことがきっかけとなって，その振る舞いをグライダーの主翼に応用しようと着想したユニークな研究です。また，小学生のとき熱中していたグライダー製作の経験を活かした点も，特徴として挙げられます。偶然観察した現象がグライダーと結びついたのは，それだけ夢中になっていた証ともいえるでしょう。

紙のしおりが落ちていくのを見たとき，服部さんは「落下」だけでなく，「回転」，「前進」も組み合わさっていることに気がつきました。これは，物体の運動を解析するときにとても有効な視点です。その視点が，野球の変化球やグライダーの滑空といった，一見関係のなさそうにも思える運動との関連を調べてみることにつながったと考えられます。

次に，しおりに見立てた紙の厚さや大きさをいろいろ試したところ，いずれも結果は予想通りではありませんでした。厚すぎても薄すぎても，大きすぎても小さすぎてもうまくいかないのです。さらに，胴体との連結部の摩擦や揺れが大きく関係していることを突き止め，部品に改良を加える必要も生じました。このように，複数の要因が重なって結果に影響を及ぼす場合，厚い・薄いや大きい・小さいの一方が最適だとは限りません。それぞれの要因がバランスよく組み合わさることが重要だからです。服部さんはこのバランスを見極め，レゴの人形を乗せることができる最適な羽の形を決定できたのです。根気よく試行錯誤を繰り返し，工夫を重ねて製作に取り組んだことを高く評価したいと思います。

さらに研究は，飛ぶ方向を制御するというステージへ発展していきました。ここでも，参考にしたのはグライダーの仕組みです。「ラダー」，「エルロン」とはグライダーや飛行機の羽に備わった船の舵(かじ)に相当する部分を指し，研究の概要では紹介できませんでしたが，服部さんはその説明を丁寧に記述しています。グライダーの製作で培った成果が存分に発揮された挑戦といえるのではないでしょうか。

レゴの人形を乗せて飛行させる目標を見事達成した服部さんは，このアイデアをさらに活かせる機会を狙っているようです。例えば，左右の羽が別々に回転するとどうなるのでしょう？　羽の枚数が増えたら？　新しい着想とともに，あっと驚くグライダーの発明を期待しています。

風船ポテトチップス作りの秘訣

蓑部 誉（みのべ ほまれ）／佐野 充章（さの みつあき）／瀬尾 圭司（せお けいじ）／小野 佑晃（おの ゆうき）
［刈谷市立依佐美中学校 科学部 ポテチ班 3年］

この作品の特徴は、身近にある疑問から研究を始めたということです。なかなか膨らむ原因がつかめずに苦労しましたが、実験を進めるうちに、油の温度や繊維方向など自分たちが予想もしていなかった思いがけないことが膨らむ原因だったと分かり、少しびっくりしたのを覚えています。最後に風船ポテトチップスはすごく美味しいのでぜひ作ってみてください。

I　研究の概要

研究の動機・目的

ポテトチップスの中には，大きく膨らんでいて中が空洞になっているものがたまにあり，普通のポテトチップスよりもサクッとした食感がおもしろいなあと思った。科学部の仲間と実際に作ってみたが，成功は25枚揚げて2枚だけだった。そこで，風船ポテトチップスが膨らむ仕組みを明らかにし，風船ポテトチップスを簡単に作れるようにしようと，この研究に取り組むことにした。

実験方法

(1) 予備実験

【予備実験1：レシピに忠実に作ってみる】

最初に揚げたときは成功率が低かったので，成功率を上げる方法を調べることにし，まずはレシピに忠実に作ることにした。

(参考サイト　膨らませて揚げたポテトチップス〔ホームメイドクッキング〕All about http://allabout.co.jp/gm/gc/405924/photo/985217/）レシピの内容（略）

○結果：61枚中13枚が成功。

【予備実験2：適切な油の温度を探す】

変えない条件・・・メークインを使用。厚さ3 mm程度。サッと水で洗い水気をふく。

○結果：170℃で成功率26.2％。160℃から170℃くらいに保つことが重要とわかった。

【予備実験3：適切なじゃがいもの厚さを探す】

変えない条件・・・メークインを使用。1つめの鍋の油170℃。サッと水で洗い水気をふく。

○結果：3 mm程度の成功率26.2％。

【予備実験4：適切な品種を探す】

変える条件・・・男爵いも，メークイン，北あかりを使用。

○結果：メークインが一番。

【予備実験5：水気を変える】

○結果：水気によってはあまり変わらない結果となった。

図1　実験の様子

(2) じゃがいもが膨らむ原因をさぐる

仮説1　油で揚げるとじゃがいもの表面にデンプンの膜ができて，中の水分が水蒸気に変わることによりじゃがいもが膨らむ。

この仮説が正しいか，次のように追究していった。

【実験1：じゃがいもの水分をとばし，膨らむのに水分が必要か調べる】

【実験２：電子レンジでノンオイルポテトチップスを作り，膨らむのに油が必要かどうか調べる】

【実験３：じゃがいも以外のものを揚げ，膨らむのにデンプンが必要かどうか調べる】

仮説２　じゃがいもがある温度に達したとき，内部のデンプンがもちのようになり，膨らむ。

【実験４：片栗粉を水に加えて練ったものが膨らむか調べる】

【実験５：温度によってデンプンがどう変わるか】

(3) 風船ポテトチップス成功の秘訣にせまる

研究していた風船ポテトチップスは，料理名「ポテトボンボン（ポムスフレ)」と呼ばれ，フランス料理に存在していたという情報を仕入れた。

○レシピの内容「形」直方体に整えて繊維に沿って縦にスライス「油の温度」低温160℃　高温190℃「取り出すタイミング」7分前後（その他の内容は省略）

仮説３　じゃがいもが膨らむときに，繊維方向に沿って内側がはがれる方が弱い力で済むので,繊維方向にじゃがいもをスライスするのが成功の秘訣である。また，じゃがいもの端の部分は膨らみにくいので，切り落とした方がよい。

【実験６：顕微鏡で繊維方向の違いを調べる】

【実験７：繊維方向によってはがれるときの力に差があるか調べる】

【実験８：じゃがいもの場所によって膨らみやすさが違うか調べる】

仮説４　1mmの薄いじゃがいもでも，繊維方向や端の方を使わないこと，内部の温度がちょうど良いタイミングで高温の油に移すことを心がければ膨らむはず。

【実験９：厚さ１mmの風船ポテトチップスを作る】　成功確率93.1%

研究の成果（考察）

風船ポテトチップスは，加熱することでデンプンが糊化を起こし，内部の水が水蒸気になったときに，もちのように膨れあがることによってできる。

図２　作った風船ポテトチップス

今までの理論を用いて，風船ポテトチップスを作るための最適な厚さと油の温度，揚げる時間を探った。そして最適な方法は次の通り。

① メークインの端を切り落とし，直方体にする。

② 直方体のメークインを厚さ2mm程度に繊維方向に沿ってスライスする。

③ 120℃の油で５分ほど揚げ，じゃがいもが若干透き通ってきたタイミングで180℃の油に移す。　…30枚中，○が24枚，△が6枚と成功率は100%になった。

中学生の部

作品について

普段，何気なく食べているポテトチップスの中に「風船みたいに膨らむポテトチップス」があることに気付き，自分たちで作ってみたところから今回の彼らの研究は始まっています。最初に成功したのは25枚中2枚だけ。「どうしてじゃがいもは膨らむのか」この謎に迫り，最終的には風船ポテトチップス成功率100%を達成しています。

科学部ポテチ班の素晴らしいところは，何度も実験を繰り返し，検証し，それらを丁寧に考察しているところです。実験のスタートは，実際にネットで紹介されている料理方法を調べてみて，忠実に作ってみるところからでした。しかし思ったほどうまくいかないので，そこから自分たちで条件を1つずつ変えて実験してみる。そして，ある程度成功率が高くなったところでさらに情報を集め，自分たちの研究を振り返り検証していく。今回紙面の関係で，詳しい実験方法と実験結果をのせることができませんでしたが，それぞれの実験について細かくデータをとり，それらについてしっかりと考察されています。

今回の研究の流れとして優れている点は，ポテトチップスを作る操作的なことから，じゃがいもの性質へと研究の焦点が移動していくところです。まず(step1)予備実験としてじゃがいもの揚げ方で適切な方法を探る。次に(step2)じゃがいもが膨らむ原因，つまりじゃがいもを作る成分について追究していく。そして最後に（step3）じゃがいもの繊維の方向，つまりじゃがいもの作りの特徴に関連付けて結論を出す。というように，大抵step1だけでレポートを終えて満足してしまう人が多くいる中，さらに深いところまで興味を持ちトコトン調べ抜いたところが，今回の「科学の芽」賞に輝いた一番の要因だったと思います。

今後，新たな研究を始めようとする同年代の人たちにとっても，とても参考になる素敵な研究内容だったと思います。

つるの研究

～巻きつるは光を感じるのか～

大川 果奈実（おおかわ かなみ）
［藤枝市立高洲中学校 2年］

「つるは光に向かって伸びるか」を確かめるために太陽の光とつるの関係性を研究した。仮説に対して、実験方法を考え、実験道具を製作した。その結果、つるは、つるの先端から二つ目の葉が向いている方向に伸びることが分かり、「光を探す役割はなく、葉で探した光に向かって伸び、手のような働きをすること」が分かった。

I 研究の概要

本研究の目的

つるが上方向や横方向に伸びていく理由，つるの伸びていく方向が何に関係しているかについて，2つの仮説を立て，調べることにした。

仮説1　巻きつるは太陽の光に向かって伸びている

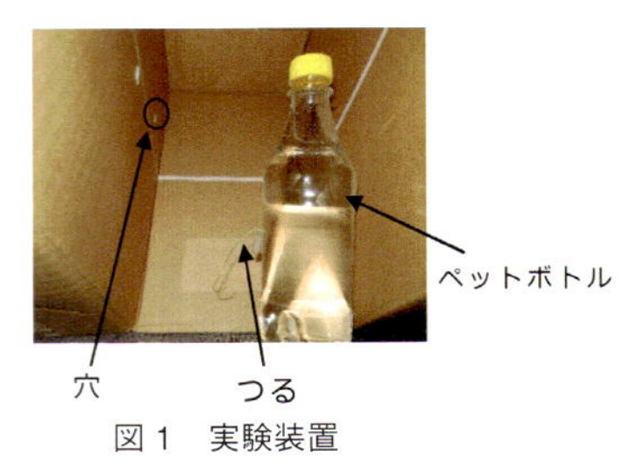

図1　実験装置

【実験1～3】つるは光の射す穴の方向に向かうか

〈方法〉隙間から光を入れないようにした段ボールの箱（以下，実験装置）に円形の穴を空け，その中につるを置き（野外の場合は側面に空けた穴から通し），つるが光の射す穴に向かって伸びるかを確かめる。

表1　実験1～3の結果

	条　件（工夫）	結　果	考　察
実験1	つるのみ 室内	つるの先が丸くなり，しおれた。 穴を大きくしたが反応しなかった。	室内での光が弱い。
実験2	葉のついたつる 野外	段ボールの隙間の光に向かってつるが伸びていった。	実験1は光が弱いために，光の方向がわからなかったのではないか。
実験3	葉のついたつる 室内 実験装置に光を入れやすく加工した	穴のほうへつるが伸びた。	外の光と同じ強さにすれば，伸びる時間も短くなるのではないか。

【実験4】装置内の明るさ→屋内 4.72 Lx，屋外(上)973.88Lx，屋外(横)36.64 Lx

【実験5】実験装置に入る光の量を多くする

〈方法〉①LEDライトの光を装置内に入るよう調整し，装置内を970 Lx前後にする。
②ドーム状の反射板を作り，窓からの光を装置内に入れるようにする。

〈結果〉①つるは穴ではなく，ライトが当たっている壁面に向かって伸びた。
②つるが穴のほうへ向かい，出てくる様子が見られた。

図2　穴に向かってつるが伸びていく様子

〈考察〉①ではLEDライトでは装置内がとても明るくなってしまい，つるが穴に向かって伸びる必要がなくなってしまったのではないかと思った。②では穴の中に光（5～10 Lx）を反射しているため，つるが穴に向かうことがわかった。

【実験5】から**仮説1「つるは太陽の光に向かって伸びている」**を証明することができた。また，明るさが強すぎても弱すぎても，光の来る方向を探す動きや反応がないことがわかった。

仮説2　巻きつるは光を感じることができる

【実験6～7】つるだけで光の方向に伸びるか

〈方法〉巻きつるだけのつると葉のついたつるを使用し，実験5②と同条件で行う。

〈結果〉巻きつるのみは先端が丸くなり下向きになった。葉のついたつるは光が来る方向に伸びたが，先端部以外は光が来る方向に伸びていかなかった。

〈考察〉巻きつるだけでは，光が来る方向を見つけられない。つるが伸びるときには先端部のほうのつるのみが光が来る方向に伸びている。

また観察時に，巻きつるが伸びる向きは，先端から2番目の葉の向きと同じ方向であることに気がついた。このことから，2番目の葉から光の方向の情報をもらい，その方向に伸びているのではないかと考えた。

図3　つるの伸びる向きと葉の向きの関係

【実験8】2番目の葉とつるの向き

〈方法〉畑に生えているつるを30本観察し，2番目の葉の向きとつるの向きが同じ方向を向いているかを調べる。

〈結果〉図4のように2番目の葉の向きとつるの伸びる方向には相関があった。

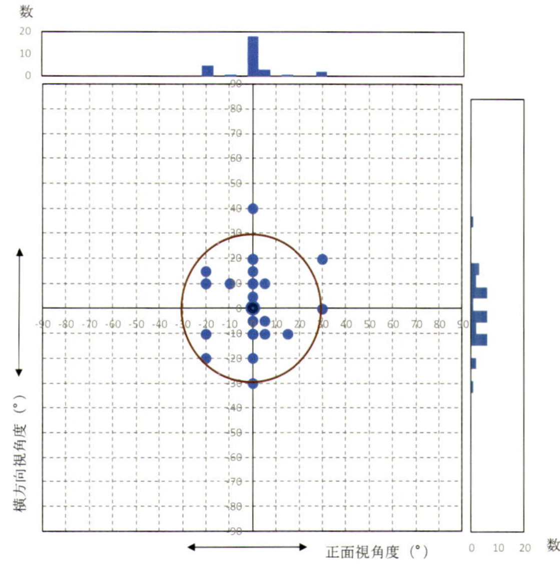

図4　葉の表面が向いている方向に対するつるが伸びている方向調査（分布）

〈考察〉正面方向視では，7.3°のばらついた範囲，横方向視では10°のばらついた範囲であり，葉の方向に対して10°の範囲でつるが伸びていくことがわかる。

このことから，先端から2番目の葉の向きがつるが伸びる方向を決めていると考えられる。

〈研究のまとめ〉巻きつる自身には光を探す役割はなく，葉で探した光に向かって伸びる“手”のような働きをしていることがわかった。

作品について

まず，この研究は２年連続で「科学の芽」賞を受賞しており，本書の95ページには前回の研究（つるの研究～正確な測定と解析～）が紹介されているので，あわせて読んでみるといいでしょう。

前回の作品にも共通していえることですが，大川さんの研究には手作りの実験装置がいくつも登場していて，たくさんのアイデアにあふれているなあと感心します。ご本人に直接聞いたところ，どのようにしたら自分が調べたいことを実現できる装置になるのかを，日ごろから考えていたようです。解決策に困るようなときに「考え続ける」ということはとても大事なことです。とはいっても，机の前でじっと考え込むのではなく，登下校の最中，お風呂に入っている最中，何気ない時間に，その課題を思い出して考えてみてください。すると，ふとしたときにアイデアが生まれてくることがあります。アイデアが湧いてくると実践したくてたまらなくなります。ここにも研究の面白さがあります。

しかし，そんないいアイデアが見つかっても思い通りにならないことがあります。今回の研究でも実験１～５①までは試行錯誤の連続です。ようやく実験５②で，思うような結果にたどりついたときの喜びは格別だったことでしょう。そして，何度も実験を繰り返し，観察し続けたからこそ，葉とつるの向きの関係に気がついたのだと思います。

また，大川さんの研究に向かう大事な姿勢として記したいことは，「結果を真摯に受け止め，自分の仮説を棄却できる」ことです。研究は自分の仮説を確かめたいという思いから始まることが多いのですが，それにこだわり続けてしまうと，自然の中にある真実が見えにくくなってしまいます。予想とは違うことが起こったときにこそ，次の展開が始まるチャンスだと思って取り組むといいでしょう。

最後に，この研究では観察結果を客観的にまとめる手法として，デジタルカメラによる定点観察（インターバル撮影）を用いたり，葉の方向とつるが伸びる方向の関連を周辺分布図で表したりしています。とてもわかりやすく，研究内容が読み手に伝わりやすい工夫です。一生懸命に研究して発見したことを，たくさんの人に伝わるようにすることも大切です。ぜひ参考にしてください。

風力発電に適した羽根の研究

～ペットボトルを使った風力発電に適した羽根とは～

やまみち　はるき
山道 陽輝
［長崎大学教育学部附属中学校 2年］

今回の研究は身近な物を使って行いました。自宅にあった材料等で実験装置を作製し、羽根にはペットボトルを用いました。この時に実験に用いるペットボトルを選ぶ際、形状や硬さ等が異なるため、何度も試作し、決定するまで時間がかかり大変でした。しかし、準備、実験での苦労が実り、科学の芽賞を頂けたことを大変嬉しく思います。

I 研究の概要

研究のきっかけ

二酸化炭素を出さない発電方法の1つである風力発電の確立を目指し，研究の目的は「風力発電を効率よく行うことができる羽根の形状を見つける」こととした。

実験の方法と実験装置

ペットボトルを使って枚数や角度の異なる羽根を作製し，自作した装置（図2）で風の強さを変化させて発電量を比較した。羽根は，300 ml のペットボトルの側面を等分した線に沿って切り，折り曲げる線に沿って曲げて作製した（図3）。

実験と結果

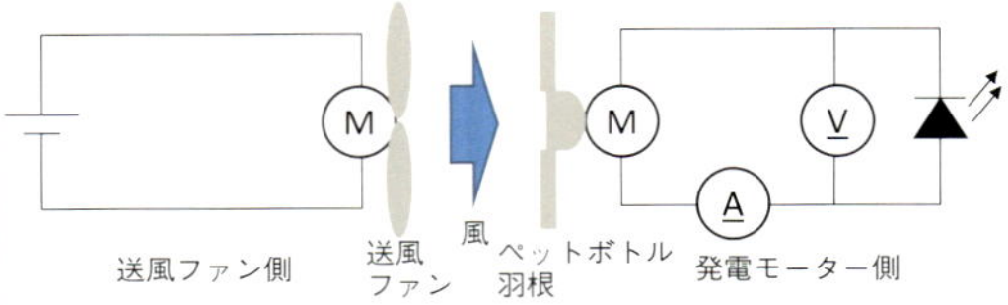

図1　実験装置回路図

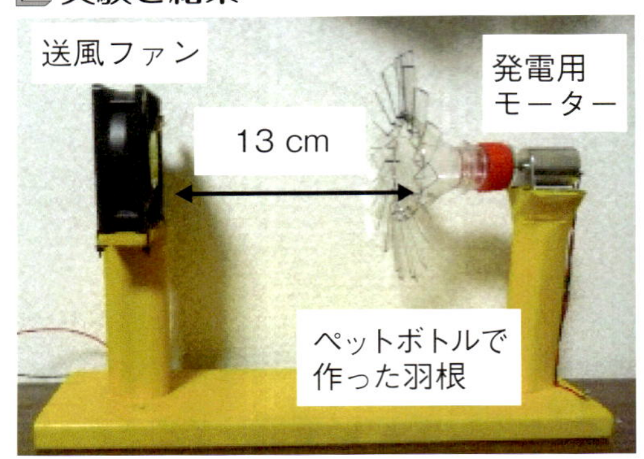

図2　自作した実験装置

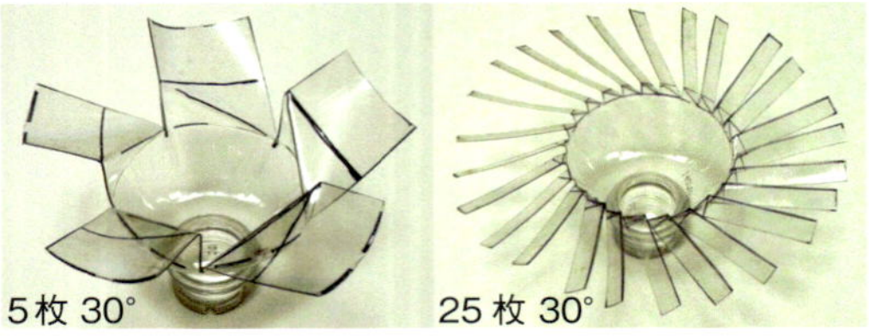

図3　ペットボトルの羽根

【事前実験】 風の強さ（風速）は送風ファンにかける電圧で変化させるので，電圧と風速の関係を調べた。その結果，電圧と風速はほぼ比例関係だった。実験で用いる風速は 1.29 m/s（10 V），1.43 m/s（12 V），1.58 m/s（14 V）の3通りとした。

【実験１：羽根の枚数と発電量の関係】

すべての枚数で風速が大きいほど発電量も大きくなった。一方，風速が小さいと枚数の多いほうが発電量が大きく，風速が大きいと15枚の発電量がもっとも大きくなった。また，15枚は風速の増加に対する発電量の増加がもっとも大きかった（図4）。

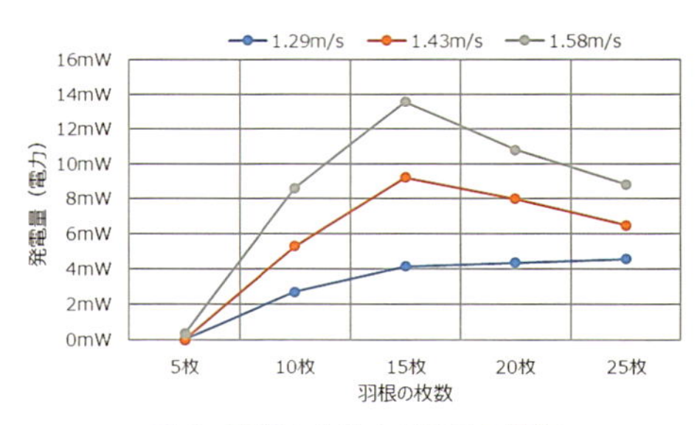

図4　羽根の枚数と発電量の関係

【実験２：羽根の強度の影響】

発電効率のよい枚数が風速によって変わる理由を考えるため，羽根が回転する様子を観察した。すると，25枚の細い羽根は風速が大きいとき変形していることがわかったので，骨で補

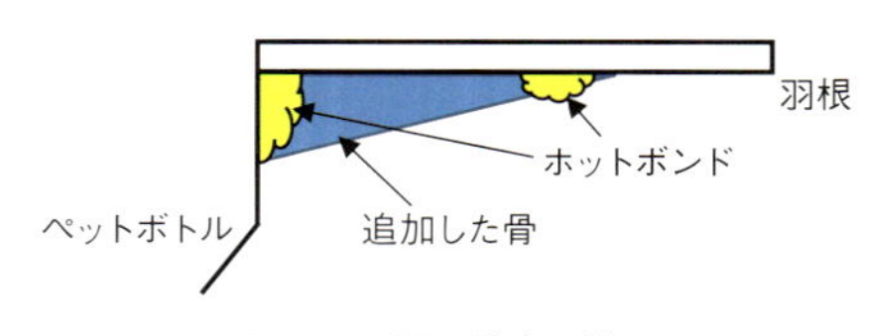

図5　羽根の補強の様子

強した羽根（図5）で測定を行った。発電量が大きくなることを期待したが，15枚の結果を超えることはなかった（図6）。ただ，風速の増加に対する発電量の増加の割合は加工前Ⓐより加工後Ⓑのほうが大きくなったので，同じ形状で強度を増した羽根を作れば，枚数が多くても大きな発電量が得られる可能性はある。

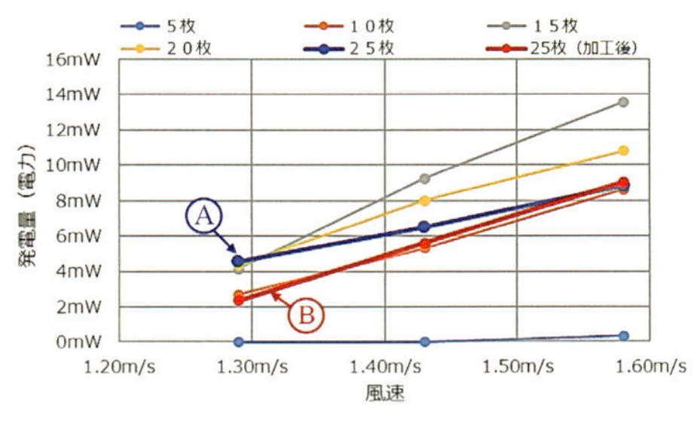

図6　風速と発電量の関係

【実験3：羽根の角度と発電量の関係】 15枚と20枚で比較したが，いずれも30°〜45°の発電量がもっとも大きく，60°の発電量がもっとも小さくなった。また，60°の発電量はすべての風速で20枚のほうが効率がよかった（図7）。

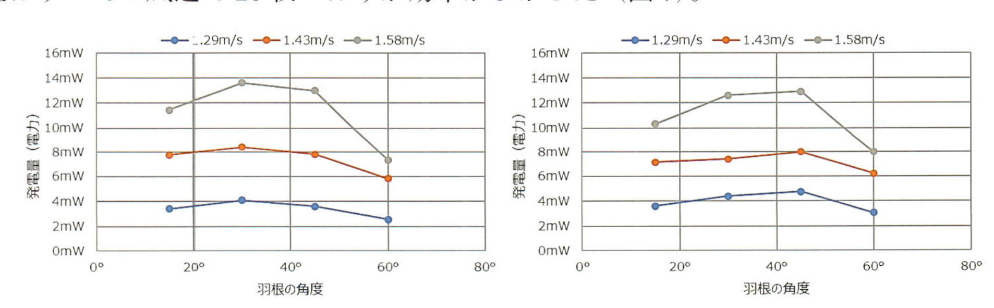

図7　羽根の角度と発電量の関係（左：15枚，右20枚）

【まとめ】 ①同じ風速であれば枚数の多いほうが発電量が多い。②同じ枚数であれば角度は30°〜45°がもっとも効率がよい。③枚数が多くなりすぎると，強度が落ちて風速が大きいときの効率が悪い。以上から，ペットボトルを使った風力発電に適した羽根とは「羽根の角度が30°〜45°で，適した羽根の枚数は風速により異なる」といえる。

考察

羽根の枚数が多いと羽根は小さくなり，厚さも薄くなるので，空気抵抗が小さくなって回転する力が大きいと考えられる（図8）。また，羽根の角度が小さすぎると風に対して垂直な部分ができ，羽根の角度が大きすぎると風に対して平行な部分ができるので，いずれも発電量が小さくなると考えられる。

風
厚さ　羽根　回転する力
羽根の枚数が多い場合
（羽根の大きさが小さい場合）
厚さ　羽根　回転する力
羽根の枚数が少ない場合
（羽根の大きさが大きい場合）

図8　羽根の大きさと回転する力の関係

実験を行ってみて

いくつものペットボトルの中から適したものを探し，いくつもの羽根を作製してやっとデータを取ることができた。予想と反する結果についてわからないこともたくさんあって悩み，苦労したが，この経験を糧として研究を続けていきたいと思う。

作品について

風力発電の効率に影響を与えるいくつもの要因の中で，山道さんは羽根の形状，特に羽根の「枚数」と回転面に対する「角度」に注目しました。形状の異なるいくつもの羽根をペットボトルという身近な素材を利用して作製し，粘り強く測定に取り組んでいます。何種類もあるペットボトルの中から適したものを選ぶ際にも苦労したことがうかがえました。作品には羽根の作製方法についても丁寧に記述されているので，興味を持った人はぜひ参考にしてみてください。

さて，山道さんは羽根だけでなく，発電量を測定するための実験装置も自作しました。実験装置は，風を送る送風部分と発電量を計測する部分に分かれていて，まず最初に送風部分の性能を見極めた点は，この研究の大きな特徴であり優れたところといえるでしょう。風力発電の効率を測定するためには，自然環境である風の“ふるまい”を定量的にとらえる必要があります。しかし，その行為自体が風の“ふるまい”に無視できない影響を与えてしまう場合には注意が必要です。例えば，発電中の羽根の前に風速を測定する装置を置いてしまったらどうでしょうか？　測定装置が原因となって風向きや風速に影響が出る場合は，発電しながら同時に風速を測定することはできません。そもそも，羽根と異なる場所の風速を測定することが問題になるかもしれません。【事前実験】は，羽根が置かれる場所の自然環境を送風部分の性能をもとに評価するという大切な役割を担っているのです。また，実験方法には，どんな装置を使ってどんなふうに測定するかということをきちんと記述しなくてはなりません。この観点からも，特に自作した場合には，その装置の性能を示すことがとても大切なのです。

山道さんはこの【事前実験】の結果を前提に研究を続け，羽根の「枚数」，「角度」に最適なものがあることを見出します。しかも，同じ「枚数」，「角度」でも風速によって効率に差があることもわかってきました。また，予想とは異なる結果についても注意深く観察し直し，枚数が増えると１枚の強度が下がる羽根固有の問題を発見しました。その解決のため，強度を上げる加工を施し，効果を検証した一連の取り組みは高く評価できます。さらに山道さんは，枚数が少ないと１枚の面積は大きく，枚数が増えるほど１枚の面積は減ることを指摘しています。では，全体の半数の羽根を折って取り除いた場合の発電効率はどうなるのでしょうか？　軽くなった分，効率が上がるのか，逆に下がるのか，まだまだ関連した未知のテーマがありそうです。さらなる挑戦をおおいに期待しています。

金の赤色コロイドをつかまえろ

川村 ヒカル（かわむら ひかる）
［私立仁川学院中学校 3年］

仁川学院では、金の赤色コロイドの保護材としてPVAのりを使用していましたが、これは地元（西宮市）で販売されていませんでした。そこで、どこでも手に入る保護材を探ろうと始めたのがこの研究です。さまざまなものを試しましたが、この中になければどうしようと心配しました。見つかったので安心しました。

I 研究の概要

研究の動機・目的

研究を始めるきっかけとなったのは，石川県金沢高校科学部が金の赤色コロイド溶液の新しい作成方法を開発したことである。金沢高校では，石川県で購入しやすく，関西では販売されていないメーカーの市販のPVAのりを保持剤として使っている。そこで，市販のPVAのり以外の保持剤ではどうなるのかに興味を持った。

金の赤色コロイドとは

塩化金酸水溶液中では，金はイオンの状態である。これにビタミンCのような還元剤を加えると，金イオンは還元されて金原子となり，金原子は集まって大きな粒子になる。水溶液中に浮かんだこの粒子をコロイド粒子という。コロイド粒子は光を散乱させ，溶液は色がついて見えるようになる。PVAのような保持剤は金のコロイドが成長したときに粒子を保持し，それ以上に成長させない働きがある。

実験装置

フォトICダイオードを使った比色計を作成し，溶液の濃度を測定していく。LEDから出た光がプラスチックセル中のサンプル溶液を通る際に濃度に応じた吸収を受け，フォトICダイオードに届く。フォトICダイオードは光の強さに応じて回路に電流を流す。光が強いほど大きな電流が流れる。濃度が高いほど，回路内の電流は小さくなり，抵抗両端の電圧も小さくなる。

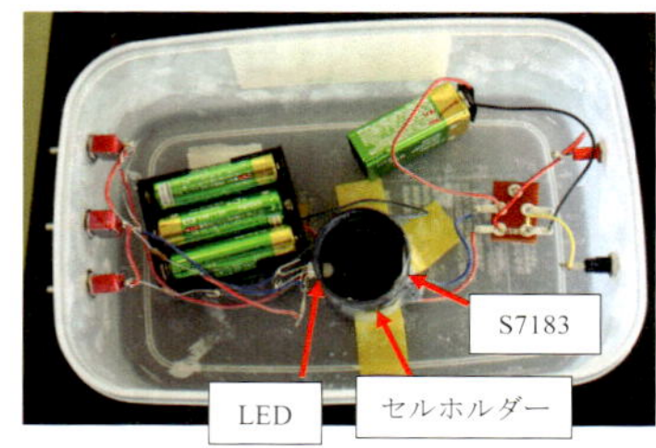

図1　比色計

実験方法①（実験1～4）

試験管5本に，サンプル水溶液をメスピペットで2，4，6，8，10 mLずつ入れ，水を加えてそれぞれ10 mLにした。これに0.01 mol/L塩化金酸水溶液を1 mL，0.01 mol/LビタミンC水溶液を1 mL加える。十分に発色したら，1 cmプラスチックセルに溶液を移し，赤色と緑色のLED光での出力電圧を記録した。

実験方法②（実験5）

0.002～0.1％の各濃度水溶液を調整し，10 mLに0.01mol/L塩化金酸水溶液1 mL，0.01 mol/LビタミンC水溶液を1 mL加える。十分に発色したら，1 cmプラスチックセルに溶液を移し，赤色のLED光での出力電圧を記録した。

実験

【実験1：薬品棚にある水溶性高分子】

溶性デンプン，ゼラチン，寒天の1％水溶液で試した。

【実験２：生物室にあった増粘多糖類】

寒天，カラギーナン，ローカストビーンガム，メチルセルロース，キサンタンガム，グアガム，ゲランガムの0.1%水溶液を調整して測定した。

【実験３：水溶性の合成高分子】

クラレポバールM-115，ハイセロンC-200，AQナイロンP95，AQナイロンT70の1%水溶液，アルコックスE-500Cの0.1%水溶液の測定を行った。

【実験４：メチルセルロースの粘度や置換基の異なるものでの測定】

メチルセルロースは，粘度や置換基が異なるもので測定を行った。

【実験５：金の赤色コロイドの保持剤の濃度と発色の濃さの関係】

メチルセルロース（400 cps），AQナイロンT70，メトローズの濃度と発色の濃さの関係を調べた。

結果と考察

① 実験１～４では，金の赤色コロイドの保持剤としてメチルセルロース（400 cps），AQナイロンT70，メトローズが金の赤色コロイドの保持剤として，有望だとわかった。また，メチルセルロースは置換基が変わると金コロイドの発色に変化が見られ，粘度が変わっても発色には変化がほとんどないことがわかった。

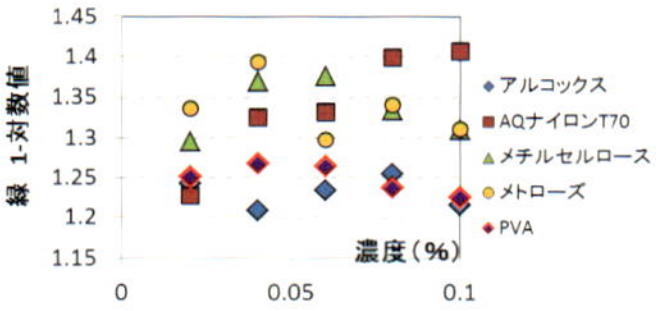

② 実験５では，AQナイロンT70がPVAよりも濃度と発色の相関関係において直線的な関係があった。これは発色の濃度を計画して溶液を調整するときに便利である。

図２　濃度0.02～0.1%での結果

③ 実験５の後，できた金の赤色コロイドをサンプル瓶に入れて保存しておいた。２週間後，メチルセルロース，SM-04，アルコックスでは瓶の底に沈殿しているものがあった。AQナイロンT70は濃い赤色を保っていた。AQナイロンT70はコロイドの安定的な保持という点においても優れているといえる。

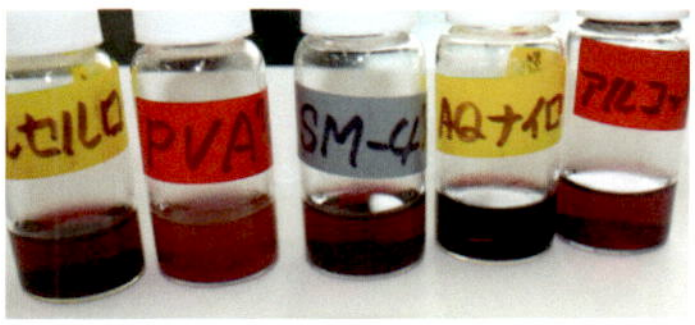

図３　２週間後の溶液

感想

これまでの実験結果から，もっとも優れた保持剤として推奨できるものはAQナイロンT70であることがわかった。これは，今までのPVAのりよりも濃度に対する発色の規則性が優れており，安定性については同等で，入手のしやすさはPVAのりよりも勝っている。

常温で試薬から調製する金の赤色コロイドにAQナイロンT70が有効であることがわかったので，今後は金箔（きんぱく）から金の赤色コロイドを作成するときの条件を調べていきたいと思っている。

作品について

本作品は，金の赤色コロイドを作成するためには何を保持剤として使用すればよいかがテーマです。市販の PVA のりを石川県からわざわざ取り寄せるのではなく，学校の薬品棚にある水溶性高分子や天然物由来の増粘多糖類など，身近にある高分子で代用できないかと考えたのが始まりです。入手のしやすさを研究のきっかけとしたのはとてもよかったです。

川村さんは自分自身で集めた豊富なデータをグラフにし，保持剤としての有望性を１つ１つ吟味しています。金コロイドの赤色を目で見て判定することはできないので，客観的に色を判定するフォト IC ダイオードを用いていますが，その実際の測定方法やグラフによる分析方法に至るまで，非常に丁寧でわかりやすく書けています。

実験１～３までで，メチルセルロース，AQ ナイロン T70，ハイセロンが保持剤として有望だとわかりましたが，実験４ではメチルセルロースに関していろいろなタイプのもの（粘度の違うもの，置換基の違うもの）について追究しています。川村さんは，同じ物質でもその構造や粘度の違いを検証することによって，保持剤として有望なものの何が原因となっているのかを具体的に調べています。このように，有望な保持剤としての原因や仕組みを深く掘り下げて見極めようとしたアプローチはとても重要であり，物質を扱う化学の研究においては欠かせない大切な視点といえます。

実際には，メチルセルロースは置換基が変わると金コロイドの発色に変化が見られましたが，どの置換基がもっとも有望だったかということまで追究すれば，さらに深く探究できると思います。

実験５で，最終的には AQ ナイロン T70 が PVA のりよりも優れた保持剤であることがわかりました。濃度によって発色の度合いが調整しやすい，安定して保存しやすい，入手しやすいという３つの点で PVA のりに勝る物質を発見できました。さまざまな実験方法によって，多角的な視点から優れた物質をきちんと評価していることがこの作品の大変優れている点です。川村さんは作品の最後に，金箔から金コロイドを作るというさらに条件が厳しい研究にも挑戦したいと述べています。金コロイド（金ナノ粒子）は特徴的な光学的特性を持ち，生物学や医学，工学分野などで広く応用されています。金コロイド研究に貢献できるような，さらに発展した取り組みに期待したいと思います。

一滴から深まるクレーターの研究

吉田 優音（よしだ ゆうと）
［佐世保市立相浦中学校 3年］

蛇口をひねった時に出る水滴や宇宙についての本を見てしずくからクレーターのでき方がわかるのではと思い発射装置を作って実験をしました。
結果クレーターと共通点をみつけ、いくつかの仮説を立てることができました。今回の実験を通して科学の芽は意外と身近なところにあると思いました。ぜひ皆さんも、身の回りのものから科学の芽を探し出してみてください。

I　研究の概要

研究の動機・目的

雨のしずくや蛇口から落ちる水滴を見たとき，どのような動きをしているのかに興味を持った。月などにできるクレーターのでき方はしずくの動きと似ているのではないかと思い，実験をして確かめようと思った。

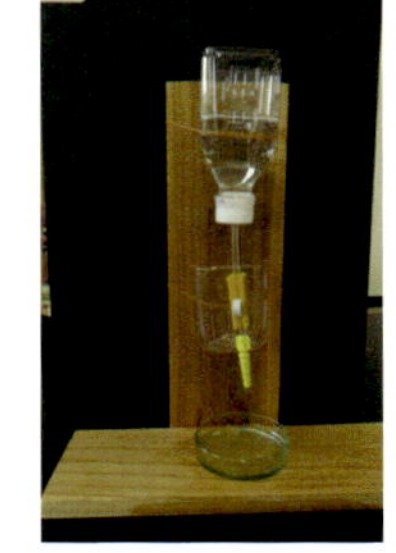

図１　水面を観察する装置

実験方法

以下の２つの実験方法を考えて研究を行った。

実験１　さまざまな液体について，高さを変えて落下させ，水面の様子を観察できるような装置を自作し，観察することにした。

実験２　小麦粉にできるクレーターのでき方を調べる装置を自作し，いろいろな物体について高さを変えて調べることにした。

また実験以外に，地球や火星，月などにあるクレーターを調べ，その形や成因について調べた。

図２　小麦粉にできるクレーターを調べる装置

実験と結果

【実験１：身近なしずく１滴の謎を探る】

方法　洗剤，アルコール，食用油を使い，落とす高さや水の深さを変えて調べた。

結果　アルコールには小さいクラウンができた。食用油にはクラウンができにくかった。洗剤にはしずくもクラウンもできなかった。

図３　水滴クラウンのできる様子

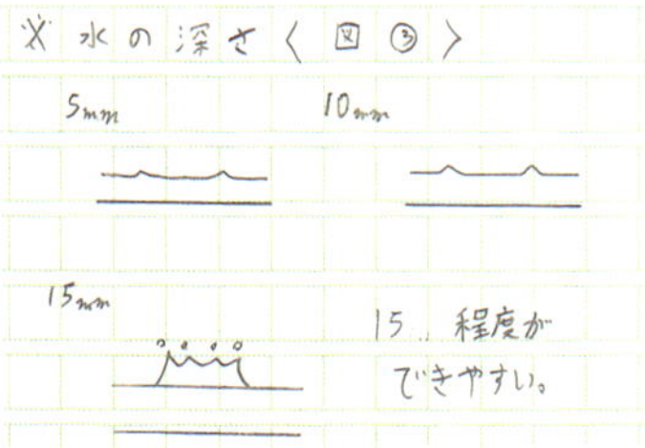

図４　水の深さによる違い

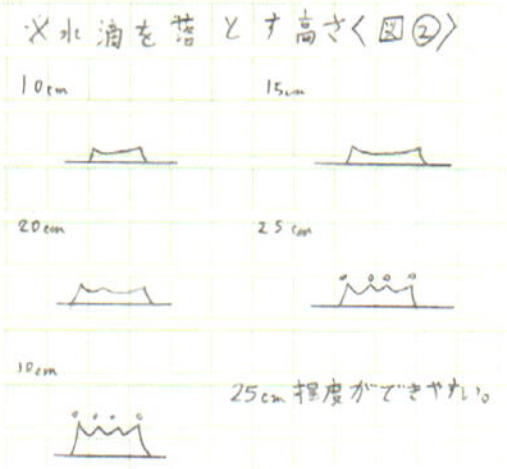

図５　水滴を落とす高さによる違い

表１　実験１の結果

液体	しずく	クラウンのでき方
水	○	○
洗剤	×	×
アルコール	○	○
食用油	○	△

文献調査から，クレーターの形は地表に落ちてくる物質の違いや落ちてくるスピード，地表の成分によって異なることがわかった。

【実験２：クレーター再現装置の作成と落下痕跡】

実験の方法

(1) 物体を落とし，穴の直径の大きさなどを調べた。落下物は，鉄球 4 cm，木球 4 cm，氷球 5.5 cm，氷球 2.5 cm，だんご粉 4 cm，ミョウバン結晶 3 cm を用いた。

(2) 落とす高さを変えて，穴の大きさなどを調べた。

(3) 地面を砂から小麦粉に変えて，実験を行った。

(4) 小麦粉に水を加え，地面の粘度を変えて実験を行った。

(5) 小麦粉とゼラチンを使って２層にした地面で，実験を行った。

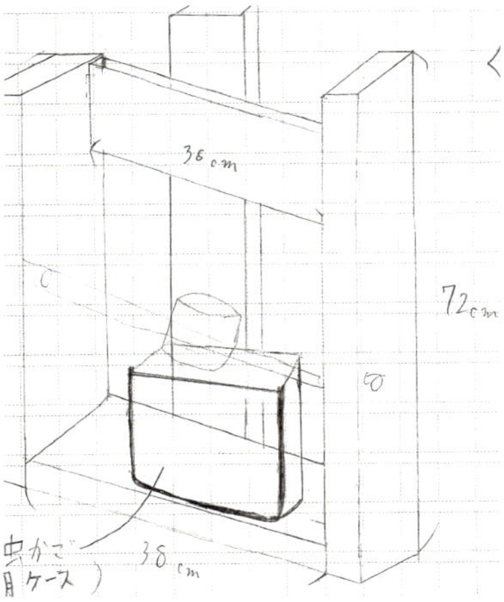

図６　クレーター再現装置のスケッチ

考察

① 落下物の重さが重いほど，穴が深くなることがわかった。

② 落下の速度が大きくなるほど，穴が大きくなることがわかった。高さが 90 cm のときの穴のでき方は，火星のクレーターによく似ている。

③ クレーターのでき方は，地下の物質の粘度が関わっており，粘度が高いほど深い穴ができることがわかった。氷の実験の様子から，月のクレーターにはマグマが関連しているのではないかと考えた。

図７　ゴムを引いて物体を落下させる

④ 実験結果を整理し，クレーター形成の要因には次の４つの条件が関係すると考えた。

(i)落下物の種類　(ii)落下物のスピード　(iii)地表の粘度　(iv)地表の成分

感想

十分に実験できる時間は少なかったが，期待通りの結果が出せたのでうれしかった。初めは失敗も多くわからないことが多かったが，それも探究の楽しみだと実感し，科学の世界への関心が広がった。今回の実験は未知のことが多かったが，両親や先生の協力でよい結果を残すことができた。

作品について

この研究は，水滴が液面に落ちるときにできるクラウン（王冠）のような形が，どのようにできるのかに興味を持ち，身近にあるいろいろな液体で調べてみるというものです。まず評価できるのは，実験装置を自分の力で作成し，一定の高さから落として比較できるようにしていること。客観的なデータを得ることが科学の研究ではとても大切ですが，そのことを十分に理解して研究を進めているところがとても素晴らしい。

クラウンの形成の研究はこのままでは終わらず，惑星や月に見られるクレーターのでき方の追究にまで発展します。

この研究では自作の実験装置を作成しながら，条件をそろえられるように試行錯誤している様子がうかがえます。

途中，文献研究を行ったり，両親や先生に相談したりしています。それでも，自分なりの考察を行い，実験の結果から考えられることや新たな疑問に基づいて，次々に新しい実験を設定して研究を行っていく様子や探究していく様は，中学生の研究としては，群を抜いて優れているといえるのではないでしょうか。

自ら課題を設定し，課題を解決するために必要な実験方法を，仮説に基づいて考え出し，多面的・多角的に追究している姿勢は高く評価できます。

探究場面においては，写真撮影や図の作成，表やグラフでのまとめ方などにも工夫が見られるところも素晴らしいです。

水滴クラウンのできる様子

大きなクレーター

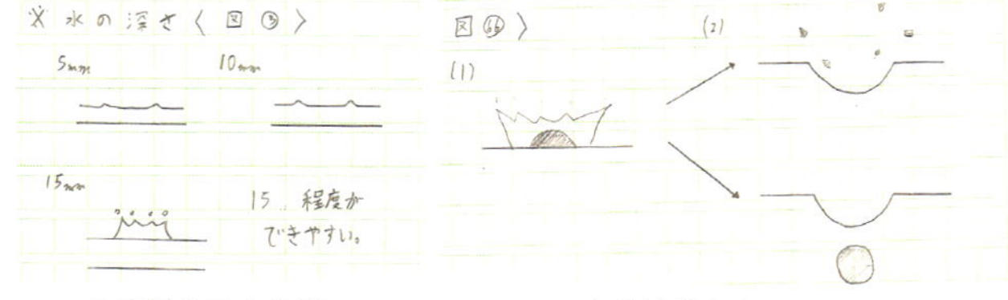

水の深さによる違い　　すり鉢状のクレーター

水の輪のメカニズムの解明

伊東 実聖（いとう みさと） 3年／加藤 聖怜（かとう せれ） 3年／中島 大河（なかしま たいが） 3年
龍岡 紘海（たつおか ひろみ） 3年／千葉 大雅（ちば たいが） 1年／乙津 昂光海（おつ あきおみ） 1年
古屋 良幸（ふるや よしゆき） 1年

［大磯町立大磯中学校 科学部 水の輪班］

皆さんは「水の輪」と聞いて何を思い浮かべますか？ 水道の蛇口から出る水は、流しのステンレス台の部分に輪っか状のものを形成します。私達はこれを「水の輪」と呼ぶことにしました。この「水の輪」、見ているととてもおもしろいのです。どうしてこのような形をしているのだろう？ どんなメカニズムになっているのだろう？ この「水の輪」について知りたくてこの研究を行いました。

I 研究の概要

研究の動機

自分たちが普段手を洗うとき，流しの底に水の輪ができていることに気がついた。そこで，この水の輪はどのようにしてできるのだろうと不思議に思い，研究することにした。

実験方法と結果

【実験Ⅰ：水の輪ができるメカニズム】

仮説1：蛇口から出た水が，流しの底面に当たって周りに広がっていくとき，その力で周りの水を押し出しているから水の輪ができるのではないか。

高さ31 cmから1秒間に8 ml（実際には1秒間に流れる速さを測ることが大変だったので5秒間に40 ml）で流れる水量で水が落ちるようにする。水の輪ができているとき，トレーに入った砂に水を流す。

○結果：流した瞬間，仮説1の通り水の輪が外側から1 cmのところで溜まった。溜まったあたりで砂の動きが止まり，その先はあまり広がらなかった。

【実験Ⅱ：蛇口から流れる水の流量と水の輪の面積の関係】

仮説2：蛇口から出る水の流量が大きくなると水の流れる速さも大きくなるので，周りの水を押し出す力も大きくなるだろう。したがって蛇口から出る水の流量が大きくなると，水の輪の面積も大きくなるのではないかと考えられる。その水の流量と水の輪の面積の関係をグラフにすると，直線状のグラフになるのではないか。

1秒間に10 ml，20 ml…90 ml，100 ml（実際には5秒間に50 ml, 100 ml…450 ml, 500 ml）で流れる速さで調べた。そして図1のように定規で水の輪の半径を測り，そこから輪の面積を計算する。

○結果：結果をグラフにしたら，直線状になった。

なお，グラフにある丸数字は何回目の実験かを表している。たとえば，「理科室①」は理科室での実験1回目ということ。

図1　水の輪の半径を測る様子

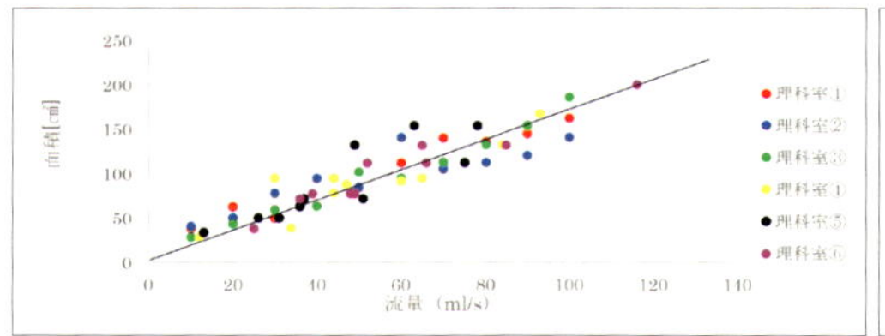

図２　場所：理科室　流量と面積

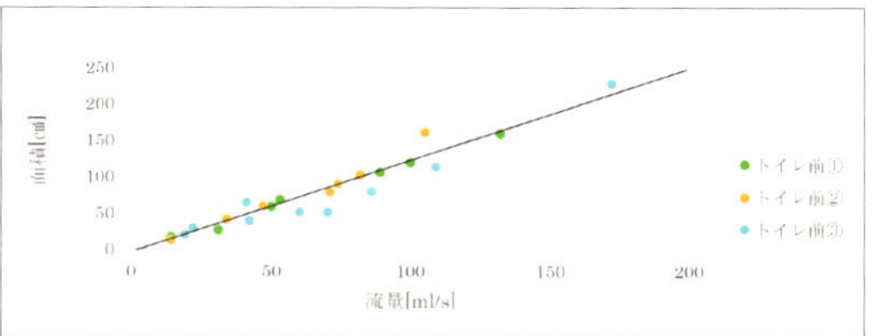

図３　場所：トイレ前　流量と面積

【実験Ⅲ：紙やすりの粒度と水の輪の面積の関係】

仮説3：流しに紙やすりを敷いて，蛇口から水を落とす。紙やすりの目が細かくなればなるほど水にかかる摩擦力が小さくなると考えられるので，そうなれば水の輪の面積は大きくなると思う。また，仮説2と同じ理由でグラフにすると直線状のグラフになるのではないか。

実験室の流しで，実験Ⅱと同様の水の流れる速さで調べた。できた水の輪の下に各粒度の紙やすりを敷く。そのときにできた水の輪の半径を測り，面積を出す。これを粒度ごとに5回ずつ行った。（紙やすりの粒度：# 150，# 240，# 400，# 1000，# 2000。番号の値が大きくなるほど，やすりの目は細かくなる）

○結果：結果をグラフにしたら，直線状になった。

【実験Ⅳ：水の輪の内外での速さの測定】

仮説4：水の輪の内側の水の流れる速さは輪に近づくにつれ，一定の速さになるのではないかと考えた。なぜなら，実験Ⅰで「水の輪の面積と水の流れる速さは比例する」とわかったからだ。

○結果：右図参照

水の輪の内側の水の流れる速さは一定ではなく，中心から外側に向かって一定の割合で減速していくことがわかった。また，この減速の割合は水の輪の大きさに関係なく，一定であることもわかった。具体的には30 mm外側に向かうにつれ1.5 m/sずつ減速する。

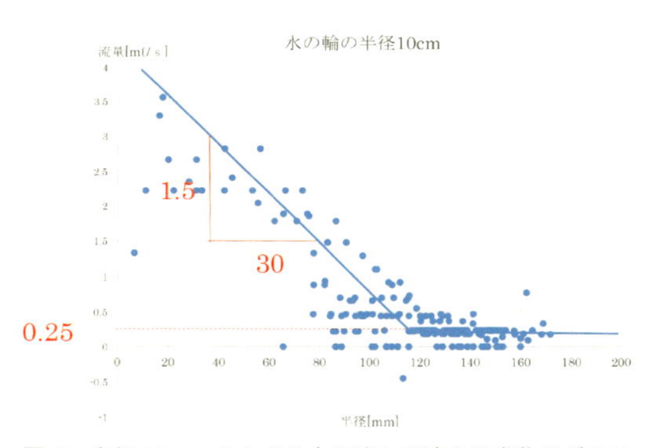

図4　半径10 cmのときの水の流れる速さの変化のグラフ

まとめ

今回の実験からわかったことは次の通りである。

① 蛇口から出る水の量と水の輪の面積は比例する。

② 紙やすりの粒度が小さくなると，そのやすり上にできる輪の面積は大きくなった。

③ 水の輪の内側の水の流れる速さは輪に近づくにつれ，一定の速さになる。

④ ①～③より，水の輪は蛇口から放出されて流しに広がった水が，だんだんと減速してゆき，0.25 m/sほどの一定の速さになったときに，輪の外側の水との境にできるものであることがわかった。

作品について

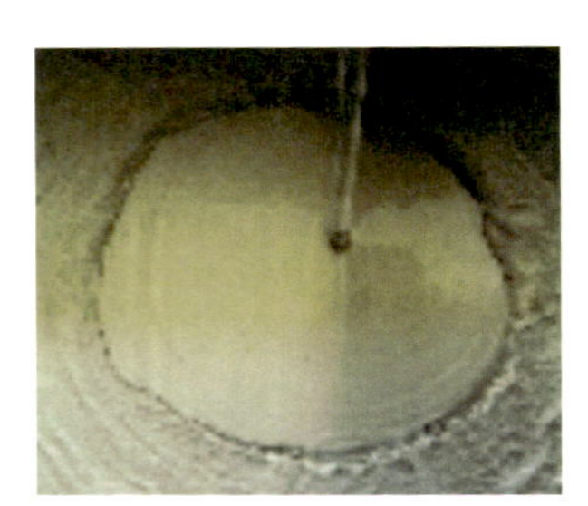

この研究は，自分たちが普段使っている流しに水を流すと，流しの底面に水の輪ができることに興味や関心，そして疑問を持ち，水の輪のできるメカニズムが解明できないかと考えて始められたものです。

研究テーマが決まった後，やみくもに実験を行うのではなく，まずは仮説を立ててみる。最初に立てた仮説が「蛇口から出た水が，流しの底面に当たって周りに広がっていくとき，その力で周りの水を押し出しているから水の輪ができるのではないか」というものでした。そして，その仮説を確かめるための実験を考え，結果を得て次のステップにつながっていきます。

この作品は科学部７名の共同研究なので，この実験方法を考えるのにいろいろな意見を出し合い，よりよい方法を見極めていったのではないかと想像できます。実験を行った結果は丁寧にグラフに表され，自分たちの仮説と照らし合わせて考察されています。本文には１回ごとの考察は載せられませんでしたが，実際の研究では一つひとつの実験についての考察もしっかりと行われており，そういう部分に共同研究のよさが表れている内容です。

今回の研究で注目したのは，蛇口から流れる水の流量と水の輪の面積についてでした。蛇口から出る水の流れる速さを変化させたり，水が落ちる面，つまり水の輪ができる面の摩擦を変化させることによって，流量と面積についていくつかの規則性を見つけ出しています。

彼らはこれからの研究について，「今回の研究をもとに，水の輪のできるメカニズムについてさらに迫っていきたい」と述べています。力学的要素が多いこの研究では，中学校での学習範囲では難しいところもあります。しかし，高等学校で物理を本格的に学び始めると，知識が広がり考察もさらに深いものになってくると思います。これからもこの研究を継続し，水の輪のメカニズムについてさらに解明することを期待しています。

コップから流れる水の形

岡野 修平（おかの しゅうへい） 3年／原田 大希（はらだ ひろき） 3年／塚越 新（つかごし あらた） 2年
［私立本郷中学校 科学部］

私たちがこの実験を始めたきっかけは、普段の何気ない行動にある。コップの水を流したり、ペットボトルから飲み物を注いだりしたときに、液体が一定の形を成していることが分かった。この現象に興味を持ち、発生要因を調べることにした。仮説とその実証の繰り返しによって、水の表面張力と大気からの圧力が関係していることが分かった。

I 研究の概要

研究の動機・目的

コップから流れ出る水は，縦に広がった後，一度集まり，次は横に広がることを繰り返す（**図 1**）。この現象を不思議に思い，一つひとつの水の広がりを“リング”と呼び，これができる条件について調べることにした（**図 2**）。

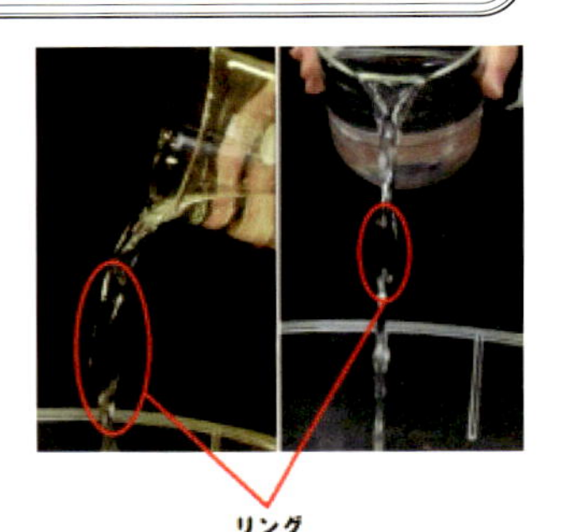

図 1　コップから流れる水

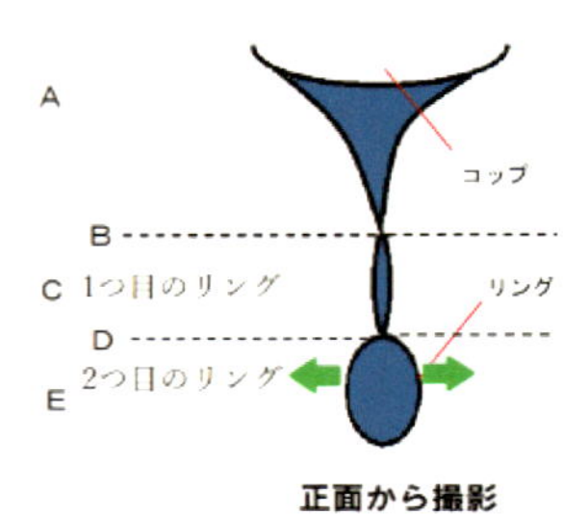

図 2　図 1 の簡略図

実験方法と結果

【実験 1】容器の形とリングの大きさ

1 面だけがない直方体（横 5 cm，縦 10 cm，高さ 10 cm）の容器に穴の空いたアクリル板を取り付け（**図 3**），蛇口から入れた水道水を穴から落下させた（**図 4**）。穴の幅（W）は 1.0，2.0，3.0，4.0 cm の 4 種類，高さ（h）は 0.25，0.50，0.75，1.00，1.25 cm の 5 種類，計 20 種類でその様子を撮影し，1 つ目のリングの太さ（**図 5**）を測定する。その結果，①幅が広くなるとリングが太くなる，②高さが変化してもほとんど変化しない，③ある幅より狭く，ある高さより高くなるとリングができないことがわかった。

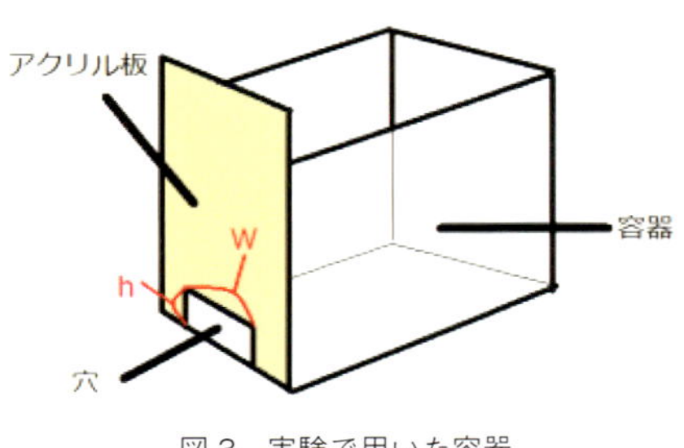

図 3　実験で用いた容器

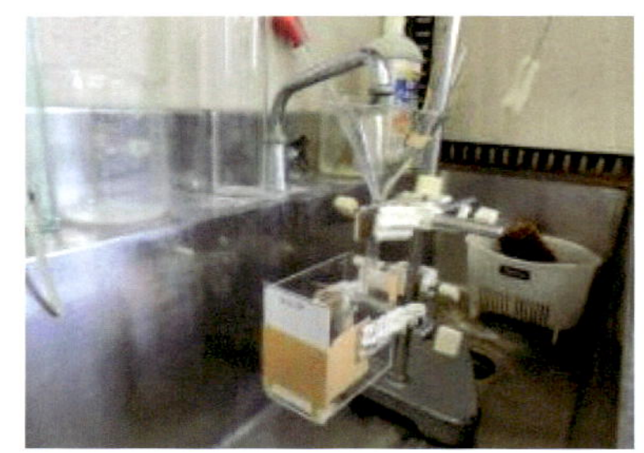
図 4　実験装置

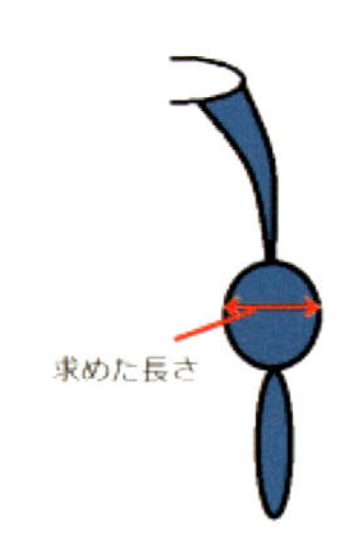

図 5　リングの太さ

【実験 2】落下する水が集まる理由

洗剤を水に溶かし，表面張力を弱める働きがある界面活性剤が 5% 入った液体を容器に入れ，幅 4.0 cm，高さ 0.25 cm の穴から落下させた。2 種類の洗剤による様子を撮影し，1 秒後における容器の端からリングまでの長さ（**図 6**）を測定する。その結果，2 種類の洗剤には差がほとんどなく，いずれも水より長くなり，表面張力が影響することがわかった。

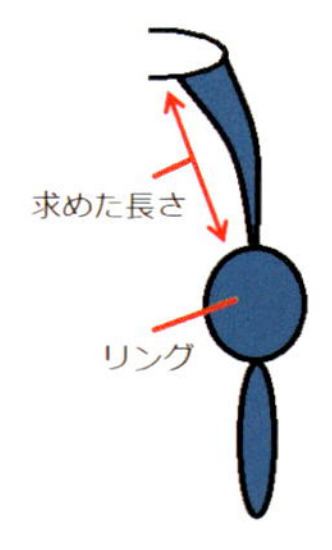

図 6　リングまでの長さ

【実験 3】リングが発生する理由

リングのでき始めを観察すると，流れ出た水はいくつかの太い管のようになっていた。また，両端が常に一番太く，この２つがぶつかるときに水が直角方向に広がり，リングが発生しているように見えた（図７）。そこで，２本のホースから水を出して交差させて観察すると，同様にリングが発生した（図８）。また，２つのろうとから出る砂を交差させると，水と同様に直角方向に広がりリングが発生した（図９）。固体でも変形しやすい物質同士が交差するときは，互いに力を及ぼし合い，直角方向に広がることがわかった（図10）。

図７　流れる水の形

図８　水同士をぶつけたとき

図９　砂同士をぶつけたとき

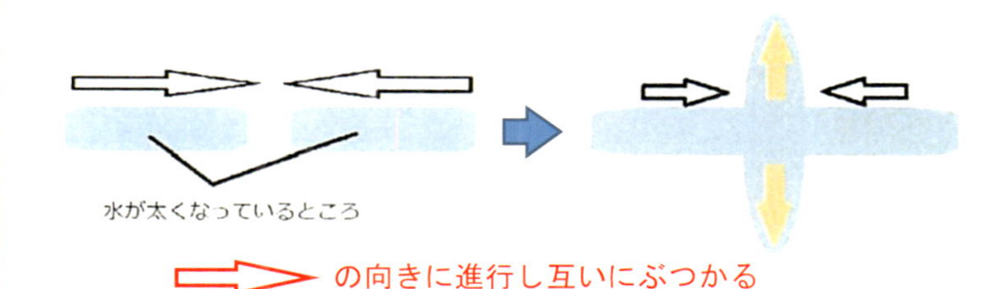

図10　変形しやすい物質同士がをぶつかるとき（上から見た図）

【実験 4】いくつかの管のように太く分かれる理由

両端の太くなっている部分の太さを調べると，水のみの場合が1.0 cm，界面活性剤の入った液体の場合が0.6 cmであった。表面張力が小さいと水が集まりにくくなり，その分いくつもの管ができたのではないかと考えた。

四 結論

容器から水を落下させると表面張力によって断面は円形になろうとするが，水の幅が広いと衝突するまでの距離が長くなり，より速く衝突する。また，両端は空気と触れる面積が増え，表面張力が大きくなることで太くなる。この部分が落下しながら交差することによって，変形しやすい水は互いに力を及ぼし合い，直角方向に広がりリングが発生すると考えられる。

作品について

この研究は，容器から流れ出る水の軌跡を観察し，ある形が繰り返し現れることに気がついたことがきっかけとなりました。ある形とは流れ出る水に太い部分や細い部分ができる様子を指し，３人はこれがどのように形成されているのか不思議に感じ，力を合わせて研究を始めたのです。３人は水の軌跡が太くなる部分を“リング”と名づけます。研究の目的は実に明快で，この“リング”ができる理由や条件を調べることです。日常生活で目にする現象から“あれ？”と感じる部分を見事に引き出し，観察や実験を繰り返すことによって原因を突き止めようとした姿勢を高く評価したいと思います。

最初に行った実験１では，水が流れ出る容器の構造に注目しました。“環境”によって，現象がどう変化するかを調べた実験といえるでしょう。次に行った実験２は，洗剤を加えて水そのものの“性質”を変化させています。水自身の“性質”と“環境”の両方が“リング”の生成に影響していると捉えた鋭い着眼点だと思います。自然現象は，対象とした物質や物体が固有に有する“性質”と，それらが置かれる“環境”の両方が影響し合って振る舞いを変えることが多く，どちらか一方だけに支配されるとは限らないからです。

引き続き行った実験３では，さらに工夫が見られます。まず，２本のホースを用いて水が流れ出る“環境”を整えました。２方向からの流れが交差する状況を強制的に作り，これによって水がどう振る舞うのかを見極める実験です。これに続けて，水と同様に形が変化しやすい“性質”を持つ砂を用いて比較した実験もユニークです。この２つの実験がセットになり，水と砂の共通の“性質”と，交差するという“環境”の両面から，“リング”ができる原因を絞り込んでいったのです。

ほかにも，水に加える洗剤の量を変えて比較したり，自作した容器から流れ出る水の量を一定に保つ工夫を施すなど，実験を行うときの諸条件を調整しながら丁寧に取り組んだ様子が伝わってきます。謝辞に記されているように，科学部顧問の先生による助言もおおいに参考になったことでしょう。蜂蜜やホットケーキミックスのような“とろっと（どろっと？）”した物質ならどうなるのでしょうか？　３人の独創的な発想とさらなる追究に期待しています。

中学生の部

ヤマビルの刺激因子に対する応答に関する室内および野外実験

鞠子（まりこ） けやき

［西東京市立田無第四中学校 3年］

この研究には喜怒哀楽がありました。予想通りの結果が出た時には喜び、意外な結果が出た時には楽しさ、思い通りに進まなかった時は自分への怒りを感じました。哀を感じたのは、研究が終わって実験生物と別れる時でした。吸血ヒルは怖い生き物ですが、私には愛着心が芽生えていました。そこまで感情移入したことが良い研究につながったと思います。

I　研究の概要

研究の動機・目的

7年前の夏休みに，丹沢の渓流で初めてヤマビルを見た。調べてみると日本で唯一の人間の血を吸う陸生吸血ヒルだとわかった。過去の「科学の芽」賞受賞研究に，「なぜ蚊が人間の血を吸いたくなるのか」という大変面白い研究があり，この研究に触発され，ヤマビルを誘引する刺激物質についての研究を思いついた。ヤマビルは二酸化炭素（CO_2），温度，におい，振動などが刺激因子となって誘引されるとする実験報告がすでにあったが，これらのうちのどれが最も強く作用するかについて調べたいと思った。

実験方法

夏に丹沢山地で採集したヤマビル5個体を室内実験に用いた。ヤマビルを誘引する刺激因子として，CO_2，温度，湿度に注目し，それらに対するヒルの反応の仕方を，上体振り行動（移動を伴わない上体のみの動き）と移動行動（刺激因子が来る方向へ近づく正の走性と，遠ざかる負の走性）に分けて記録した。また，室内で実験を進めているうちに，刺激に対する感受性が鈍くなる傾向が見られた。さらに，刺激の生理的最適域と生態的最適域は必ずしも一致しないので，野外実験を追加することにした。

実験と結果

【実験1：CO_2 に対する応答<室内実験>】

図1に示すような，CO_2 分析計をつないだ，ヤマビルを収める密閉したチャンバー（5 cm×30 cm×5 cm）に，ポンプ流量計，加湿器を組み合わせた装置を作った。図中の CO_2 除去剤，除湿剤は，実験3でも用いる。加湿した外気をしばらく送り込んだ後，チャンバー内の一端にドライアイス（5 mm×5 mm×5 mm）を置き，CO_2 を3,700 ppm以上の濃度に保った。すべての個体で20～75秒後には上体振り行動が，さらに60～95秒後には2個体に移動行動が見られた。CO_2 放出源として炭酸水を加湿器に加えた場合も，CO_2 濃度が外気と同じになる5分後までに上体振り行動と移動行動が見られ，CO_2 に対する正の走性が確認できた。

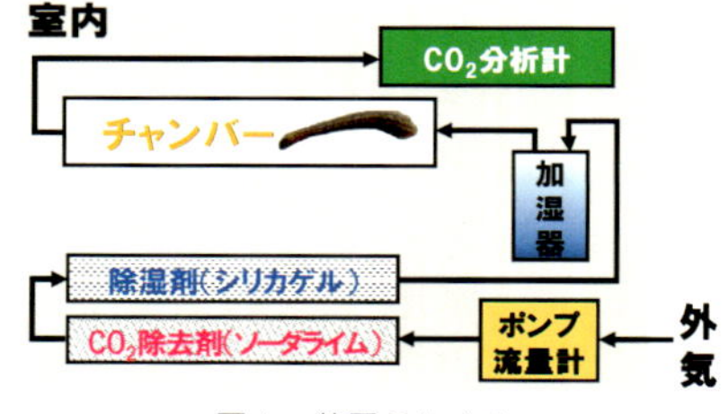

図1　装置のしくみ

【実験2：温度に対する応答<室内実験>】

ヤマビルをプラスチック容器に入れ，温度調節したお湯に浸けて反応を見た。それまでに個体が経験したことに行動様式が依存しないよう，中程度の温度を一度経験させてから，低温や高温にさらした。37℃付近でもっとも早い上体振り行動が見られ，

30℃以下や40℃では行動が遅かったり見られなかったりした。3回目の温度上昇では応答時間が長くなったり反応しなくなったりする傾向が見られた。

【実験3：除湿とCO_2除去の影響＜室内実験＞】

実験1で用いた装置に，CO_2除去剤，除湿剤を組み合わせて，先の実験で応答行動が顕著に見られた個体を使って，除湿や加湿，CO_2除去の影響を調べた。結果は表1のようになった。ヤマビルは乾燥した空気を極端に嫌うこと，低濃度のCO_2に対しては感受性がないことがわかった。

表1　除湿・加湿・CO_2除去の刺激によるヤマビルの応答行動の観察結果（#3個体を供試した）

実験開始からの時間（分秒）	処理	応答行動
00：00	外気	静止
04：31	外気	静止
15：00	外気＋除湿開始	静止
15：05	外気＋除湿	上体振り行動
15：05	外気＋除湿	正の走性行動（18.5 cm）
16：59	外気＋除湿	負の走性行動（6.5 cm）
18：00	外気＋除湿	のたうち回りながら負の走性行動（1.5 cm）
20：00	外気＋加湿開始	下部面でのたうち回る
20：32	外気＋加湿	のたうち回るのをやめて負の走性行動（15.5 cm）
21：24	外気＋加湿	壁で動き回る
22：37	外気＋加湿	正の走性行動（6.5 cm）
25：00	外気＋加湿	静止
26：37	外気＋加湿	体の前部を動かすがその場からは移動せず
40：00	外気＋加湿＋CO_2除去開始	静止
55：00	外気＋加湿＋CO_2除去	静止。実験終了

【実験4：CO_2と温度に対する応答＜野外実験＞】

9月3日，ヤマビルの活動が活発になる夕刻15：00から19：00に2回，丹沢山地水沢川沿いのスギ林内に3 m間隔で10カ所の調査地点を設けて実験を行った。ドライアイス，または使い捨てカイロの入ったビニール袋（穴あき）を約5 mの釣り竿の先に吊し地面に置いて，3分後にビニール袋に向かって移動しているヤマビルと，袋に付着したヤマビルの個体数を記録した。ドライアイスに誘引されたヤマビルは10地点合わせて1回目：4個体／2回目：6個体，使い捨てカイロには1回目：10個体／2回目：7個体であった。野外においてもCO_2濃度と温度がヤマビルを誘引することがわかった。

考察と課題

① ヤマビルが湿った空気を好むことは，ミミズのような他の環形動物と同じであった。CO_2を感じるためのヤマビルの感覚器官は，低濃度に対しては感受性がないものと思われる。

② 呼吸をしながらスギ林内に入ると30秒以内にヤマビルが近づいてきた。さらに，ソーダライムを通して呼気のCO_2を除去してみても近づいてきたので，人間の体温だけでもヤマビルには誘引効果があると思われる。

③ 今後は，各刺激因子の間に見られる誘引の強さについて比較してみたい。

作品について

鞠子さんの論文によると，近年の日本ではヤマビルの個体数が増加し吸血活動が活発化している地域があり，駆除剤や忌避剤，誘引トラップの開発などが課題になってきているそうです。こうした生物災害に対する対応策の一助となるよう，鞠子さんはいくつかの刺激因子に対するヤマビルの応答に関する実験を思いつき，室内実験と野外実験に分けて行いました。7 年前に丹沢で初めてヤマビルに出会ったときの強烈な記憶も動機の一端となったようです。

動物が生まれながらにして示す本能行動は，さまざまな刺激によってもたらされます。また，行動と一口にいっても，さまざまな運動要素に分けられたり，個体差があったりします。いかに比較しやすいよう客観的に記録をとるのかが，こうした動物行動を研究する際には大変重要になります。鞠子さんは，CO_2 濃度や温度に対するヤマビルの行動を，上体振り行動と移動行動に注目して，それらが見られるまでの時間（「誘発時間」と呼んでいます）をパラメーターとして記録するよう計画しました。このように記録パラメーターを絞った点が，個体間の比較や他の実験との比較に大きく役立っていると思います。

CO_2 濃度に対する反応を調べる室内実験では，CO_2 放出源としてドライアイスと炭酸水の両方を使って調べています。ドライアイスには比較的長時間，高濃度の CO_2 を供給する利点がある一方，別の実験条件でもある温度を下げてしまう効果もあります。炭酸水では温度は下がりませんが，短時間で CO_2 濃度が低下してしまいます。同じ目的の実験でも複数の方法を組み合わせて行うことで，結果に説得力を持たせることは，生物の実験を行う際に多くの皆さんに見習ってもらいたいポイントです。

また，何度も実験を繰り返していると，動物の反応が弱くなったり見られなくなったりする「慣れ」も動物行動の研究にはやっかいな問題です。この点にも注意して実験を行っているのも高く評価したい点です。

さらに，人工的な環境下で得られた実験結果が，そのままの自然環境下でも見られるとは限らないことにも配慮し，野外実験を組み合わせて確認している点も素晴らしいと思います。一方，結果のまとめ方については，グラフ化して直感的に伝えられるようにする等の工夫があってもよかったかもしれません。今後は，本研究の一番の目的である，複数の刺激に対する反応の優位性について，実験が進展していくことをおおいに期待しています。

凍らせたジュースのおいしい飲み方

～溶解・冷却時間と凝固点降下から考える～

宮内 唯衣（みやうち ゆい）
［私立慶應義塾湘南藤沢中等部 3年］

この作品では、実際に実験を行っていない皆さんにも分かって頂けるようグラフを活用しました。また、ミクロな視点での考察も見て頂きたいポイントです。
何といってもこの作品は身近な疑問からスタートしています。そして、その問題は、科学の力で解決できました。あなたの身の回りにもたくさんの疑問が広がっています。ぜひ自分で解決してみてください。それがあなたの素敵な発見になるはずです。

I 研究の概要

研究の動機・目的

夏の暑い日に凍らせたペットボトルのジュースを融けたところから飲んでいくと，最初は甘く最後はほぼ味を感じない。なぜこのような現象が起こってしまうのか，また，これを解消するためにはどうすればいいのか，疑問に思い研究を始めた。

実験とその結果

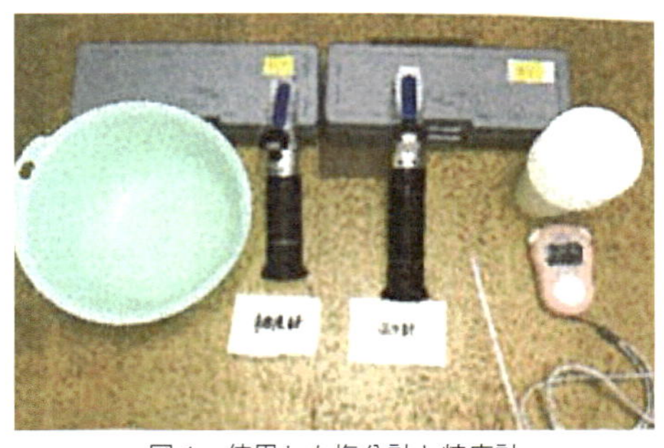

図１　使用した塩分計と糖度計

【実験 1】加熱：塩分，糖分の影響

果汁濃度の異なるオレンジジュース２種類，スポーツ飲料，乳酸菌飲料を用いて実験を行い，凍らせた飲料を放置し，30 分ごとに融けて得られた液体の塩分濃度と糖度を測定した。これを完全に融けきるまで繰り返した。結果，①糖分だけでなく塩分も融け始めが濃く，徐々に薄くなっていくこと，②融け出した量を 30 分ごとに測ると，時間によってばらつきがあることがわかった。

【実験 2】加熱：容器の形状

図２　使用したパウチ飲料

ほぼ円柱状であるペットボトルの形状の影響を考え，実験１と同じ飲料をパウチ飲料の状態とコップに入れた状態で凍らせて比較した。結果，容器の形状とは関係がないことがわかった。

【実験 3】加熱：飲料の用途

凍らせることが前提で販売されている飲料（実験 1，２で用いたスポーツ飲料と乳酸菌飲料）との対照実験を行った。結果，これまでと同様に融け始めの濃度が濃く，融けるとともに薄くなり，用途と成分に違いはないのだと考えた。

【実験 4】冷却

容器の形状は関係がないので，凍る様子が確認しやすい透明のコップに 330 mL の飲料を入れた。これを冷凍庫に入れて 30 分ごとに取り出し，氷はスプーンで削り取り，

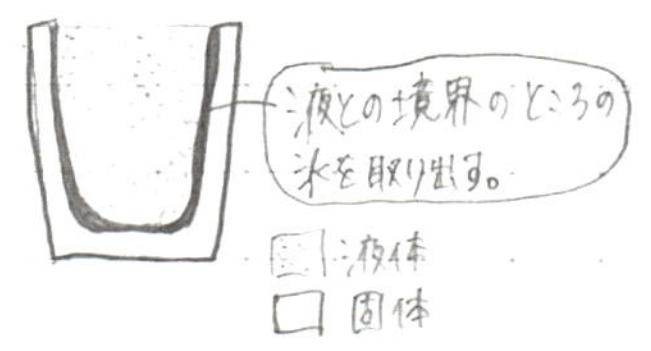

図３　取り出した氷の場所

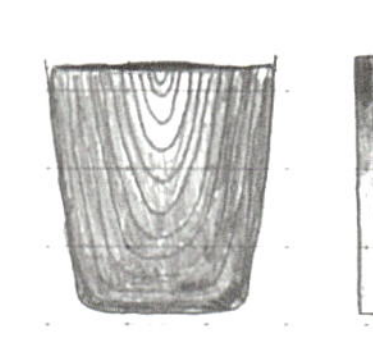

図４　凍り方

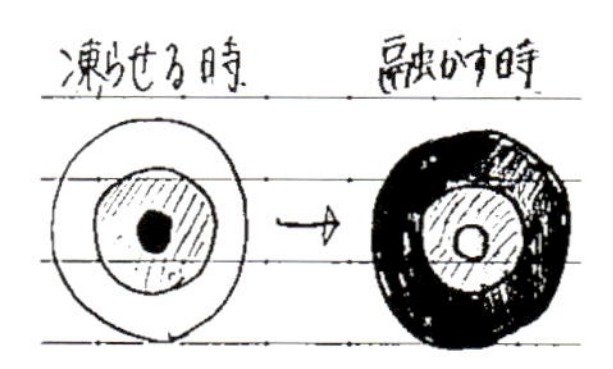

図５　味覚成分（黒）の移動

液体はストローで分取して，それぞれ塩分濃度と糖度を調べた（図 3）。すると，まず表面に薄い氷が張り，次に側面から内側に向けて凍り，最後にすべての液体で中央上部に濃度の高いものが残った（図 4）。結果から，凍らせるときには味覚成分が中心に集まり，融けるときには外側に移動しているのではないか（図 5）と考えた。

考察

純粋な氷を融かしたときの変化と比較すると，飲料は上下に激しく変化しており，味覚成分の多い飲料ほど，早く融ける傾向があった。このことから，味覚成分が移動することにもエネルギーが使われているのではないだろうかと推測した。味覚成分は水の凝固を妨げるため，0 ℃では凍らない“凝固点降下”が起こる。よって，凍らせるときは，先に水が 0 ℃で，後に味覚成分が入った溶液が凍る。融けるときは，先に味覚成分が融け出すので，最初は濃く，後になると水っぽくなるといえる。

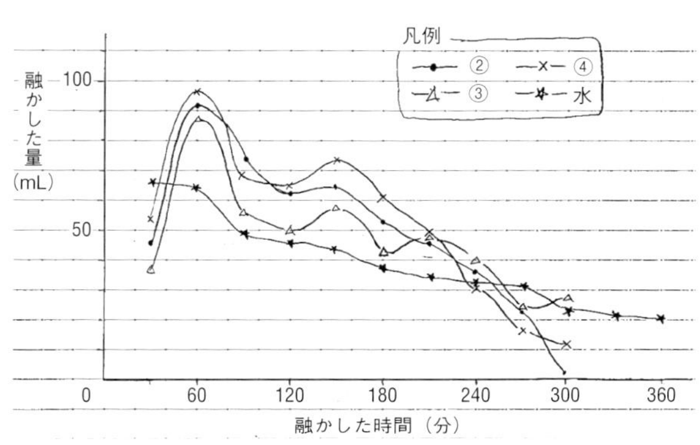

図 6　融かした時間と溶液の体積変化

凍らせたジュースをおいしく飲むには…？

融け始めの段階で味覚成分の分子を出にくくするには氷粒を小さくすればよいと考え，“30 分ごとに振って 13 時間かけて凍らせた飲料（X）”を用意した。これを融かしてみたが，やはり最初に融けた液体の味は濃く，最後は薄かった。また，この凍らせ方では中に空気が入り，割れやすいことがわかった。そこで，実験で使用した飲料（500 mL）がもっとも融ける時間帯（図 6 より融け始めからおよそ 60 分後）を過ぎた 70 分後に（X）を振ってみた。すると融け出した水は空気が入っていたところに入り込み，氷同士の結合が緩んでシャーベット状になった。結果，塩分濃度・糖度ともに原液とほぼ同じ濃度になり，最後までおいしく飲めることがわかった。

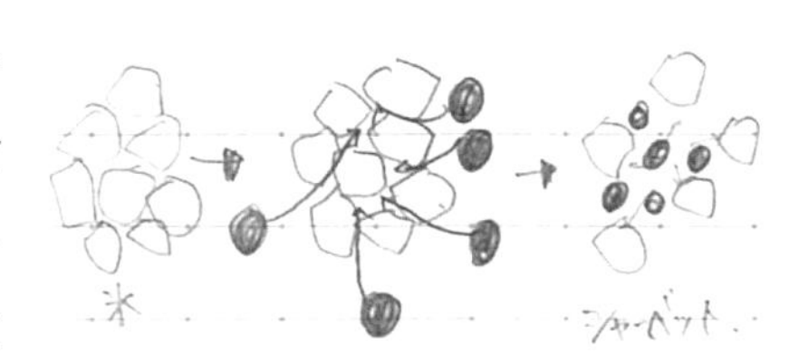

図 7　シャーベット状になるまで

おわりに

シャーベット状にすると氷が崩れ，おいしく飲めることがわかった。身近な疑問を解決することは難しいと感じたが，解決できたときの達成感はとても大きいと思う。

作品について

宮内さんの研究は，凍らせたペットボトル飲料の味が最初と最後で異なる理由について知りたいということと，最初から最後までおいしく飲めるための方法を突き止めたいという実に素朴な“ふしぎ”が出発点になっています。まさしく，「科学の芽」が宮内さんの中で芽吹いたのでしょう。

作品にはさりげなく書かれていますが，宮内さんは実験前に必ず温度と湿度を測定し，同じ場所で実験することを心掛けています。実験の環境や条件を整えておくことは，特に今回のような温度変化を伴う場合，とても重要なポイントとなります。また，行った実験のほとんどが飲料の凝固・融解時における「濃度」あるいは凝固・融解した「量」の時間変化を調べたものですが，要した時間は膨大です。特別な実験装置を使うこともなく，凝固は冷凍庫で凍るのを待ち，融解は自然に融けるのを待ちました。実験結果を示した他のグラフからは，１つの実験に９時間もの時間を費やしたことがうかがえますし，後半の実験では 30 分ごとに冷凍庫から飲料を取り出して振り混ぜる操作を実に 13 時間も繰り返したのですから，さぞ大変だっただろうと想像できます。試行錯誤を繰り返し，多岐にわたる条件で実験を行いながら，徐々に現象の本質に迫っていった点を高く評価したいと思います。

さて，「凝固点降下」という現象は高校生で学習します。しかし，この現象を飲料（溶液）の凝固・融解の際に濃度変化が起こることと結びつけて捉えることはそう容易ではありません。実験の結果とエネルギーの観点からこれに切り込んだ宮内さんの考察はとても興味深いものです。研究の概要の図６から，時間帯によって融解量に差があることに気づき，「振る」という操作を施すことを思いつきました。この結果，いろいろな飲料で凍らせる前後での糖度と塩分濃度に違いがないことを確認し，シャーベット状にするとおいしく飲めることを見事に突き止めたのです。一方で，スポーツ飲料だけは濃度が薄いために水分子の結合が強くなってシャーベット状になりにくいと結論づけました。もしかすると，この結果から味覚成分の濃度とシャーベットにするための適切な時間帯の関係も新たに導き出せるかもしれません。さらなる追究を期待したいと思います。

地道に粘り強く研究を続けた結果として，宮内さんにとっての「科学の芽」は「科学の花」へと成長したのでしょう。これからも身近な疑問を出発点として科学を楽しむ姿勢を大切にしていってください。

「なぜ？」は新たな挑戦をもたらす

濱本悟志

「科学の芽」賞発足から中学生部門の審査を続け，12年間で約13,000を超える作品に出会う幸運に恵まれました。その間，研究成果ばかりでなく，それに至る過程と探究する姿勢に重点を置いて審査したつもりです。そして，数多くの魅力的な作品に出会いました。それらの共通点は，興味を抱いたふしぎな現象の謎を自ら解明したいという姿勢です。工夫をして観察・観測・実験を繰り返し，そのデータから現象の特性に気づき，原因追究に迫っていく姿です。実は，先人の科学者も同様のステップを踏んで，科学を発展させてきました。その一例として，夜空を見ながら力学法則の基礎を築いていった先人の歩みを，私の知っている範囲で簡単に紹介してみます。

地球は太陽の周りを回っている。これは小学生でも知っています。中学生なら，太陽の周りを回る惑星の一つが地球であることも知っているでしょう。では，「本当に，そうだと断言できますか？」この意地悪な質問に，「親から聞いたから」「先生に教わったから」「教科書に書いてあったから」，あるいは「そんなの常識」と一蹴（いっしゅう）する人も多いでしょう。宇宙空間に飛び出せなかった科学者が，どうやって地球が太陽の周りを回っていることに気づいたのでしょうか。どちらも運動している地球から他の惑星を眺め，どちらも太陽の周りを回っていることを，どうやって見つけたのでしょうか。

夜空を眺めると，たくさんのふしぎな現象に出会います。月の満ち欠け，星座の形，星の色，出現する時刻の変化，……。夜空には数え切れないほどのふしぎがあり，科学の宝庫といえます。そのなかで昔の人は，明るさや位置を変えながら出現する変わった星に気づきました。それが惑星です。そして，このふしぎな運動の解明に一世紀以上の歳月が費やされました。

古代ギリシャや古代ローマでは，天動説の立場から惑星の運動の解明に挑みました。天体では円運動，地上の物体では静止が本来の姿と考えていた当時の学者は，大小の円運動を組み合わせて説明しましたが，ご都合主義のこの説明は原因究明とはほど遠いものでした。16世紀に入り，ティコ・ブラーエは肉眼で惑星を観測し，膨大なデータを残しました。望遠鏡が普及していない当時を考えると，最高級の観測データと評価できます。しかし，天動説に固執したために大発見には至りませんでした。17世紀に入り，このビッグデータを受け継いだ弟子のヨハネス・ケプラーは，次の3つの規則性を発見しました。いまでも，“ケプラーの法則”と呼ばれています。

・惑星は，太陽を焦点のひとつとする楕円軌道を描く
・惑星と太陽を結ぶ線分が単位時間に描く面積（面積速度）は，一定である
・惑星の公転周期の2乗は，軌道長半径の3乗に比例する

もちろん，ケプラーは宇宙空間に飛び出して惑星の運動を観測したわけではありません。天動説という先入観を捨て，客観的な観測データだけを根拠に，動いている地球から動いている惑星を見て両方の運動を解明するという離れ業をやってのけました。このデータ処理は，ガリレイの実験手法とともに科学に大きな影響を与えました。

さて，皆さんは「これで惑星の運動は解明された」と満足しますか。「なぜ，惑星は太陽の周りを回るのだろう？」という新たな疑問が生じてきませんか。実は，“ケプラーの法則”は現象を説明しただけで，その原因を解明したわけではありません。これに挑んだのが，アイザック・ニュートンです。ニュートンは，運動の原因を物体にはたらく力と考え，因果関係を示す3つの法則“慣性の法則”“運動方程式”“作用反作用の法則”を使って，すべての物体の運動を説明する方法を生み出しました。そして，“ケプラーの法則”が成立するためには，惑星間に「質量の積に比例し，距離の2乗に反比例する力」がはたらいていると考えざるを得ないことを，論理的に示しました。これが“万有引力の法則”です。これを運動方程式に代入すれば惑星の運動を完璧に説明することができます。これで因果関係も明らかになりました。すると，さらに新たな疑問が登場します。「なぜ，万有引力（重力）がはたらくのだろうか？」

真空中で離れている物体が互いに力を及ぼし合うのは，万有引力ばかりでなく電磁力も同じです。電磁力を理解するために電磁場という概念が形成され，その変化が伝わったのが電磁波です。ならば，重力の場合も同じではないか。しかし，理論上は問題がなくても,長い間波そのものを検出することはできませんでした。その理由は，存在したと仮定しても，検出が極めて困難な微弱な波だからです。しかし，科学者はこの壁も見事に乗り越えました。そして，2017年度のノーベル物理学賞は「重力波の観測」に関わった3名の科学者に授与されました。

人類が夜空を眺めてから何年が経過したでしょうか。その間，時代毎に精一杯の探究が行われ，成果は受け継がれ，間違いは正され，今日を迎えていることに気づきます。一人の人間にとっても同じことがいえそうです。未熟であっても，そのときの知識と能力をフル回転させてふしぎに挑戦してください。後になって間違いに気づいても，恥ずかしいことなどありません。それは，成長の証だからです。

［筑波大学附属学校教育局次長］

CHAPTER 3 Flowering of “KAGAKUNOME”

第3章「科学の芽」をひらく

～未知への探検に乗り出そう～（高校生の部）

「科学の芽」賞

――高校生の部について

国立国会図書館のカウンター上部の壁に，「真理がわれらを自由にする」という言葉と，そのギリシャ語原文に当たる「Η ΑΛΗΘΕΙΑ ΕΛΕΥΘΕΡΩΣΕΙ ΥΜΑΣ」（ヘーアレーテイア　エレウテローセイ　ヒュマース）という文字が刻まれています。これは，国立国会図書館法前文の「真理がわれらを自由にするという確信に立って，憲法の誓約する日本の民主化と世界平和とに寄与することを使命として，ここに設立される」に基づきますが，その由来は新約聖書，ヨハネによる福音書の言葉によるそうです。

自然科学の使命は，自然界における真理を明らかにすることですが，自然はそこに潜む真理をやすやすとは明らかにしてくれません。その一端でも明らかになったときの歓びは，大袈裟にいえば奴隷がくびきから解放されたときに相当するかもしれません。

その意味で「真理がわれらを自由にする」という言葉は，専門の科学者に限らず当てはまり，特定の信仰や文化を超えて通じるものでしょう。「科学の芽」賞に応募される児童や生徒は，まさにおおいなる自由を獲得していると確信します。

実態として，小・中学生の部に比べて，高校生の部は応募点数がぐんと少なくなっています。高校段階では単にやれば研究になるというものではなく，要求される専門的な知識や装置も増え，時間的な制約も出てきます。それぞれの進路を控え，「真理の追究どころではない」というのが昨今の高校生活の実情かもしれません。

実際の受賞作品は毎年3件ほどでしたが，2017年度はたった1件になってしまいました。応募作品のレベルが低下したわけではなく，実験装置にしても研究手法にしても，むしろ向上しているといってもよいのですが，それだけに評価が難しくなっているという実情を反映しています。

そのなかで，賞の意義と照らし合わせたとき，文句なしに受賞となったのがここで紹介する作品となります。

高校生部門は次の観点に基づいて審査されました。

【審査の観点】

① 課題設定：テーマの魅力，独創性があるか。

② 研究手法：実験や調査の手法が目的に沿って適切か否か。

③ 解析方法：得られたデータの客観性，妥当性を保障するものであるか。

④ 結論・考察：単に結果のまとめでなく，独自の視点が盛り込まれているか。

2016年度，2017年度の受賞作品をこの観点から振り返ってみましょう。

①の課題設定ですが，それぞれ独特な特徴と魅力を持っています。

「蚊が何故人間の血を吸いたくなるのかを，ヒトスジシマカの雌の交尾数で検証する」は，わかりやすいテーマです。夏の夜，寝室に1匹の蚊の羽音だけで人は眠れなくなります。どうすれば蚊に刺されずに済むようになるのか，誰でも知りたくなるでしょう。

「ファンプロペラの効率アップ ～風を変えるシンプルな表面加工～」は，表面加工の1点に絞って研究を進めたのが成功のカギでした。扇風機やプロペラについての研究は小中高の科学賞に多いのですが，条件制御の多様さを把握しきれずに，やみくもに実験を行ったものが少なくありません。

「「粉体時計」の実現報告及びそのメカニズムの数理的考察」は，およそ一般には知られていない現象に目を当てました。団体による継続研究だからということもありますが，知られていない事象についての研究だけに独自性の高いものになっています。

「水切りの謎に迫る」は誰もが行ったことのある遊びに鋭い科学のメスを当てました。

②の研究手法では，どの作品も理論的な根拠を支柱として，実験の条件設定をしていることが評価できます。「ヒトスジシマカ」はこれまで積み重ねた研究をもとに，刺されやすさの個人差から足に常在する菌の多寡(たか)によると仮定し，その検証に成功しました。「ファンプロペラ」では考えられる加工条件の多様性から上手に絞り込み，適正化を果たしました。「粉体時計」は粉体の平均自由行程に注目し，モデル化による仮説設定を行い，実験による実証に結びつけました。「水切りの謎」は自作装置による実験とシミュレーション結果を重ね合わせて説得力を持たせました。

③の解析方法については，小中学生の部では困難な数理モデルを当てはめて解析するという特徴が見られます。

④の結論・考察では，成果を客観的に振り返ることができているかが評価の対象になります。得られた成果を過大評価することなく，自ら行ったことにさえ批判的な態度をとれるのが科学的といえるでしょう。

受賞作品を振り返り，あらためて「真理がわれらを自由にする」という言葉をかみしめてみたいと思います。

ファンプロペラの効率アップ

〜風を変えるシンプルな表面加工〜

田渕（たぶち） 宏太朗（こうたろう）
［私立南山高等学校男子部 2年］

3年間で300枚を超えるプロペラを加工し、条件を変えて何度も計測したことで、表面に1本の溝をつけるだけで効率が上がるという結果を導き出すことができました。今後はさらに研究を掘り下げ、様々な分野のプロペラに応用する道を探ります。
工学の研究はトライ＆エラー！失敗から見えてくるものが、いかに大切かについても学ぶことができました。

I 研究の概要

■ 研究の動機・目的

僕がこの研究を始めたきっかけは，ゴルフボールに関する面白い歴史を知ったことだ。使い込んで傷だらけになったボールのほうがよく飛んだことから，今のゴルフボールについている小さな凹み（ディンプル）が生まれたという。そこで，ファンプロペラにディンプルを応用できないかと思いつき，研究の目的を“効率の向上”に絞り，表面に様々な形の溝を彫って凸加工を施し，効率を上げられる方法を探った。

プロペラの効率を上げるためには剥離の抑制，剥離渦の抑制，翼端流の縮小化，摩擦抵抗の低減などが求められる。この研究では新たな形状のプロペラを設計するのではなく，シンプルな加工を表面に施すことで効率を向上させることを目指した。

■ 研究の方法

(1) プロペラ表面の加工

図1 実験用プロペラ

昨年，一昨年の研究で加工したプロペラから，効率を上げる加工の共通点を探し，120枚のプロペラを加工した。すべて彫刻刀を用い手彫りで行った。

・凸加工：針金を直線状，曲線状にしてボンドで貼り付ける。

・溝加工：太さ，深さ，長さの異なる溝をプロペラの表面に彫る。

(2) 風速の計測

すべてのプロペラで，正面から30，50cm離れた位置と，そこから横に5，10cm離れた位置で風速を計測した。

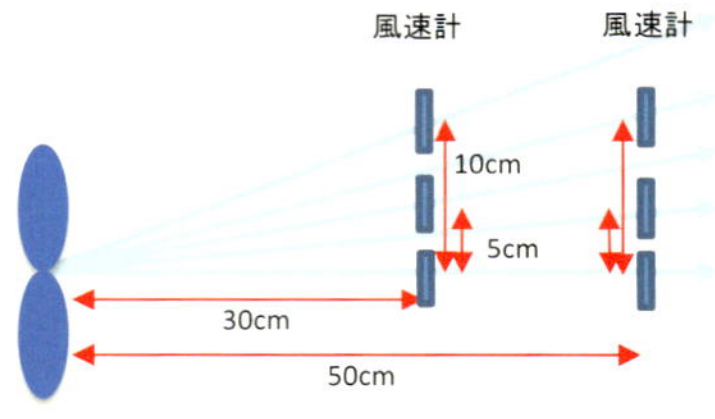

図2 風速計とプロペラの距離

(3) 効率の算出-1

計測した風速，電圧と電流をもとに次式を用いて，それぞれのプロペラの風量の計算を行い，効率ηを算出する。

$$\eta = \frac{\pi\rho R^2\left\{\frac{V_0{}^3}{2} - V_0{}^2(V_0 - V_1) + \frac{3}{4}V_0(V_0 - V_1)^2 - \frac{1}{5}(V_0 - V_1)^3\right\}}{V\times I}$$

ρ=空気の密度、R=風量半径、V_0=正面風速、V_1=中心から5 cmもしくは10 cmの風速、V=電圧、I=電流を示す。分母は電圧×電流、分子は風の仕事率。

(4) 効率の算出-2

ここまでの結果をもとに，効率の高いプロペラを10枚ほど決定し，効率の算出-1とは異なる次式で効率ηを算出し，効率の高さを証明する。

$$\eta = \frac{\frac{\pi\rho R^2 v_0{}^3}{20}}{V\times I}$$

(5) 流れの可視化実験-1

高い効率を出したプロペラについて，自作風洞を用いてプロペラまわりの流れを可視化する。

(6) 流れの可視化実験-2

高い効率を出したプロペラについて，流れのなかに置いた格子に，タフト（糸）を取り付け，格子の面内の流れを観察するタフトグリッドを用いてプロペラから放出される空気の流れを可視化する（右図）。

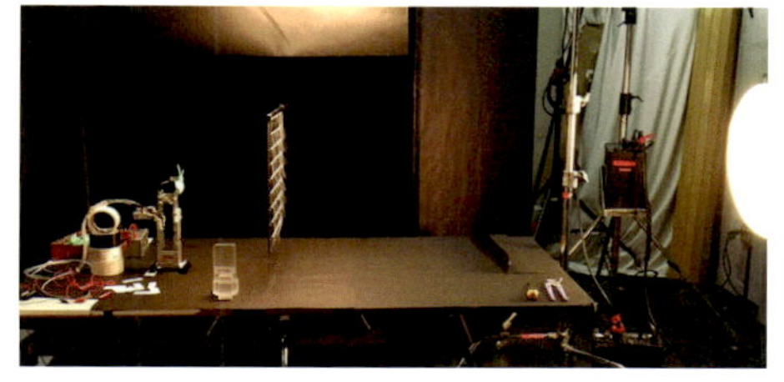

図３　空気の流れを可視化する実験の様子

(7) 効率が上昇したプロペラの再現性実験

もっとも効率が向上した加工を施したプロペラを再度作成し，計測を行って効率の算出-2で効率を算出。加工によって効果を上げることができるかどうかを，再現実験で証明する。

(8) コンピュータファンへの応用

効率の上がった加工をコンピュータファンに応用し，この研究結果が有効かどうかを証明する。

■研究の結果（一部は実験のテーマのみ掲載）

【実験 1】特定の領域における効率の良いプロペラの傾向を探る

すべてのプロペラの風速を計測し，効率 η を算出。ベースファンの最大効率 1 を超えたプロペラの TOP3 をグラフに示した。

共通するのは，比較的プロペラの中心部に近くに溝があるということと，幅 1 mm 以上の太さがあるという点だった。

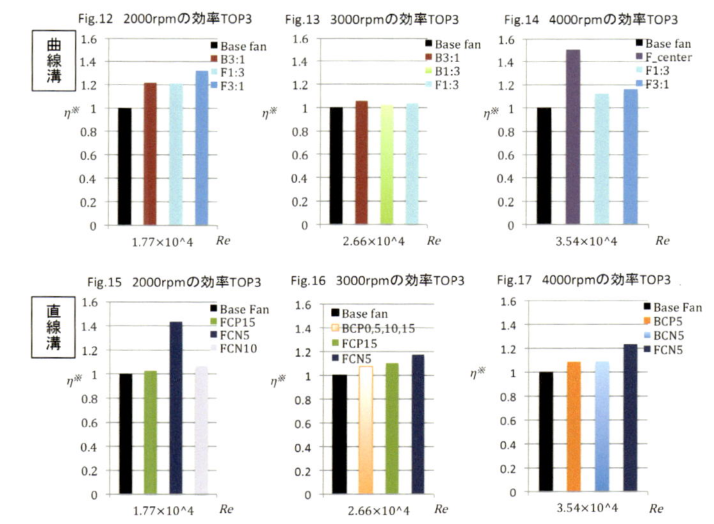

図４　ベースファンの最大効率を 1 とした相対効率において TOP3 のプロペラ

【実験 2】凸加工と凹加工，どちらが有効か？

この大きさのプロペラの場合，凸加工によって効率を上げることは不可能である。

【実験 3】プロペラに掘る溝は，深く，広いほうが効率が上がるのではないか？

溝はある程度の深さと広さのあるほうが効果的であることがわかった。

【実験 4】プロペラ前縁部と後縁部，どちらへの加工が効果的か？

オモテ面後縁部の加工ではベースファンに比べて 13% 効率が上がったが，前縁部の加工ではすべての計測点で効率がダウンした。ウラ面加工の場合はベースファンよりも効率が下がる結果となった。

【実験 5】オモテ面とウラ面，どちらへの加工が効果的か？

プロペラの後縁部側に加工を施したプロペラを選んで比較したところ，オモテ面への加工がより効果的であることがわかった。

【実験6】効率の上昇は，加工によって重量が軽くなることが原因ではないのか？

加工による重さの変化は効率上昇に影響しないと結論づけた。

【実験 7】広い領域における効率の良いプロペラを見極める

低回転域では Fig.42 が，中回転域では Fig.43 が，高回転域では Fig.44 の効率が高くなった。

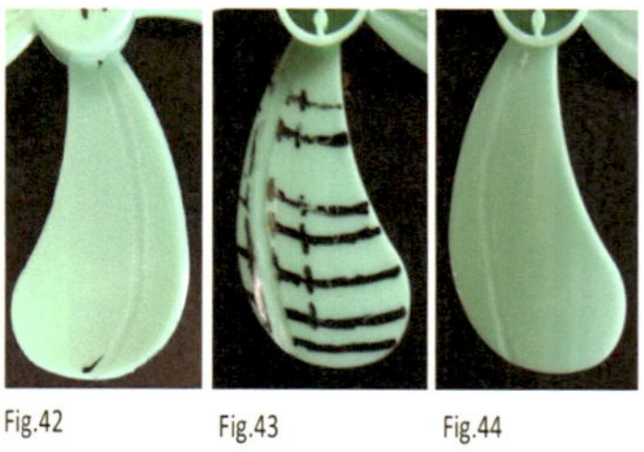

Fig.42　Fig.43　Fig.44

図５　特に効率の高いプロペラ

□ F3:1=オモテ面に前縁部と後縁部からの距離の比が3:1になるように幅 *2 mm*×深さ *0.7 mm* の溝を掘ったプロペラ(Fig.42)
□ B7:1=ウラ面に前縁部と後縁部からの距離の比が7:1になるように幅 *2 mm*×深さ *0.7 mm* の溝を掘ったプロペラ(Fig.43)
□ B3:1=ウラ面に前縁部と後縁部からの距離の比が3:1になるように幅 *2 mm*×深さ *0.7 mm* の溝を掘ったプロペラ(Fig.44)

【実験 8】効率の良いプロペラの両面加工は効果的か？

効果的でない。

【実験 9】流れの可視化実験-1　加工によって剥離点をずらすことで，剥離を抑制できないか？

プロペラのウラ面に剥離点よりも前に加工を施せば，効率的に剥離を遅らせることができることがわかってきた。

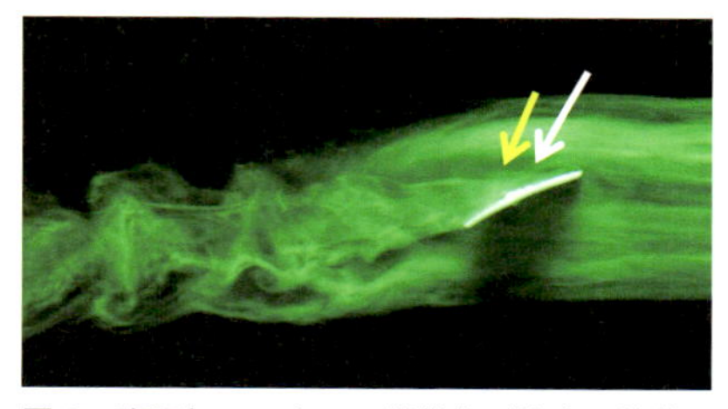

図６　表面加工によって剥離点が後方に移動した様子

【実験 10】流れの可視化実験-2　オモテ面への加工によって，翼端流を抑制できるのではないか？

抑制できる。

【実験 11】流れの可視化実験-3　タフトグリッドで流れを確認する

高い効率を示したプロペラから放出される流れを見るために，タフトグリッドを用いて可視化実験を行った。

図７　タフトグリッドを使った可視化実験

【実験 12】効率が上昇したプロペラを再現する

ここまでの実験で効率の高さが際立っている２枚のプロペラを再度作成し，計測を行って【実験７】の方法で効率を算出した。

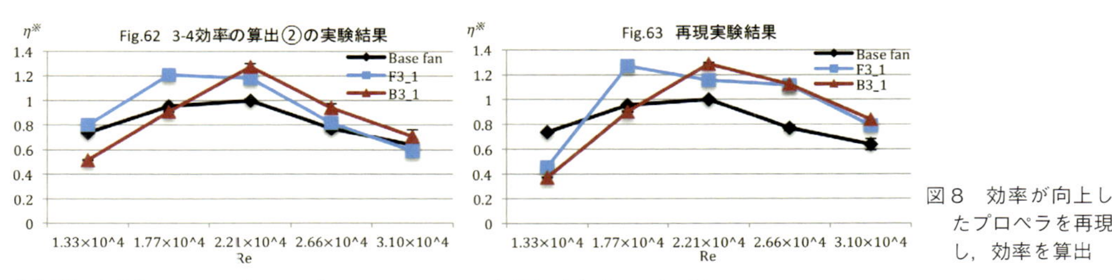

図８　効率が向上したプロペラを再現し，効率を算出

【実験 13】コンピュータファンへの応用（内容は省略）

■ 考察

この研究によって以下のことが明らかになった。

【1】プロペラの中心部近くに溝をつけることによって効率を上げることができる。【2】凸加工で効率を上げることは難しい。【3】細すぎたり浅すぎたりする溝では効果が出ない。【4】エッジ近くに溝をつける場合は，オモテ面の後縁部への加工のほうが効果的である。【5】レイノルズ数が低い場合は，オモテ面への加工が有効である。【6】加工による重量変化は，効率の上昇に影響を及ぼさない。【7】回転域によって有効な効率方法や効率場所が異なると思われる。【8】両面加工は有効ではない。【9】ウラ面，剥離点よりも前に加工を施すことで，流れの剥離を遅らせることができる。【10】オモテ面に加工を施すことで翼端流を抑制することができる。【11】風の送り出しは翼端流を押さえたものは狭まり，剥離を遅らせたものは広がった可能性がある。【12】手作業で行うことによる誤差は再現実験の成功によって証明できた。【13】コンピュータファンへの応用によって，表面加工がプロペラの枚数や形に関係なく有効であると示すことができた。

以上より，表面加工によってファンプロペラの効率を上げる鍵は，剥離の制御，翼端流の抑制にあるのではないかと考えた。翼端流はプロペラの前から後ろへと流れる流れであり，これを減らすことができれば，プロペラから前へ吐き出される風も多くなり，効率がより上がるのではないかと推測した。【実験７】の結果から B3：1 のプロペラで効率が上がった原因は，ウラ面の流れの剥離を防ぐことで，１回転当たりの前へと送り出せる風量を増やすことができたことだと考えている。

また，効率の上昇が認められると考えられた加工は，レイノルズ数によって異なってくることもわかった。範囲は限定的になってくるが，表面加工の有効性はさまざまなプロペラファンに応用が可能だと考えている。

作品について

「科学の芽」賞に限らず，児童や生徒を対象とする科学賞の応募作品には，扇風機やプロペラを題材としたものが多数見られます。羽根の枚数や形状などの条件制御と結果の対応という，研究の基本構造を整えやすいということもあるのでしょう。専門的には，「流体力学」に属する内容で，古くから研究されている分野ですが，非常に複雑で，単純な方程式を解けば済む，というものではありません。応用範囲は広く，工業的にも重要なのですが，専門家以外，学校教育で学ばれることはほとんどありません。極論すれば，「やってみなければわからない」ことが多く，逆に「とにかくやりさえすれば研究っぽくなる」ともいえます。

田渕さんの研究は，そうしたなかで格段にレベルの高いものになっています。表面加工という点に絞り，手彫りで加工をするという素朴な条件制御をする一方で，文献や先行研究に従って，しっかりした理論的な支柱を伴う仮説に支えられながら，いろいろな条件の違いによる変化を丁寧に繰り返して検証するなど，実にこまやかです。さらに，その現象の可視化も目指しています。作品では，スモークマシーンの煙やタフト（糸）を使って，見えない空気の流れを画像で紹介しています。現象を直観的に捉えることができる画像と，客観的な根拠を示す効率のデータをうまく組み合わせ，この現象の本質に迫っている点を高く評価します。

高校の部への応募作品の多くは団体応募で，大学の設備や教員の援助を伴うものが少なくないのですが，田渕さんの場合，専門家の助言や協力を受けながらも，測定に必要な装置のほとんどを自作し，個人研究のレベルとしてはとても高いものになっています。

この研究が，今後チャレンジする高校生諸君の励みになることを期待します。

蚊が何故人間の血を吸いたくなるのかを、ヒトスジシマカの雌の交尾数で検証する

田上（たがみ） 大喜（だいき）
［京都教育大学附属高等学校 2年］

僕は、この3年間で日本一多く蚊の交尾を数えた高校生であり、日本一多く蚊に血をあげた高校生です。
さらに、蚊の好きな足の菌もたくさん育ててきました。
そんな僕だからこそ見えた蚊の実験の面白さが、この作品にはたくさん詰まっています。
是非一緒に楽しんでください。

I　研究の概要

■ 実験の動機

妹が蚊に刺されて赤く腫れたところを保冷剤で冷やしているのを見て，蚊をコントロールする方法はないかと思い実験を始めた。今年の研究では，培養された足の菌と自然界では珍しいヒトスジシマカのメスの複数回交尾の回数の変化から，蚊が人間の何に惹かれて吸血行動を起こすのかを検証したい。

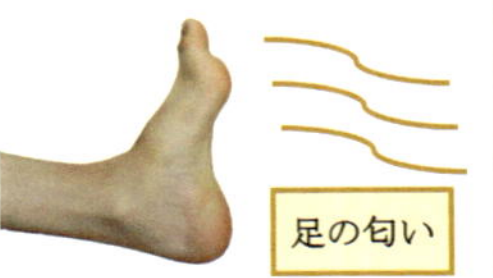

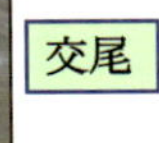

図１　足の匂いと交尾回数から検証

■ 研究内容

【実験の準備】

・虫取り網で屋外から蚊を捕まえてきて，吸血，産卵させ，未交尾の蚊を育てた。

・ペットボトルで作成した虫かごや段ボール製の箱で蚊を飼育した。

・9月中旬では寒さ対策として，コタツやヒーターなどで温めながら飼育した（図２）。

・実験用と繁殖用で総勢10,000匹の蚊を飼育した。

図２　温めながら蚊を飼育

【実験１：過去の実験結果】

① 一生に一度しか交尾をしないといわれているメスのヒトスジシマカに足の匂いを嗅がせると，複数回交尾をすることがわかった。

② 3年間の実験で，オスの日齢，温度，時間帯，蚊の羽の枚数などの条件を変え，蚊の交尾行動にとっての最適な条件を探った（表１）。

表１　蚊の交尾に最適な条件

雄の日齢	羽化後二日目以降
雌の日齢	羽化後四日目以降
温度	36度
容器の大きさ	関係なし
羽の枚数	2枚以上（飛行が可能な枚数）
吸血の有無	吸血していない蚊
好きな匂い	足の匂い
雌と雄の数の比率	関係なし
時間	22時～24時

③ 蚊の交尾行動を起こす最適条件下で，ヒトスジシマカのメスに2時間で10回以上の複数回交尾を起こさせることに成功した。

④ 無差別に選んだ被験者28人から集めた足の菌を培養し，その匂いをヒトスジシマカに嗅がせたときの反応の違いを検証した。さらに，単離培養した菌の匂いでも検証した（図３）。

⑤ 交尾行動の最適条件下で匂いを嗅がせた場合でも，交尾を阻止する物質を発見した。

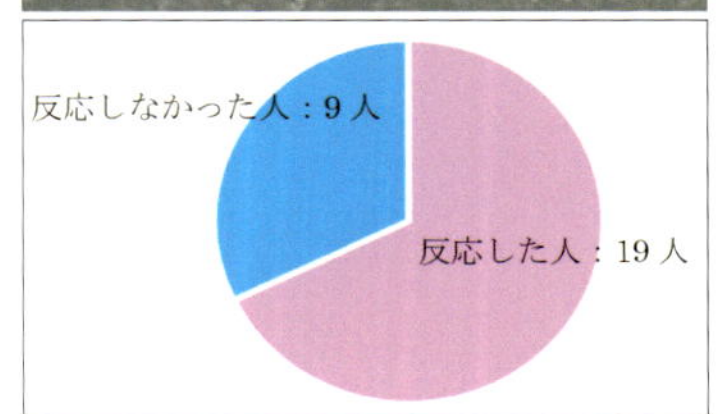

図３　足の菌を嗅がせたときの蚊の反応

【実験２：足の洗浄の有無によって，培養された足の菌を嗅がせたときに，ヒトスジシマカのメスの交尾数がどう変化するか】

① 仮説：足を洗うことで菌がある程度流れるため，蚊の交尾数は減る。

② 実験方法

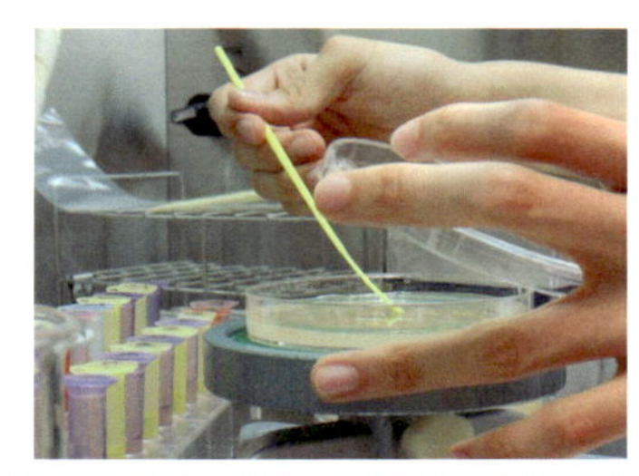

・妹の足（蚊に刺されやすい）と僕の足（蚊に刺されにくい）を，洗っていない場合，ミョウバンで洗った場合，石鹸で洗った場合に分け，足の菌を培養する。

・未交尾メスの蚊４匹，未交尾オスの蚊６匹に培養した菌をシャーレごと嗅がせ，蚊の交尾数を数える。

③ 実験結果

・妹の足の菌では，図４のようになった。

・僕の足の菌では，蚊は反応せずに交尾数は０だった。

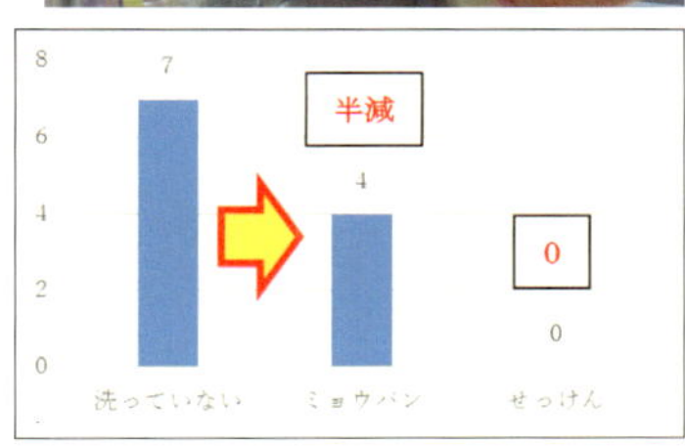

図４　蚊の交尾数の変化（妹の足）

④ 考察：次の３つの仮説が考えられる。

・人の足によって，蚊の好きな菌を持っている場合と持っていない場合がある。

・蚊が好きな足の菌はミョウバンで半減し，石鹸で完全に洗い流される。

・足の菌の数が減少すると，蚊は反応しにくくなる。

【実験３：蚊の刺されやすさは，足の洗浄の有無によって左右するかどうか】

① 仮説：蚊の吸血数も交尾数と同様に足を洗浄したら減少する。

② 実験方法：以下の４つの状態で５分間立ち続け，蚊が足に止まった回数を数える。

・足を洗浄していない状態　　　　　・足を石鹸で洗浄した後の状態

・左足を洗浄し右足を洗浄しない状態　・右足を洗浄し左足を洗浄しない状態

③ 実験結果

・足を洗浄していないときは合計 81 回だったが，足の洗浄後では合計 27 回と，吸血数が 1/3 になった（図５）。

・足の左右の条件を変えた場合は，洗浄していない足は平均 24.5 回だったが，洗浄した足は 12.5 回となり，半減した。

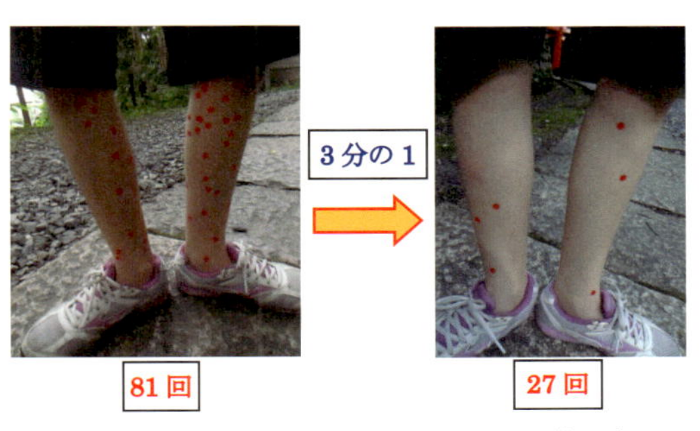

図５　足の洗浄の有無による蚊が止まった回数の違い

④ 考察

実験２〜３の結果から，足の菌を嗅がしたときの蚊の交尾数の多さと実際に人間を刺す数の多さは一致すると考えられる。

【実験４：蚊の刺されやすさは，靴下を履き替えることによって変化するかどうか】

① 仮説：靴下を変えるだけでも吸血数は減るのではないか。

② 実験方法：NHK「ガッテン！」との共同実験

・赤チーム（靴下をそのまま履く３名）と緑チーム（新品の靴下に履き替えた３名）に分かれて蚊帳の中に入ってもらい，交尾済みのメスの蚊 150 匹を入れる

・15 分間そのままの状態で，蚊に刺された回数を赤丸シールを貼って確認する。

③ 実験結果

・赤チーム（靴下をそのまま履く３名）は 20 回，緑チーム（新品の靴下に履き替えた３名）は５回で，刺された回数は 1/4 に減った。

④ 考察

靴下を新品に替えるだけでも，蚊に刺される回数は激減する。実験 2〜4 の結果から以下のことがわかった。

・蚊の刺されやすさは足の菌に関係している。

・蚊が好きな足の菌を持っている人と持っていない人が存在する。

・石鹸で洗浄したり布で覆ったりすれば，蚊は好きな足の匂いを感知できなくなる。

【実験５：蚊に刺されやすい人の足の菌と蚊に刺されにくい人の足の菌には，どのような違いがあるか】

① 実験方法：NHK「ガッテン！」に協力してもらい専門機関で分析

・無差別に選んだ被験者 28 人から足の菌を採取し，インキュベーター（恒温器）の中で１日間，常温で３日間培養する。

・培養したシャーレから菌を単離し，その菌もインキュベーターで培養する。

・未交尾オスの蚊 30 匹とメスの蚊 30 匹を別々に，培地を嗅がせて反応を見る。

・妹と僕の１日履いた靴下を専門機関に渡し，足の菌を分析してもらう。

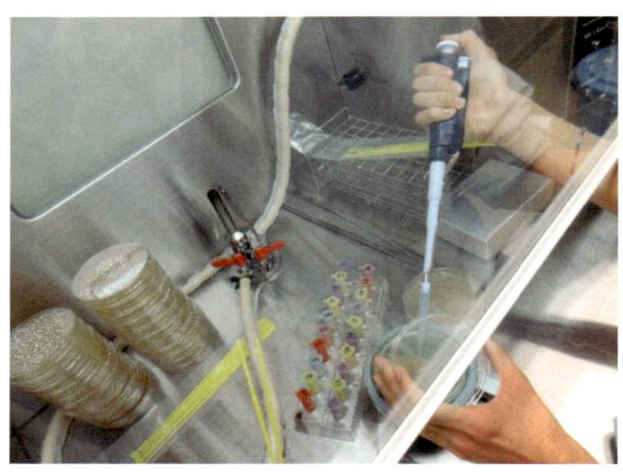

図６　マイクロピペットで足の菌が入っている LB 液体培地を LB 寒天培地に入れているところ

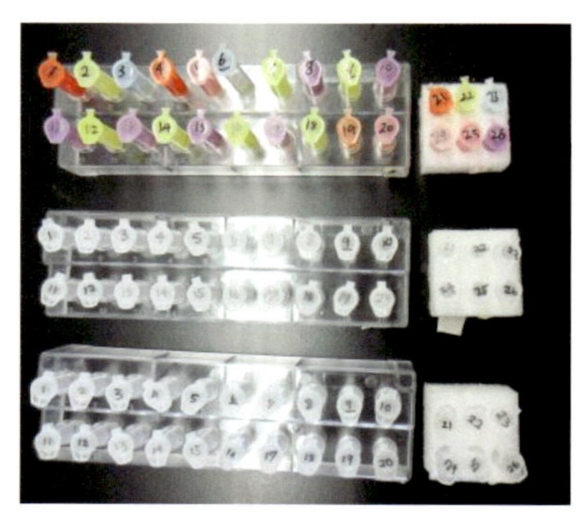

図７　培養した菌

② 実験結果

・妹の足と僕の足の菌の種類を比較すると，数は妹が約 3 倍で，妹には *Sphingomonas* 属菌が，僕には *Corynebacterium* 属菌が多く存在していた。

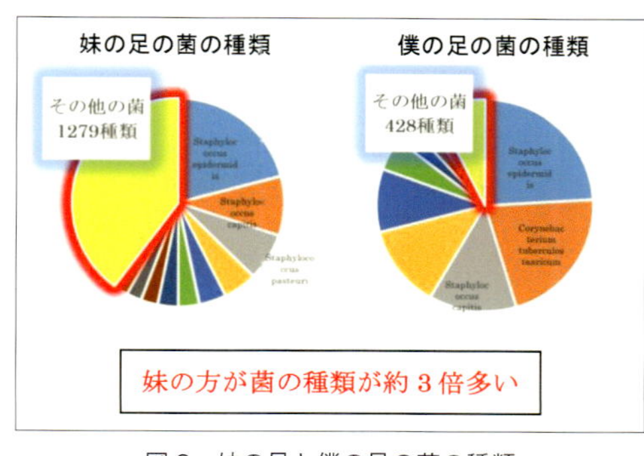

図 8　妹の足と僕の足の菌の種類

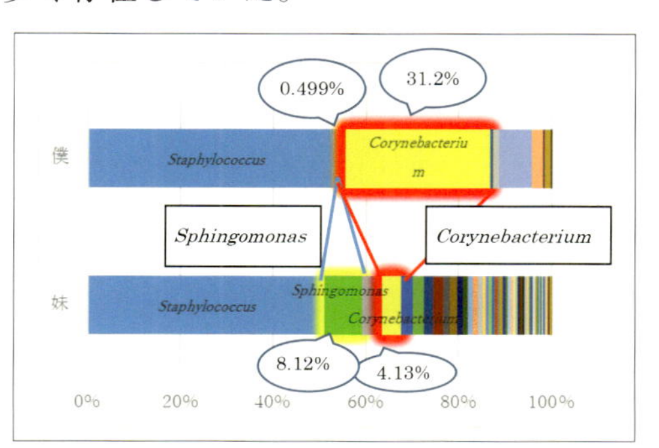

図 9　妹の足と僕の足の属菌の違い

・蚊が反応した足の場合，菌の種類は反応しなかったものに比べて 1.5 倍多かった。

・菌を 1 種類ごとに単離培養すると，蚊は一切反応を示さなくなった。

・蚊の反応の有無は，年齢，血液型，性別，飲酒の有無とは関連性が見られなかった。

③ 考察

・蚊は足の菌の種類が多い人の匂いを嗅ぐと，血を吸いたくなる。

・蚊が反応しない人の足には共通する菌が見られ，これが蚊の嫌いな匂いを発すると考えられる。

【実験 6：ヒトスジシマカ以外の蚊も，足の菌に反応して交尾行動を起こそうとするかどうか】

同じヤブ蚊の 2 種類の蚊について実験をした。

・ネッタイシマカ：蚊に刺されやすい人の履いた靴下を嗅がせたら，交尾を始めた。

・オクロヤブカ：朝 3〜5 時に光を当ててお尻の匂いを嗅がせたら，交尾を始めた。

■ 総括

以上の研究から，「蚊は菌の種類が多い人の足の匂いを嗅ぐと，血を吸いたくなる」といえる。足の菌の種類は体内から分泌される成分で決まり，その種類が多いほど血液中の栄養分も豊富であると考えられる。蚊は卵を産むのに十分な栄養素が血液中に含まれているかを，その匂いから判断しているのではないかと推察される。

今後は，蚊の刺されやすさと血液中の成分の関連性を調べていきたい。血液中のどの成分に蚊が惹かれているのかがわかれば，本人の食事や生活習慣で蚊の行動をコントロールできる可能性が出てくる。さらに，蚊の刺されやすさによって今の体の状態までわかるようになれば，この研究には大きな将来性があるかもしれない。

作品について

「蚊に刺されやすい妹を守りたい」。これがこの研究の動機です。日本の夏では，多くの地域で人と蚊の攻防が繰り広げられています。人は蚊に刺されずに快適に過ごしたい。一方，蚊のメスは種を守るために人の血を吸いたい。田上君は人と蚊の両面の特性を考えて，3年間にわたる研究の成果を作品にまとめました。その過程を振り返ってみましょう。

解明したい課題に出会っても，簡単な実験だけですぐに解決できるわけではありません。解決までの道筋は遠く，必要な手順を一つひとつ考えながら計画を立て，ときには修正しながらゴールを目指します。田上君は過去に，蚊の採集，未交尾の蚊の飼育，足の匂いと交尾との関係の調査，交尾行動の最適条件の調査，蚊に刺されにくい人と刺されやすい人の調査などを実施し，これらを土台に実験2～6へと研究を発展させました。実験2～4は匂いと蚊の行動の関係について，実生活をもとに現象面から調べた実験です。その結果から，石鹸で洗浄したり靴下を履き替えたりして足の菌の培養を抑制すれば，蚊に刺されにくくなることがわかりました。この時点で，足の匂いは蚊の交尾活動を活発化させる“要因”であることに気づいたのです。研究はここで終らず，さらにグレードアップします。足の匂いが“要因”ならば，その匂いを生み出す“原因”は何なのか。人の足の菌を採取し培養して蚊の反応を観察し，その結果から菌の種類とその多さが関係することがわかり，研究は核心に近づいていきました。この作品からは，原因を究明するための研究過程の手法を学ぶことができます。

この作品のさらなる特徴は，読み終えた多くの人がその発想の面白さに感嘆したことです。誰もが避けたい足の匂いに真正面から取り組む姿勢，多くの人が被験者として蚊に刺される実験などは，とかく堅苦しくなる科学の研究とは大きく異なり，人間臭さを感じます。原因究明の根底に，科学と人が深く係わっていることを改めて感じさせてくれる作品です。

田上君は，この蚊の研究の手法を応用し，将来は国際舞台で生命の不思議を解明する研究に取り組みたいという大きな夢を持っています。次の研究テーマは何でしょうか。その成果を楽しみに待っています。

「粉体時計」の実現報告及びそのメカニズムの数理的考察

國澤 昂平（くにさわ こうへい） 3年／伊東 陽菜（いとう ひな） 3年／友野 稜太（ともの りょうた） 3年
荒谷 健太（あらたに けんた） 2年／大西 巧真（おおにし たくま） 2年／岡部 和佳奈（おかべ わかな） 2年
籠谷 昌哉（こもりや まさや） 2年／三俣 風花（みつまた ふうか） 2年
［兵庫県立加古川東高等学校 自然科学部 物理班］

この研究で苦労したことは複雑な現象の再現とモデル化です。長時間の討論と実験や、関連の英語論文の精読、大学へ来訪して専門家に助言を求める、などの苦労を経て、世界初の現象の再現に成功しました。実験で撮影した数千枚の写真に写っている粉粒体を、ひとつひとつ手作業で数えることにも大変苦労しました。

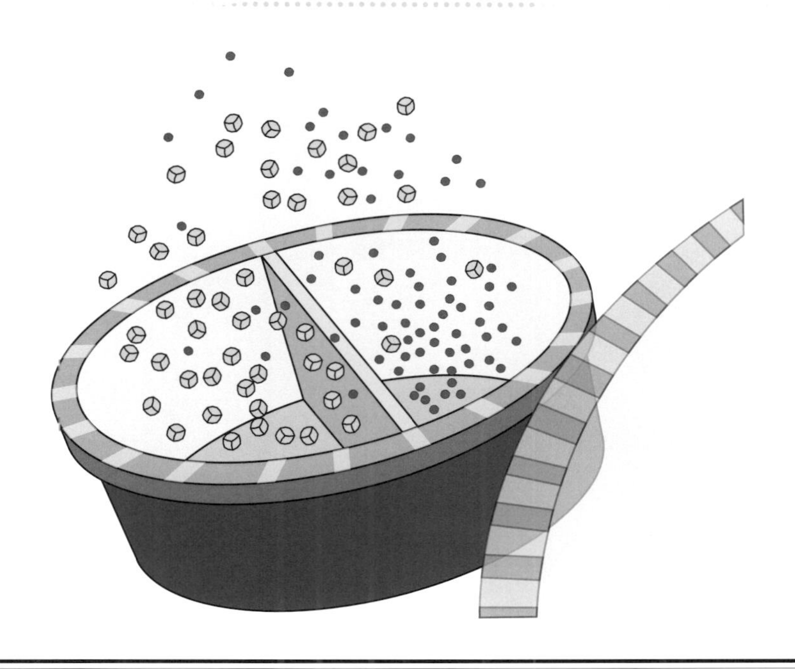

I 研究の概要

■ 研究の動機と目的

粉粒体とは米や砂粒のような小さな粒子が多数個集まったもので，集団として不可解な振る舞いをするが，いまだにそのメカニズムは解明されていない。2年前から粉粒体に興味を持って研究していた過程で「粉体時計」を知った。

「粉体時計」とは，低い仕切りで容器の底面を2部屋に区切り，重い粉粒体（大粒）と軽い粉粒体（小粒）を入れて，縦方向に振動を与えると発生する現象である。はじめは小粒がもう片方の部屋に，その後に大粒が追いかけるようにして移動し，大粒と小粒は2部屋を図1のように往復し続ける。この現象は再現が非常に困難で，3次元での実現はいまだに全世界で報告されていない。そこで，「粉体時計」を再現し，そのメカニズムを数理的に考察することを目的に研究を開始した。

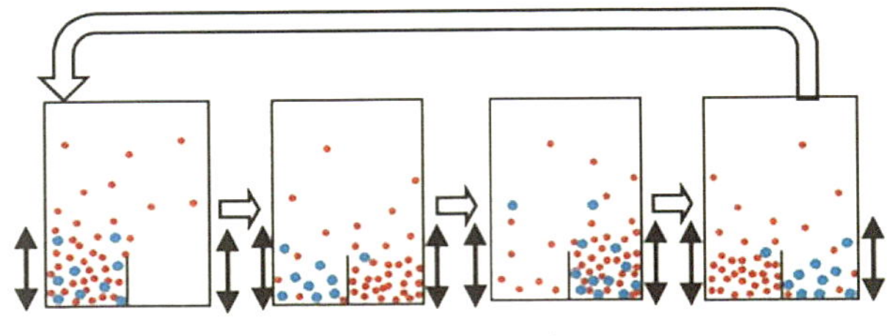

図1 「粉体時計」

■ 実験方法・結果・考察

「粉体時計」の現象を簡単に理解するために，2つのStepに分けてメカニズムの仮説を立て，定性的に確かめる実験を行った。

・Step1：小粒が先に片方の部屋に移動する現象

・Step2：大粒が追いかけるようにして移動する現象

1．振動装置の作成

昨年度は不安定な按摩器を使用したり，低騒音小型振動発生装置を賃借して実験を行ったが，今年度はスピーカーを用いた振動装置を自作してアクリル板の容器を振動させた。また，静電気の影響を抑えるために静電気防止剤を塗布した。

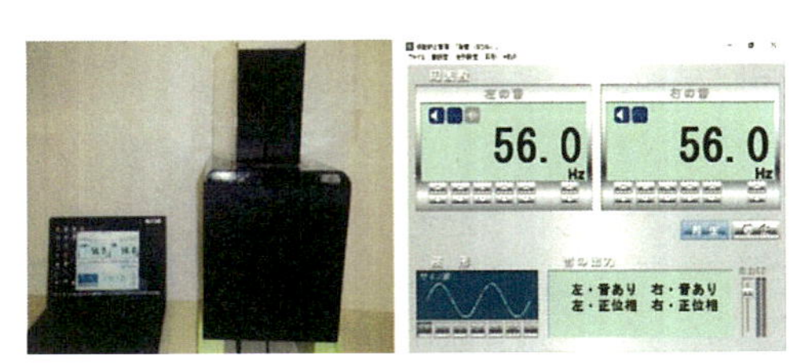

図2 自作した振動装置

2．粒数の計測方法

実際の実験では，10秒ごとに上方からカメラで写真を撮り，ペイントを用いて手作業で数えた。シミュレーションを用いた実験では，スクリーンショットで撮影し，同様に1枚1枚数えた。

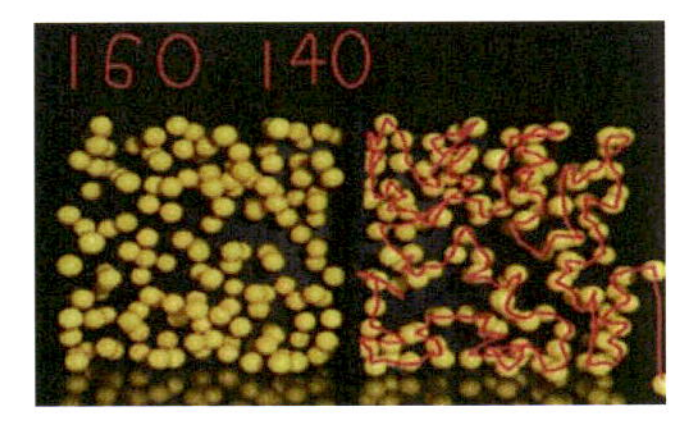

図3 実験で撮影した写真

3. Step1 について

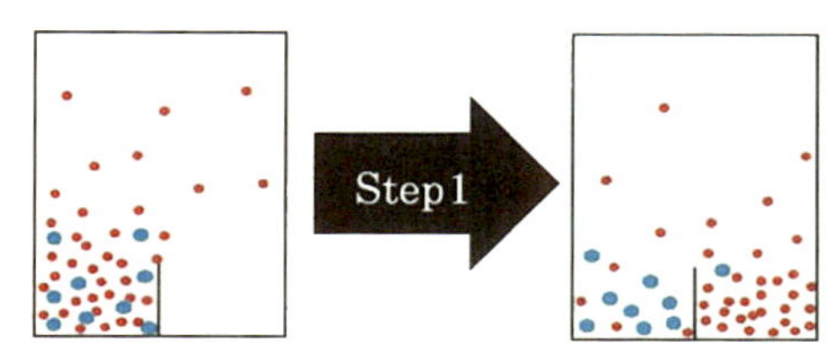

図４　小粒が先に片方の部屋に移動する

「小粒が大粒との衝突でエネルギーを得て，弾き出される」と仮説を立てたが，理論的な特定は困難なので，この現象が起きる条件を明らかにするために次の実験を行った。

【実験１：Step1 で発生する条件を特定する実験】

小粒（直径 2.5 mm のプラスチックビーズ）と大粒（直径 5.9 mm の BB 弾）を用い，56 Hz の正弦波で振動させて，10 秒ごとに上方から撮影して各部屋の粒の個数を調べた。両粒の総数は 200～450 個，大粒と小粒の個数比は 1：21～1：3 で実験を行った。その結果をまとめたのが右図で，Step1 の発生条件は総数と個数比の両方に依存し，大粒の割合が一定以上であれば発生しやすいことがわかった。

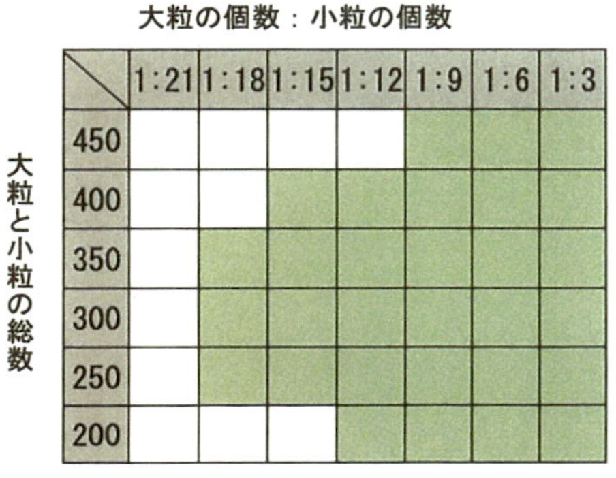

図５　実験１の結果

4. Step2 について

(1) 平均自由行程を用いた仮説設定

平均自由行程（λ）とは，ある粒子が他の粒子に影響されずに自由に動ける長さで，大きいほど移動しやすく，小さいほど移動しにくいといえる。したがって，Step2 が起こる条件は，「大粒の平均自由行程が大きく，小粒の平均自由行程が小さい」ということになる。なお，平均自由行程（λ）は次の式で表すことができる（計算過程は省略）。

$$\lambda = \frac{1}{n\sigma} = \frac{(e+1)^2}{lr^2}\frac{SV^2}{8\pi g}$$

n：片方の部屋での粒の数密度，σ：粒の断面積，
e：反発係数，l：粒数，r：粒径，S：片方の部屋の底面積，
V：振動装置の振動速度，g：重力加速度

この式より，粒径が小さく粒数が少ないほど平均自由行程が大きくなり，移動しやすくなるといえる。これを確かめるために，「粉体のマクスウェルの悪魔」という現象で調べてみた。これは，両部屋に１種類の粒を１：１の割合で入れて振動させると，平均自由行程が小さい部屋に粉粒体が集まり，元に戻ることがないという現象である。

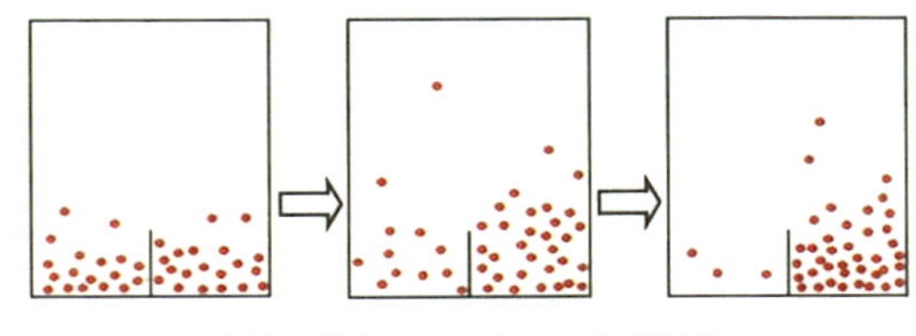
図６　粉体のマクスウェルの悪魔

【実験２−①：平均自由行程と粒数の相関を定性的に確かめる実験】

ボールベアリング（直径 3.1 mm）を両部屋に 1：1 の割合で入れ，300 粒と 400 粒で実験し，その後の変化を観察すると以下のようになった。これより，粒数が少ないほど平均自由行程が大きくなり移動しやすいことを定性的に証明できた。

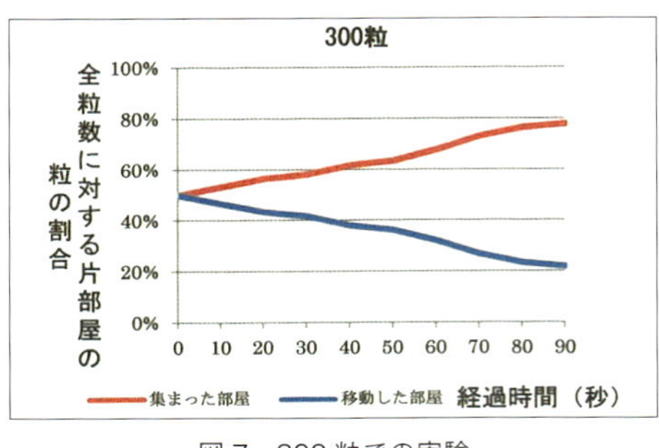

図７　300 粒での実験

図８　400 粒での実験

【実験２−②：平均自由行程と粒径の相関を定性的に確かめる実験】

金ビーズ（直径 5.2 mm）と BB 弾（直径 5.9 mm）を 300 粒ずつ使って同様の実験を行い，その後の変化を観察すると以下のようになった。これより，粒径が小さいほど平均自由行程が大きくなり移動しやすいことを定性的に証明できた。

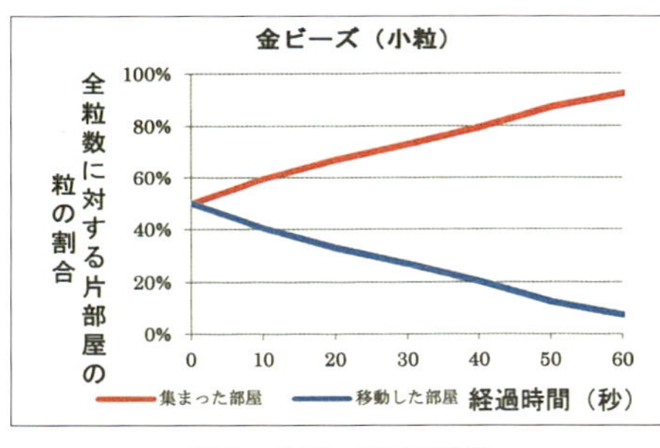

図９　金ビーズでの実験

図 10　BB 弾での実験

(2) 微分方程式による仮説設定

Step1 終了後に Step2 が発生する条件は，小粒で「粉体のマクスウェルの悪魔」が起こり，大粒では起こらないと考えられる。そこで，片方の部屋の粒数の増減率を表す次の微分方程式で，「粉体のマクスウェルの悪魔」が生じる条件を調べてみた。

$$\frac{dn}{dt} = -n^2 e^{-\frac{n^2}{A}} + (1-n)^2 e^{-\frac{(1-n)^2}{A}}$$

n：全粒数に対する片方の部屋の粒の割合
A：非弾性衝突と出力の平衡を表した正の変数

この式から「粉体のマクスウェルの悪魔」が起こる条件を算出すると（紙面では省略），$0 < A < 0.25$ となり，Step2 が発生する条件は $0 < As$（小粒の A の値）$< 0.25 \leqq Al$（大粒の A の値）と考えられる。

【実験３−①：A と粒径の相関を調べる実験（シミュレーション実験）】

粒径が 4，5，6 mm の粒をそれぞれ 400 粒用意し，プログラムソフト「Unity」を使用した仮想空間で「粉体のマクスウェルの悪魔」を発生させ，A と粒径の相関を調べた。その結果から，粒径が大きいほど A の値が小さくなっていくことがわかった。

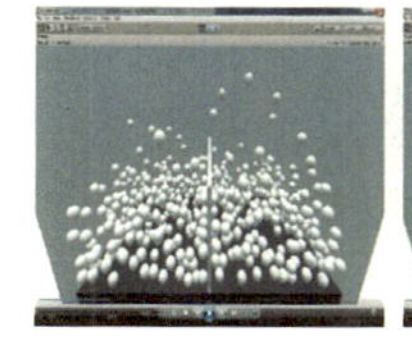
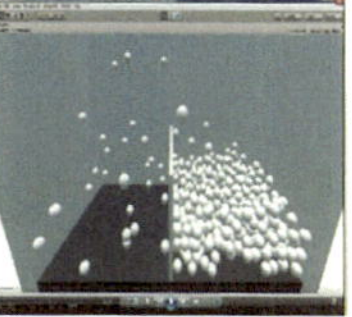

図 11　シミュレーションの様子

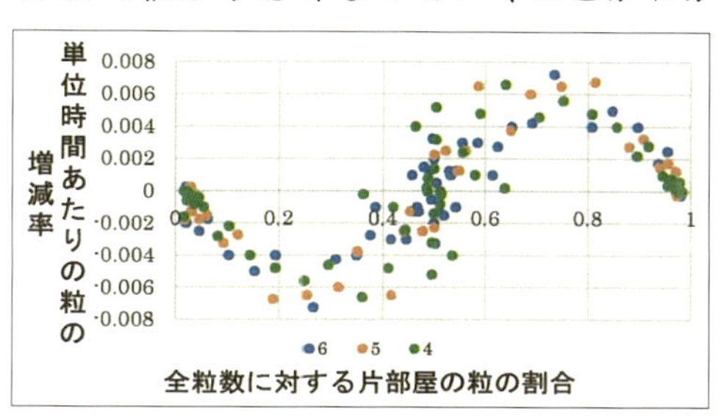

図 12　粒径変数の実験

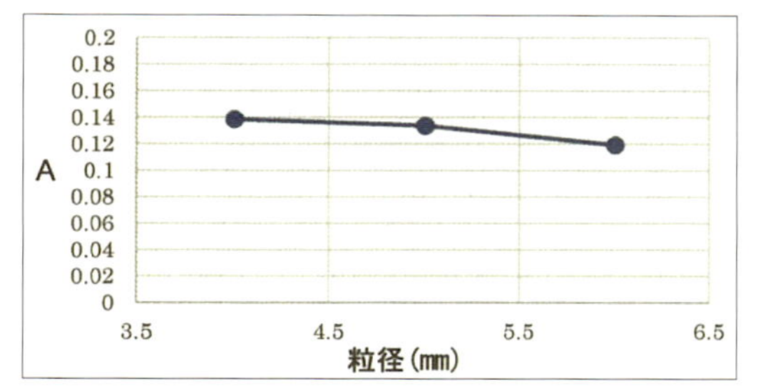

図 13　A と粒径の相関

【実験３−②：A と粒数の相関を調べる実験（シミュレーション実験）】

粒径が 5 mm の粒を 300 粒，400 粒，500 粒用意し，同様の実験を行った。その結果から，粒数が多いほど A の値が小さくなっていくことが分かった

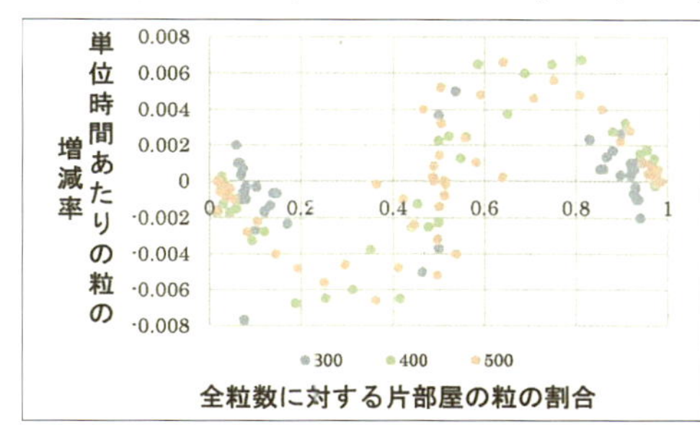

図 14　粒数変数の実験

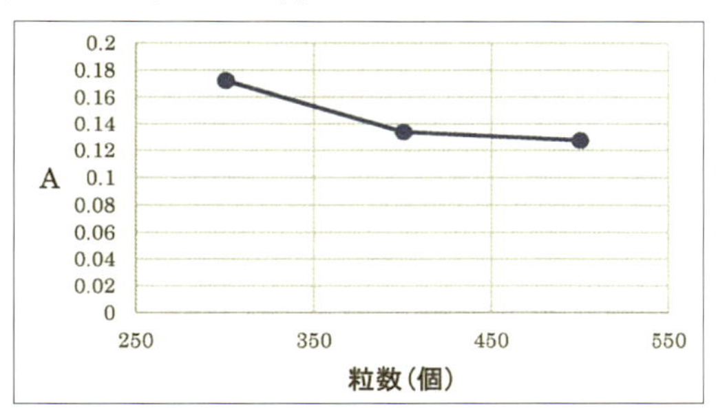

図 15　A と粒数の相関

■ まとめ

以上の結果を総合すると，「粉体時計」が発生する条件は，「実験１の緑の範囲を満たし，小粒の粒数が多く，大粒の粒数が少ない」ことになる。

全世界において，「粉体時計」の３次元での発現はいまだに報告されていない。今回の研究で特定した範囲で何百回もの試行を繰り返した結果，大粒（直径 5.9 mm の BB 弾）と小粒（直径 2.5 mm のプラスチックビーズ）を個数比 1：9 で混合することで，最終的に世界初となる「粉体時計」を再現できることがわかった。

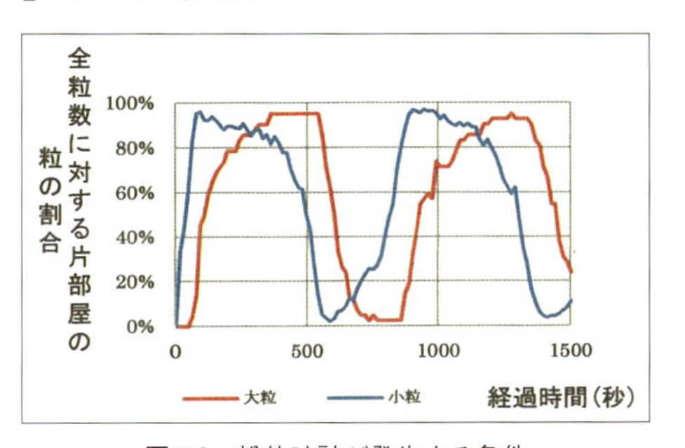

図 16　粉体時計が発生する条件

高校生の部

作品について

個々を細かく見れば個体だが，全体としては流体（例えば液体）の性質を示すものを“粉粒体”と呼びます。その１つの現象に「粉体時計」といういまだにメカニズムが解明されていない現象があります。この解明に，高校生で編成された自然科学部物理班が意欲的に取り組みました。探究の過程では，実験，理論，コンピュータでのシミュレーション実験を通して，研究者と同様に正攻法で果敢に挑戦しました。それでは，その 3 つの探究方法の特徴を紹介します。

実験面では正確で安定した振動源が不可欠で，不安定な振動で正確な実験データが得られない按摩器と，期限付きで借用する振動発生器をあきらめ，スピーカーを活用した自作の振動装置を開発しました。これがこの研究の第一歩ですが，苦労と工夫はまだ続きます。粒の移動を正確に測定するために 2810 枚もの写真を撮影し，1 枚 1 枚手作業で粒数を丁寧に測定しました。以上の苦労があったからこそ，小粒が先に片方の部屋へ移動する条件の特定に成功しました。

理論面でも多くの努力の跡が見受けられます。国内ばかりでなく海外の論文も参考に，平均自由工程や移動による増減を示す微分方程式などを学び，その後に活用しています。最終的には，小粒が先に片方の部屋に移動する現象（Step1）が発生し，その後に大粒が追いかけるようにして移動する現象（Step2）が発生する条件を定量的に示しました。これらは高校生のレベルを大きく超えるもので，背伸びをしながらよく理解できたとびっくりしています。

シミュレーション実験は，多体系における巨視的な現象を解明するうえで，とても有効な手法です。個々の粒子は力学法則に従って運動しますが，知りたいのは個々の粒子の時間的変化ではなく，時間の経過とともに集団としてどのような現象が起きるかです。粒径や粒数などの条件を変えながら，「粉体時計」という巨視的現象が発生する条件の検証に役立てました。

以上 3 つの探究方法に分けて説明しましたが，それらはあくまで解明のための手法です。大切なのは，現象の解明（目標）に向って互いに有機的に結びついているかどうかです。そして，探究方法ばかりではありません。自然科学部物理班 8 名と指導する先生方の強い結びつきが，世界初の「粉体時計」の再現をもたらしました。

水切りの謎に迫る

山下 龍之介(やました りゅうのすけ) 3年／中尾 太樹(なかお だいき) 3年／山下 ひな香(やました ひなか) 3年
［京都府立洛北高等学校 サイエンス部 物理班］

水切りを再現する装置を一から作り、それを用いて得られたデータを基に、独自に考えたシミュレーションと照らし合わせながら、水切りのしくみについて考察した。もっとも苦労したのは、この装置の開発である。円盤を回転させながら直進させるのが非常に困難であったが、回転数や初速を自由に制御できる、完成度の高いものとなった。

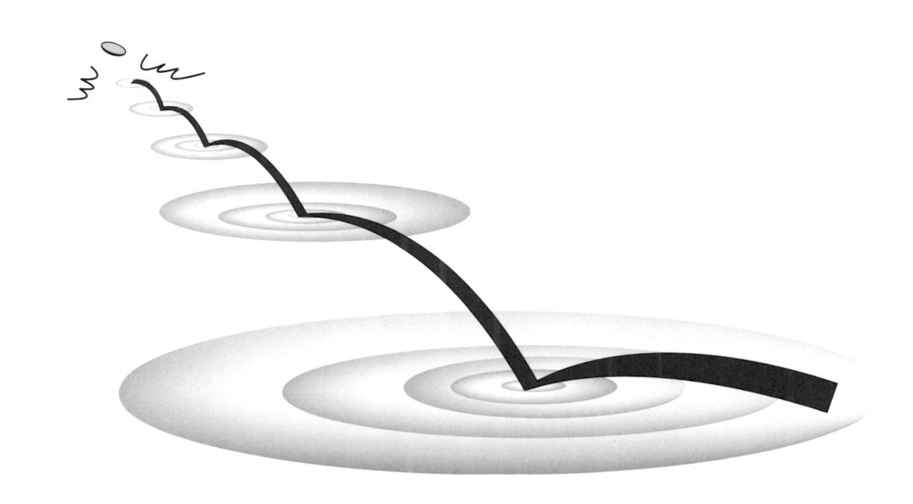

I　研究の概要

■ 動機

水切りの石が跳ねるか否かは，着水時の石の姿勢と速さが関係することが先行研究から明らかになっているが，その仕組みははっきりしない。そこで水切りを再現できる装置を作り，跳ねる仕組みの解明とシミュレーターの作成を目指した。

■ 実験装置と実験方法

初速と回転数を変化させて水切りを観察できる実験装置を作成した（図 1）。

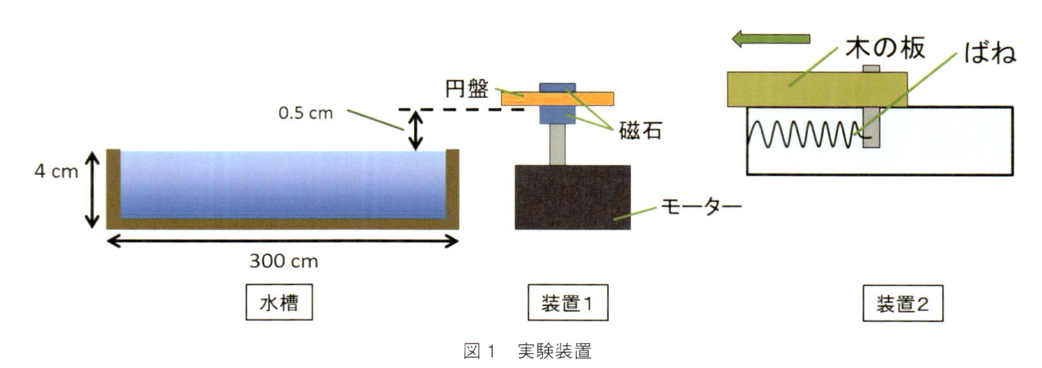

図 1　実験装置

まず，石を模した円盤の中心部分とモーターの軸に磁石を取り付け，モーターによって円盤を回転させる（装置 1）。次に，ばねを取り付けた板（装置 2）で円盤を叩いて射出させ，水切りの様子を側面が透明な水槽の横からハイスピードカメラで撮影する。このスローモーション映像を解析し，1 回目の着水前後における水平方向の速さと滑った距離を測定した。なお，円盤は“平らな円盤”と“曲面の円盤”を用意した（図 2）。

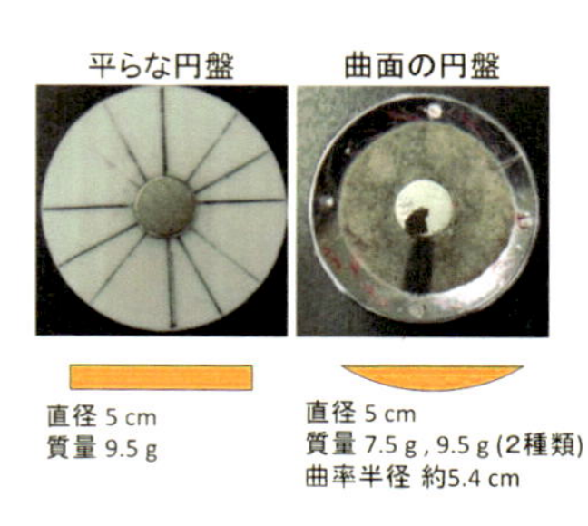

図 2　円盤

■ 予備実験【水切りの跳ねやすさの比較】

回転数（0 rpm，2000 rpm），質量（9.5 g，7.5 g），形状（平ら，曲面），速さの違いによる跳ねやすさを比較した。結果，跳ねる確率は，① 速さによって大きく変化しないこと，② 回転数や質量によらず“曲面の円盤”は“平らな円盤”に比べてかなり高いことがわかった。また，③ 回転数を上げると“曲面の円盤”は跳ねる確率が高くなるが，“平面の円盤”は跳ねにくくなることがわかった。

■ 仮説

映像の解析から，“曲面の円盤”は着水時に生じる波を追い越すことで跳ねていると考えた（図 3）。

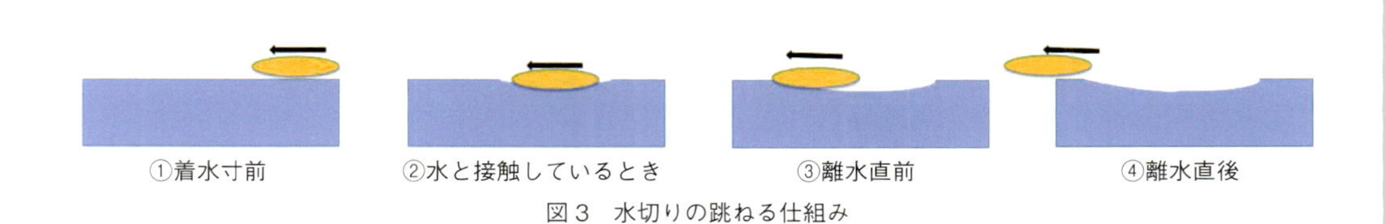

図３　水切りの跳ねる仕組み

水面を滑る距離 l は，着水する直前の円盤の速さ V_1，波の速さ V_W，円盤の直径 r，着水してからの経過時間 t を用いて，

$$\begin{cases} l = V_1 t \\ l = V_W t + r \end{cases} \quad \therefore \ l = \frac{rV_1}{V_1 - V_W}$$

と表すことができる（図４）。

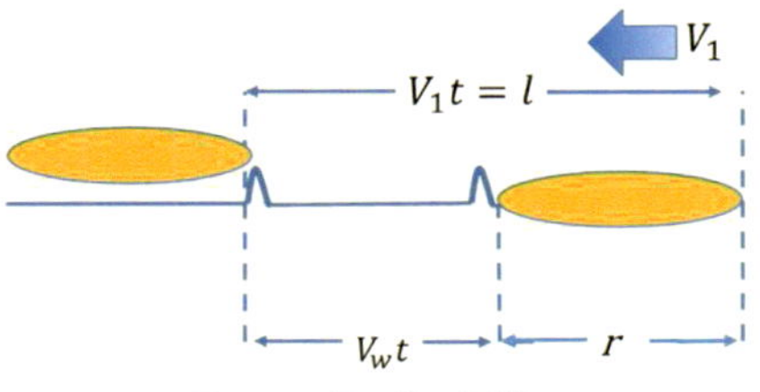

図４　円盤の滑る距離

今回は，よく跳ねた 7.5 g の“曲面の円盤”について解析を行うこととし，円盤の直径 r（5 cm），波の速さ V_W（実測値 60 cm/s）を代入すると，V_1 と l の関係は図５のようになると予測される。

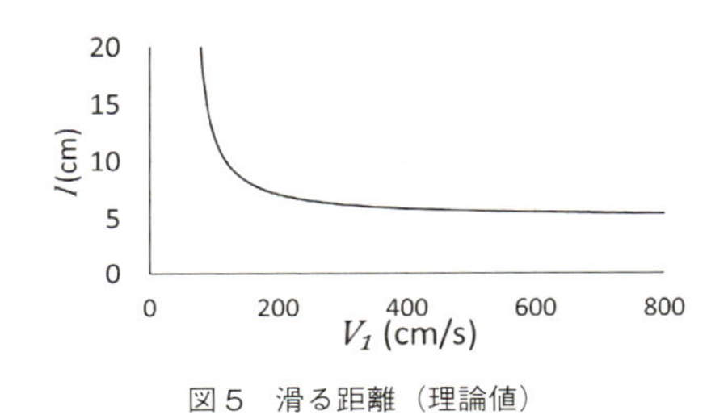

図５　滑る距離（理論値）

■ 結果と考察

各回転数における滑った距離の解析結果（図６）は，いずれの回転数も理論値より実測値のほうが大きくなり，跳ねる条件は波を追い越すことだけではないと考えられる。

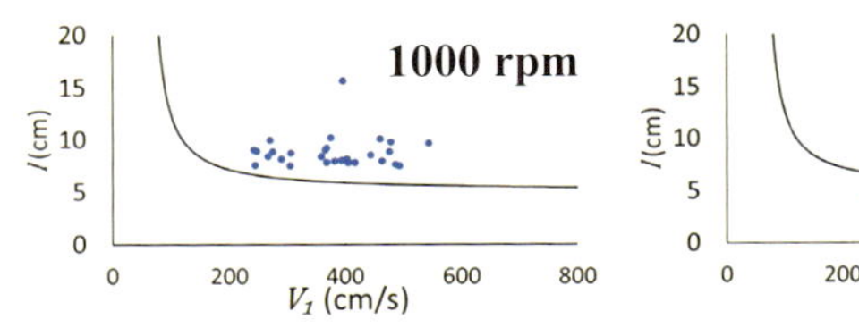

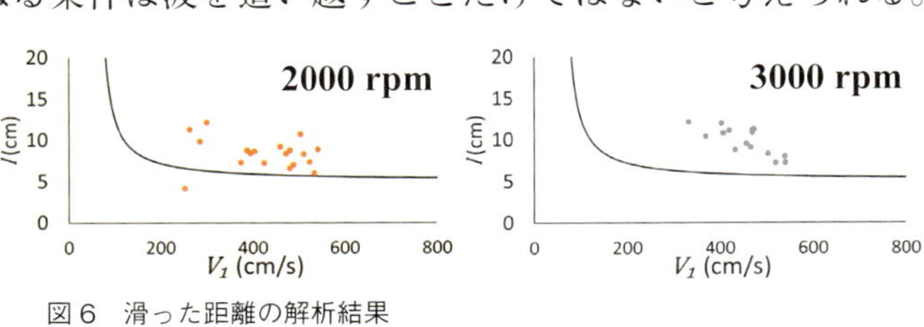

図６　滑った距離の解析結果

そこで，「円盤は波を追い越しつつ，水からの抵抗力によって傾き，ある一定の角度に達したときに，離水することで跳ねる」という新たな仮説を立ててみると，回転数が大きい場合はジャイロ効果により円盤は傾きにくいため，離水までに抵抗力をより長い時間受ける必要があり，V_1 が小さいときには回転数が大きいほど滑った距離が長くなるという実験結果と合致する。

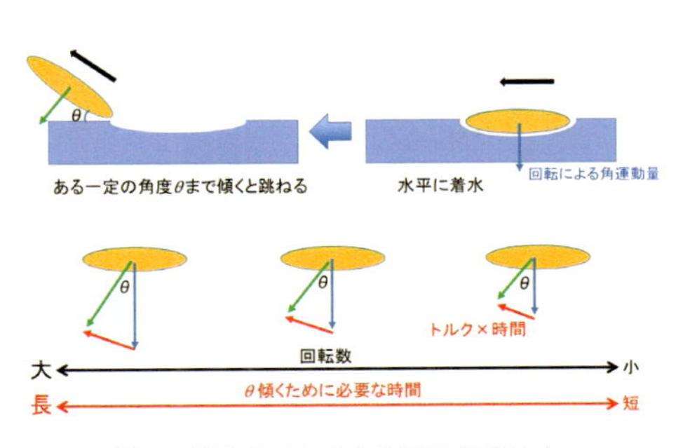

図７　離水までに水から受ける抵抗力

■ 円盤が水から受ける抵抗力

1 回目の着水から離水までにおける，水からの抵抗力を f，離水直後の円盤の速さを V_2 とすると，運動エネルギーと仕事の関係より，

$$\frac{1}{2}mV_1^2 - fl = \frac{1}{2}mV_2^2$$

$$\therefore \quad f = \frac{m(V_1^2 - V_2^2)}{2l} \qquad (1)$$

これを用いて横軸 V_1，横軸 f のグラフにすると，図 8 のようになった。ここで，f を物体の速度 V の関数として，$f = kV^a$ と表されると仮定すると，

$\log f = a\log V + \log k$

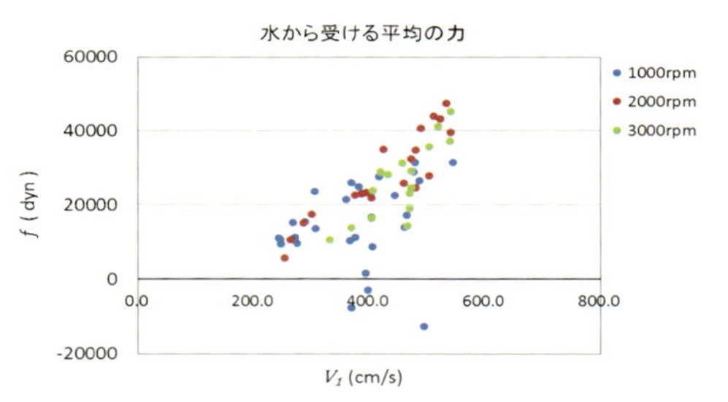

図 8　水から受ける平均の力

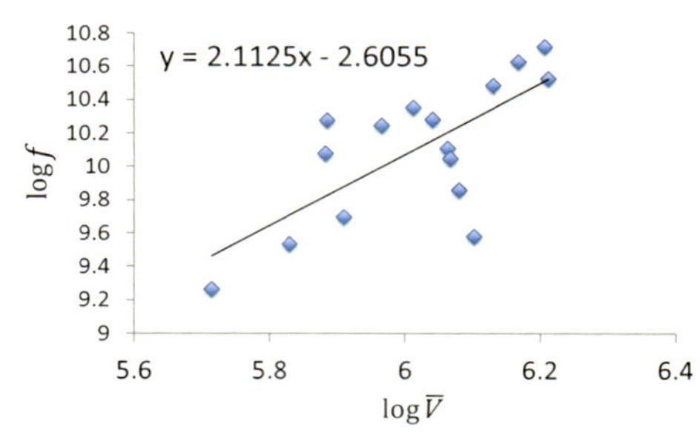

図 9　抵抗力の線形近似（3000 rpm）

3000 rpm について，1 回目の着水時，離水時における円盤の水平方向の速さ V_1，V_2 の平均 $\bar{V}$ を用い，横軸 $\log \bar{V}$，縦軸 $\log f$ のグラフ（図 9）から線形近似を行い，傾きと切片から a，k を求めると，

$f \cong 7.4 \times 10^{-2} \times \bar{V}^{\,2.1} \qquad (2)$

■ シミュレーション

前述の考察を踏まえると，2 回目以降の着水時はすでに傾いているため波を追い越すだけで跳ねると考えられる。これに基づき，水切りが何回跳ね，全体でどれだけの距離を進むのか（以下，総飛距離とする）を初速から予測することを試みた。図 10 のように x_n，l_n を定めると，n 回（$n \geqq 2$）跳ねたときの 1 回目の離水以降の飛距離 X_n は，

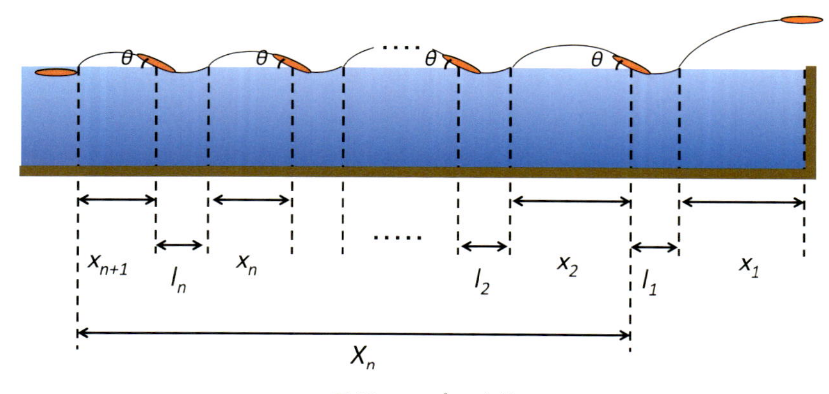

図 10　x_n，l_n の定義

$$X_n = \sum_{k=2}^{n}(x_k - l_k) + x_{n+1} \quad (3)$$

と表せる。x_n は，離水して次に着水するまでの間は放物運動をするものとし，着水する直前の円盤の速さ V_n，円盤と水面のなす角 θ（一定とみなす）を用いると，

$$x_n = \frac{2V_n^2 \sin 2\theta}{g} \quad (4)$$

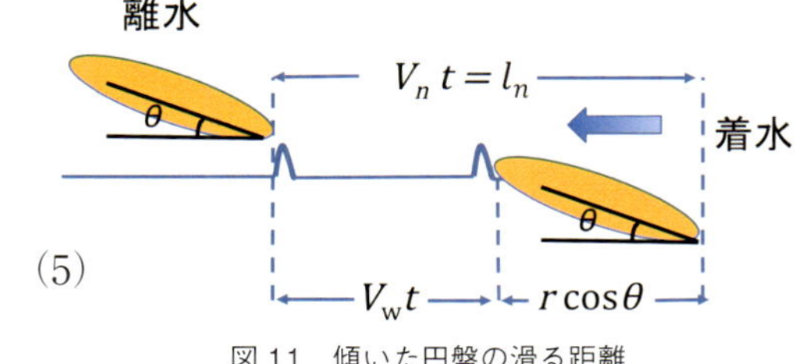

図 11　傾いた円盤の滑る距離

l_n は，前述の V_W，r，t を用いて，

$$\begin{cases} l_n = V_n t \\ l_n = V_W t + r\cos\theta \end{cases} \quad \therefore \quad l_n = \frac{rV_n \cos\theta}{V_1 - V_W} \quad (5)$$

1 回目の着水はそれ以降と異なるため，シミュレーション開始は 1 回目の離水後からとし，円盤が波を追い越せなくなる $V_n < V_W$ となったときに終了とした。式(1)を n 回目の着水前後に書き換えると，

$$\frac{1}{2}mV_n^2 - fl_n = \frac{1}{2}mV_{n+1}^2 \quad (6)$$

となる。これに式(2)を代入し，V_1 から順に繰り返して V_n を求めることができる。

以上の式を用いて，Excel で作成したシミュレーターに実験で得られた V_1，V_2，l_1 と計算によって求めた x_1 を入力し，X_n を実測値と比較した。ただし，θ の計測は困難であったので，5°おきに 30°まで 6 通りでシミュレーションを行った。

実測値と比較すると，総飛距離，跳ねた回数とも実測値とは大きくずれた値となった。原因として，θ が一定であると仮定したこと，離水中の円盤の姿勢変化などを考慮していないことが挙げられる。

■ まとめと今後の展望

石が水面で跳ねるには，着水時に生じた波を追い越しつつ，傾くことが必要であるとの考察を得た。“曲面の円盤”が水から受ける抵抗力 f を $f \cong 7.4\times10^{-2} \times \bar{V}^{2.1}$ と近似したが，シミュレーションでは 1 回目の結果をもとに 2 回目以降の様子を予想したため，円盤の姿勢，入射角，離水角の違いは反映されておらず，跳ねた回数と飛距離を再現するには至らなかった。今後は 2 回目以降も 1 回目と同様の解析を行い，着水時の入水角についても制御できるように実験装置を改良したい。特に“平らな円盤”は水面にくぼみを作らずに跳ねることから，入水角が跳ねる確率に大きな影響を与えると考えられる。これについても同様の実験を行って調べていきたい。

作品について

もう遠い昔のことですが，私自身も石が跳ねる様子が楽しくて，時間を忘れて没頭(ぼっとう)した経験があります。しかし，投げるたびに振る舞いが異なる“結果”の繰り返しで，うまく跳ねる，もしくは跳ねない“原因”を突き止めるまでには至りませんでした。この作品は，水切りの仕組みを解明することによって，まさに“原因”の追究を目指しています。

水切りに影響を与える要素はいくつも考えられるので，一つひとつは“要因”と呼ぶのが適切かもしれません。石の形状や質量は，運動する物体が固有に持つ“要因”となります。また，石に与えられる速さ，単位時間当たりの回転数，姿勢などは，どの位置からどの向きに投げ出すかなども含め，投げる人が制御する“要因”といえるでしょう。これらをただ闇雲(やみくも)に組み合わせ，うまく跳ねる方法を探っても昔の私と同じです。絞り込んだひとつの“要因”が与える影響を解析し，仮説を立て，モデル化して検証していく，という科学的手法に沿った展開はこの作品の特徴でもあり，高く評価できます。

この作品のもう一つの特徴は，現象をありのままに捉えるべく，巨大な実験装置を作成したこと，そして，その装置で得た実測値をシミュレーションに適用したことが挙げられます。長さが 3 m もある水槽（写真）は実に圧巻です。また，再現性が求められる実験においては，石が投げ出される際の条件をフレキシブルに変化させ，かつ繰り返しの使用に耐えられる発射装置が必要となります。磁石を用いた工夫がとてもユニークですが，思い通りに作動するまでには相当の苦労があったと想像できます。

さて，シミュレーションの結果は，1 回目の振る舞いを基に 2 回目以降を予想するものです。「まとめと今後の展望」で自ら指摘している通り，着水・離水する際の水面とのなす角や円盤の姿勢が 1 回目とそれ以降で異なる点については反映されていません。今後も発展的に研究に取り組み，さらなる「原因」の追究につながることを期待したいと思います。

手のひらの上の素粒子実験

武内勇司

この世界を構成する基本構成要素を素粒子(そりゅうし)と呼んでいる。例えば電子や光子は素粒子であり，非常にありふれた存在であるが，素粒子を「科学の芽」のテーマとした実験・観察はほとんど見かけない。普段の生活で素粒子の一粒一粒を見たり感じたりすることはないから，「ふしぎだな」とまでいかないのかもしれないが，この素粒子を研究テーマとしている身としては，非常に残念なところだ。

電子や光子ほどではないが，身近な素粒子としてミュー粒子がある。ミュー粒子は実は雨のように空から地上に絶え間なく降り注いでいる。このミュー粒子は電気を帯びており，電子に似ているが電子よりも約200倍も重く，そしてある決まった寿命(じゅみょう)を持つ。10万分の1秒もしないうちに壊(こわ)れて電子を放出する。ミュー粒子は発見されてからまだ100年も経っていないが，ミュー粒子寿命測定は大学の実験授業では定番のテーマである。私自身，大学生のときにミュー粒子寿命測定実験を経験したし，今は教える側として大学の実験授業でミュー粒子寿命測定を担当している。

さて，ミュー粒子の寿命を測定する原理は意外に単純である。ミュー粒子自体は，空からどんどん降ってくる。我々は気づかないけど，この瞬間(しゅんかん)にも体の中を毎秒数十個のミュー粒子が通り抜けている。そこで，ミュー粒子を捕える金属板を置き，金属板の上と下に検出器を置く。この検出器は電気を帯びた粒子が通過すると信号を出して知らせてくれる。ほとんどのミュー粒子は金属板を通り抜けてしまう。けれど，まれに金属板で止まるものもいる。このとき，金属板の上の検出器は信号を出すけれど，下の検出器は信号を出さない。これがミュー粒子が金属板で止まったという合図だ。金属板で止まったミュー粒子は，やがて壊れて電子を放出する。電子も電気を帯びているので，上か下かの検出器を通るときに信号を出す。これがミュー粒子が壊れたという合図だ。金属板で止まってから壊れるまでの時間がミュー粒子の寿命の測定値となる。そして寿命の平均値を求めるため，いくつものミュー粒子についてこの測定を繰り返す。十分な量のデータを集めるために測定は何週間にも及(およ)ぶ。当然ながら人力で測定するわけにはいかない。ごく短い時間を測定するための高速な電子機器と，機器を制御してデータを自動で記録し続けるコンピュータの出番である。

このように書くと，いかにも最新のテクノロジーを使っているように思えるかもしれないが，電子機器に使われているテクノロジーは，実は40〜50年前のものだ。何種類かの単純な働きをする装置をつなぎ合わせて，検出器からの信号をミュー粒子の寿命の測定値へ変換する回路を作る。装置全体は，1人では持ち運びができないほど大きいし，装置の値段も安くはない。最新のテクノロジーを使って，もっとコンパクトに安上がりに用意できないものだろうか？

1個の電子部品の中にプログラミングによって複雑な回路を自由に書き込めるものがある。いわゆるプログラマブル・ロジック・デバイスと呼ばれるものだ。安いものだと数千円で手に入る。前々から，このデバイスを使ってみたいと思っていた。これを使えばミュー粒子寿命測定の回路を手のひらに収めることだってできる。しかし若いころに比べると，目の前の片づけなければならない仕事に追われ，何か新しいことに挑戦するのがおっくうになってきた。少人数の学生を相手に何か課題を設定して実習させるという授業がある。この授業にかこつけて自分も学生と一緒に勉強することにした。やってみると，やはり新しいことを学ぶのはいくつになっても楽しい。学生と一緒に試行錯誤しながら，今まで複数の機器で組まれていた回路をわずか数千円のたった1個のデバイスの中で再現していく。回路を記述するプログラムを書いて，デバイスに書き込む。さあ，試してみよう。検出器からの信号を入力する。あれ？設計通りに動かない。やり直し。プログラムを見直して，再びデバイスに書き込む。何度かのやり直しの後，どうにかこうにか，期待通りに動いた。

さて，いよいよ実験データの収集開始だ。結果が出るのは，最短でも数日後。ミュー粒子寿命測定は何度もやったことのある陳腐な測定だけれども，今回初めて試す装置。手のひらに乗るほどのデバイスの中で，ミュー粒子の信号が処理されている。そう考えると感動を覚える。数日後，データを開けるときがもっともワクワクする瞬間だ。どんな「科学の花」が咲いているだろう。

［筑波大学数理物質系准教授］

SCIENCE

第Ⅱ編

「科学の芽」から研究者をめざして

～「科学の芽」賞を受賞した先輩たちからのメッセージ～

TGSW2017での過去の受賞者の発表を通して

澤村京一・濱本悟志

2017年9月27日（水）に『「科学の芽」から研究者へ～「科学の芽」賞受賞者の研究と今～』と題し，TGSW2017（Tsukuba Global Science Week 2017）の学生企画セッションとして，つくば国際会議場で口頭発表（スライドによる発表）を行いました。冒頭，当時の「科学の芽」賞実行委員長の宮本信也副学長（附属学校教育局教育長）から「科学の芽」賞の目的と概要が語られました。引き続いて，大学や大学院で科学の研究を続けている受賞者5名に，小中高のときに熱中した科学の研究とその後の変化，「科学の芽」賞の受賞により受けた影響，現在取り組んでいる研究と将来の夢を語ってもらいました。

TGSW2017は，国境や学問分野を超えた若手研究者が筑波研究学園都市に集い，現在の諸課題を理解し，未来に向けた建設的な討議をする場です。今回の5名の発表は科学教育への貴重な提言であったと同時に，将来の科学者を目指す生徒やその保護者の方々にもお伝えしたい内容でした。そこで，改めて5名に「後輩へのメッセージ」として執筆を依頼し，紙面に掲載することにしました。

セッション5－2

「科学の芽」から研究者へ
～「科学の芽」賞受賞者の研究と今～

Growing to be a researcher from a bud of science
～Japanese high school student laureates of "Buds of Science" Prize ～

司会進行：澤村京一・濱本悟志
逐次通訳：ラーキー真弥

【発表】
宮本　信也：筑波大学副学長・教育長
永原　彩瑚：筑波大学理工学群 2年
湯本　景将：筑波大学 生命環境学群 3年
中西　貴大：東京大学工学部 3年
伊知地直樹：筑波大学理工学群 4年
岡崎めぐみ：東京工業大学理学院 修士 1年

『化学の目で考える環境問題』

永原　彩瑚
筑波大学理工学群化学類２年

私は，小３の夏に初めて「百日草のさき方と花について」という研究をしてから，毎年，身の回りの不思議に目を凝らし，気になることをテーマに設定して夏休みの自由研究を続けてきました。授業で身に着けた科学的な思考力，科学館や周りの大人たちによる知識や知恵などの影響で，年々充実した研究になっていったように思います。最後の自由研究は「野菜くず紙は使えるか」。台所で出る野菜くずから紙を作れないか調べました。この研究は，実用的な紙を作るという点では失敗に終わっています。紙の繊維や構造に関する高度な知識や，紙を作るための緻密な装置が不足していたのです。

この時の心残りから，私は大学で化学を勉強しています。今まで感覚的にとらえてきたことを，数値や式，理論で見ることは，私にいつも新鮮な驚きを与えてくれます。大学で学んでいる化学を生かして，野菜くず紙のように，今まで見逃されてきた資源を生かせるようなものを見つけたいと思っています。

どのような偉大な発見も，画期的な発明も，案外その起源は，身の回りの当たり前と見過ごしているような事柄だと思います。子どものころに不思議に思ったことを大事にして，科学を楽しんでほしいです。

毎年の研究を通して...
Looking back my past researches

- 身近な対象に着目
  Familiar subjects
- 観察だけ→条件を整えて観察してみる→自分で作ってみる
  Observation only
  →Conditional observation
  →Tring by myself
- より正確に、科学的に
  More accurate, More scientific
- 興味のある視点が次第にミクロに
  Microscopic view point

「化学の目」
View point of chemistry

身近にある疑問や課題を化学的に考えられるようになりたい

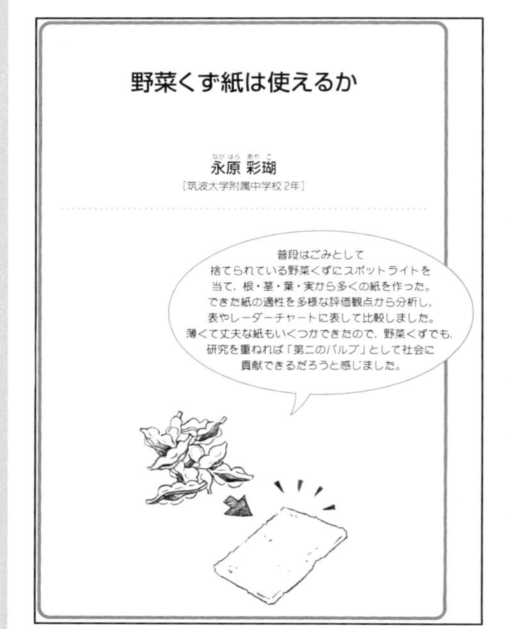

【受賞作品】 第１回「百日草のさき方と花について」(小３)，第３回「謎の砂団子　コメツキガニのしわざ？」(小５)，第４回「謎のウェービング　コメツキガニのあいさつ？ ～コメツキガニ Part ２～」(小６)，第６回「野菜くず紙は使えるか」(中２)
←上：TGSW での発表スライド，下：受賞作品の紹介文

『セミの生活史に迫る』

湯本　景将

筑波大学生命環境学群生物学類３年

つくばで育った私は，自然に科学に触れる機会が多く，科学が身近な存在でした。小学生で始めた長年のセミの研究を通して，「なぜこうなるのか，どうしてそうなったのか」ということについて，一つひとつステップを追って論理的に物事を考えるようになったり，研究発表会や学会，科学系のイベントなど積極的に参加したりするようになりました。また，生物系の学部を目指すきっかけにもなりました。

大学で生物学についてより深く学ぶ過程で，地球環境が生物からどのような影響を受けているのか？　環境変動に対して生物がどのような応答を示すのか？　という生物と環境の相互作用（生態学）にとても興味を持ちました。将来的には，生態学的知見から地球環境問題の解明や生物の保全に関わっていきたいと考えています。

私のセミの研究は，小学生の夏休みのセミ採りの時に感じた素朴な疑問から始まり，現在に至ります。自分の身の回りの事象に対する「なぜ，どうして」という好奇心や不思議だと思う気持ちを大切にし，その疑問を解決するにはどうしたらよいかということを考え，あきらめずに根気強く研究を続けていってほしいと思います。

【受賞作品】第５回「セミの発生周期の研究」（中２）
←上：TGSW での発表スライド，下：受賞作品の紹介文

『受賞作品から見えてくる自分』

中西　貴大

東京大学工学部電子情報工学科３年

幼少期の私は機械や物理現象，人間関係といった「仕組み」に敏感な子どもだったように思います。そしてもし自分に向いている学びがあるなら，それは工学や理学だろうと漠然と考えていました。両方の分野に興味がありながら，「科学の芽」賞を受賞した中学・高校時代は物理部に所属しており，「自分は物理部なのだから」という理由でしっかりと科学的に考えることを意識し，不思議をシンプルな数学的関係で説明することを目指していました。さて，受賞作品を後から振り返ると，例えば実験装置とソフトウェアの作成など，「物を作ってなんぼ」という私の一面も隠しきれずに主張していました。私の研究が特別に優れているとは思いませんが，このような点が私のかつての研究の特徴であり，それを受け入れ評価していただいた「科学の芽」賞の懐の大きさを証明していると思います。こうした特徴はその人固有の経験に根差し，すべての人が唯一の価値を持ち，今は日の目を見ずとも誰かとのマッチングを待っています。「科学の芽」賞を意識するか否かに関わらず，「ふしぎだと思うこと」は重要な経験のひとつであり，考えることはその人固有の価値をまたひとつ増やす機会になると思っています。

人間による音声の知覚と分解

—それに表れる計算機との相違—

中西 貴大

［私立武蔵高等学校３年］

私たちが音楽に含まれる歌声やさまざまな楽器を，音程が同じであっても聴き分けられるのはなぜでしょうか。信頼性の高い実験方法を熟考しました。その上で行った考察は私には少し難解であり，内容が伝わるレポートを書けたか不安さえ残るほどです。結果として「楽器音の周波数は時間変化する」とすれば，当初の疑問を説明できると考えました。

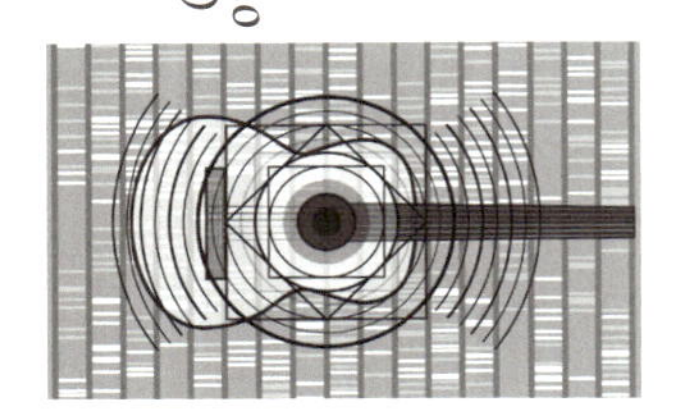

【受賞作品】　第５回「流れ—自動車に関する空力の実験— ～自動車のボディーは流線形ではいけない？～ 」（中2），第７回「木質燃料の質量と燃焼効率 —おがくずとヒノキチップ，自作ストーカー炉を使った実験—」（高1），第８回「粉体の堆積」（高2），第９回「人間による音声の知覚と分解 —それに表れる計算機との相違—」（高3）
←上：TGSW での発表スライド，下：受賞作品の紹介文

『科学の芽が科学の茎に育つまで』

伊知地　直樹

筑波大学理工学群物理学類４年

私の初めての研究は小学生の夏休みの自由研究で行った植物の葉の観察でした。その後，小中高と氷の成長の様子や粘菌(ねんきん)という生物の生態，音速の測定や水音と温度の関係等，毎年様々なテーマで研究活動を行っていました。私は知的好奇心(こうきしん)を満たすための手段として研究を行ってきたというよりも，「仮説を立てて，実験をして，考察をする」という研究のプロセスそのものが好きでした。それもあって，テーマや分野に一貫性(いっかんせい)はありませんでしたが，理論値と実験値を基に考察する過程が最も楽しかったテーマが物理学に関することだったため，大学では物理学を選んで学んでいます。今後は大学院へ進学し，今までと同様に研究活動を続けながらより専門的な知識を学んでいく予定です。大学に入学した後にわかったことですが，大学は専門的な研究に集中して取り組むには良い環境(かんきょう)ですが，生活の中で見つけた疑問を解明しようとするならば，むしろ高校のほうが理想的な環境だったということです。ある程度自由に使える長い廊下(ろうか)や工作機械のそろった技術室，物理室，化学室，生物室，地学室等が一つの建物の中にあり，５分以内に到達(とうたつ)できる環境は，今の私が求めても手に入らないものです。学校には個人では買えないような器具や装置や設備がたくさん隠れています。先生に相談しながら是非(ぜひ)面白い研究活動を行ってみてください。

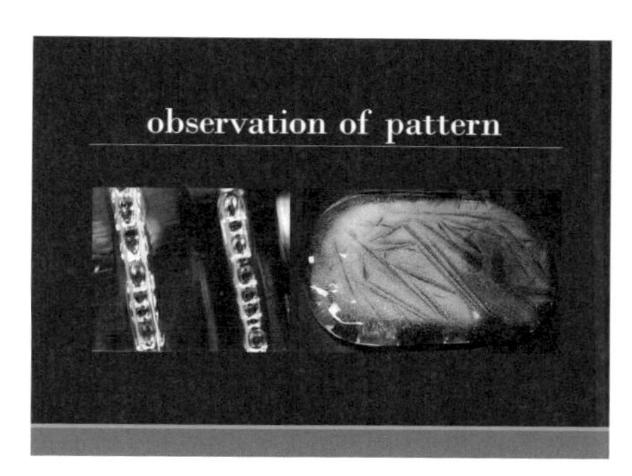

「科学の芽」賞 2007

氷のカットグラス
～どうして斜めの線ができるのか
氷にできる模様の観察～

伊知地 直樹
（中野区立桃園第三小学校６年）

「コップの中の大火山」という本を読み，実験を行ってみた。そのとき，コップの側面にそって薄い氷がきれいに並んだ斜めの線が見られた。まるで，カットグラスのようだったので，なぜこのように斜めの線ができるのか不思議で，調べてみたいと思った。

【受賞作品】 第２回「氷のカットグラス ～どうして斜めの線ができるのか 氷にできる模様の観察～」（小６）
←上：TGSW での発表スライド，下：受賞作品の紹介文

『酸化還元反応の研究
～酸化銅の還元反応から，水の光分解反応へ～』

岡崎　めぐみ

東京工業大学理学院化学系修士１年

「科学の芽」賞を受賞された皆さま，おめでとうございます。私は今から７年前，中等教育学校４年生だったときに「科学の芽」賞を受賞しました。私はこの賞を受賞したことで，多くの場で私自身の研究内容を発表する機会を得ました。発表では，日本全国各地の同世代の高校生や，他の学校の先生方，さらには世界中の学生とも議論することができ，私自身の世界や価値観が広がりました。そこで得られた貴重な経験は，現在の大学院での研究活動でも活きていると感じています。将来は何になるかまだわかりませんが，どのような形であれ科学技術に関わる仕事を続けられればと思います。

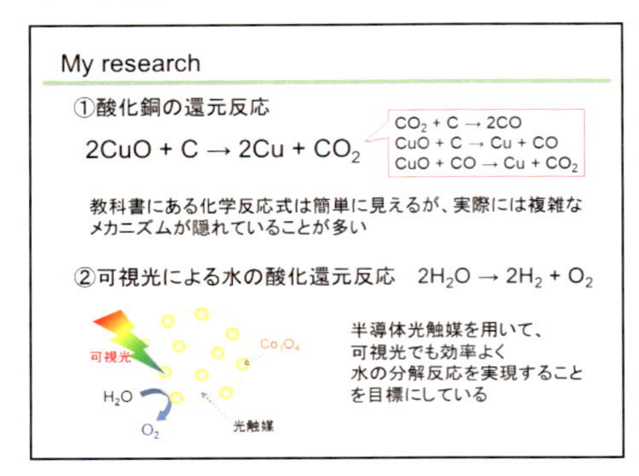

そしてもう一点，「科学の芽」賞を受賞して気づいたことがあります。それは周囲の支えです。私の場合，部活の同期や先輩，顧問の先生方，そして家族の支えがあったからこそ研究が続けられたと感じています。今後も周りの人たちへの感謝を忘れずに過ごしていきたいです。

「科学の芽」賞を受賞された後輩の皆さまの中には，これからの日本の科学技術を背負っていく人もいると思います。今回の受賞をきっかけとして，今後もさらなる高みを目指してがんばってください。

【受賞作品】　第５回「炭素による酸化銅の還元について」（中等教育学校４年）
←上：TGSW での発表スライド，下：受賞作品の紹介文

SCIENCE
第Ⅲ編
資料編

●応募状況一覧（第１～12回）　※応募作品数

区　分	第１回 (2006年)	第２回 (2007年)	第３回 (2008年)	第４回 (2009年)	第５回 (2010年)	第６回 (2011年)	第７回 (2012年)	第８回 (2013年)	第９回 (2014年)	第10回 (2015年)	第11回 (2016年)	第12回 (2017年)
小学生部門	281	411	682	596	588	608	874	917	799	816	1,050	924
中学生部門	328	416	519	530	737	1,602	1,629	1,070	1,258	1,402	1,736	1,936
高校生部門	36	19	47	32	50	65	120	63	98	162	133	226
合　　計	645	846	1,248	1,158	1,375	2,275	2,623	2,050	2,155	2,380	2,919	3,086

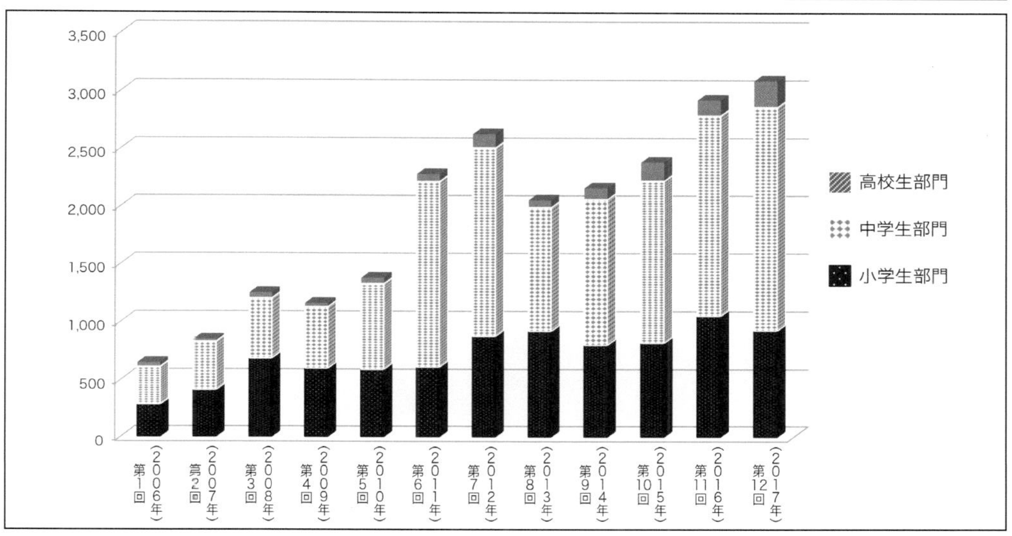

都道府県	第1回 (2006年)	第2回 (2007年)	第3回 (2008年)	第4回 (2009年)	第5回 (2010年)	第6回 (2011年)	第7回 (2012年)	第8回 (2013年)	第9回 (2014年)	第10回 (2015年)	第11回 (2016年)	第12回 (2017年)	都道府県	第1回 (2006年)	第2回 (2007年)	第3回 (2008年)	第4回 (2009年)	第5回 (2010年)	第6回 (2011年)	第7回 (2012年)	第8回 (2013年)	第9回 (2014年)	第10回 (2015年)	第11回 (2016年)	第12回 (2017年)
北海道	0	0	0	7	11	16	6	1	5	2	4	6	岡山県	0	1	2	3	3	3	14	18	19	16	17	9
青森県	1	2	4	0	2	2	4	5	2	9	3	4	広島県	4	1	3	3	8	2	2	7	5	3	5	1
岩手県	0	1	1	0	2	0	0	0	0	0	0	0	山口県	1	1	2	4	6	5	4	3	3	1	1	2
宮城県	0	0	2	2	0	0	0	1	0	5	3	65	徳島県	0	0	0	0	0	0	0	0	0	0	0	0
秋田県	39	3	3	3	1	1	0	1	7	8	1	0	香川県	0	0	0	0	0	0	33	9	15	2	2	5
山形県	0	1	3	1	1	0	1	1	0	1	0	0	愛媛県	2	1	2	0	2	0	1	1	2	1	4	6
福島県	6	15	23	1	2	1	0	3	1	3	4	1	高知県	29	3	0	1	1	1	0	0	0	1	0	4
茨城県	96	7	96	43	19	190	247	233	225	221	242	227	福岡県	2	2	34	21	64	60	28	46	53	74	27	48
栃木県	1	0	0	0	1	1	0	0	3	1	0	1	佐賀県	0	1	0	0	0	0	0	0	0	0	5	5
群馬県	0	0	5	6	4	3	15	5	0	0	1	1	長崎県	1	1	1	0	1	1	2	3	8	5	33	38
埼玉県	21	0	2	5	9	3	10	9	10	10	21	101	熊本県	0	0	1	0	0	0	0	1	0	1	1	2
千葉県	34	4	1	4	2	9	7	9	11	19	27	18	大分県	0	0	0	0	20	8	6	8	38	60	1	0
東京都	267	406	327	326	308	749	624	352	543	690	840	969	宮崎県	0	3	3	60	0	0	0	0	0	0	1	16
神奈川県	13	9	15	18	10	2	20	55	14	33	28	71	鹿児島県	0	1	0	0	0	0	1	0	3	0	1	1
新潟県	2	15	15	0	11	7	0	2	1	10	6	7	沖縄県	1	2	1	2	3	5	8	4	9	10	5	9
富山県	0	0	3	3	0	1	1	0	2	7	3	0	ドイツ連邦共和国	0	4	54	59	47	50	47	34	34	0	0	0
石川県	0	0	3	2	3	2	0	0	0	0	1	5	ポーランド共和国	0	1	0	0	0	0	0	0	2	0	0	1
福井県	0	0	1	1	1	0	0	0	0	0	0	0	オーストラリア連邦	0	1	0	0	0	0	0	0	3	0	0	0
山梨県	0	0	0	0	2	0	2	1	0	0	0	0	大韓民国	0	2	44	15	66	66	84	6	0	0	20	13
長野県	1	0	2	2	2	0	0	0	0	0	3	1	アラブ首長国連邦	0	0	0	0	1	0	0	0	0	3	0	0
岐阜県	1	1	1	0	1	0	2	4	12	20	3	7	中華人民国共和国	0	0	0	0	0	15	8	1	6	2	120	5
静岡県	0	2	9	2	3	0	8	5	15	15	10	23	中華民国	0	0	0	0	0	0	1	0	0	0	0	0
愛知県	11	12	27	8	15	36	43	27	12	30	25	44	インドネシア共和国	0	0	0	0	0	1	0	0	0	0	0	0
三重県	0	1	5	1	99	14	5	0	21	1	2	1	タイ王国	0	0	0	0	0	2	1	5	4	13	3	4
滋賀県	0	0	0	0	0	0	2	0	0	1	0	0	シンガポール共和国	0	0	0	0	0	4	1	1	1	3	0	0
京都府	0	0	2	1	1	5	6	11	13	24	264	204	マレーシア	0	0	0	0	0	1	10	1	0	0	0	4
大阪府	14	239	355	366	567	711	893	896	839	801	952	913	メキシコ合衆国	0	0	0	0	0	0	1	2	7	0	0	0
兵庫県	3	103	190	187	73	217	360	241	150	179	180	179	ハンガリー	0	0	0	0	0	0	24	24	31	35	35	37
奈良県	94	0	6	1	2	3	12	9	16	21	8	10	イタリア共和国	0	0	0	0	0	0	0	1	2	0	0	5
和歌山県	1	0	0	0	0	78	79	0	0	30	1	4	パキスタン・イスラム共和国	0	0	0	0	0	0	0	1	0	0	0	0
鳥取県	0	0	0	0	1	0	0	0	2	1	0	1	イラン・イスラム共和国	0	0	0	0	0	0	0	0	0	0	2	1
島根県	0	0	0	0	0	0	0	3	6	8	2	5	インド	0	0	0	0	0	0	0	0	0	0	2	2
													合計	645	846	1,248	1,158	1,375	2,275	2,623	2,050	2,155	2,380	2,919	3,086

●第11回　表彰式・発表会（2016年12月17日：筑波大学大学会館）

表彰式

発表会

受賞記念品（楯）

受賞記念品（クリアファイル＆下敷き）

●第11回 「科学の芽」賞受賞作品

（代表者学年順）

作品の題名	学校名	受賞者氏名
〔小学生部門〕		
冷凍庫のひみつ	京都・私立洛南高等学校附属小学校３年	村上　智絢
根りゅうきん できるかな？	鹿児島・出水市立西出水小学校３年	溝口　貴子
洪水で浸水した常総市の虫は生き残れたのか？	茨城・私立つくば国際大学東風小学校４年	田村　和暉
五重塔はなぜたおれないのか？	東京・筑波大学附属小学校４年	雨宮龍ノ介
“種のパワー”研究 発芽の秘密	東京・大田区立清水窪小学校４年	武田　悠楽
走れ走れハムスター	東京・筑波大学附属小学校４年	恒松　望花
ぼくの絵具	大阪・大阪教育大学附属池田小学校４年	蘭　　裕太
風鈴が風を受けるとき	大阪・大阪教育大学附属池田小学校５年	長野　佑香
海水から世界を救うおじぎ草 ～耐塩性から海岸植栽の可能性まで～	千葉・成田市立吾妻小学校６年	髙垣　有希
ジンリックをカッコよく飛ばせたい ～フリースタイルスキーを科学的に考える～	東京・筑波大学附属小学校６年	東　虎太郎
〔中学生部門〕		
クワガタムシは右利き？左利き？	東京・筑波大学附属中学校１年	嶋田　星来
ワニを解剖してみたら… ～１本の骨から全長を推定する～	岐阜・多治見市立北陵中学校１年	田中　拓海
つるの研究　～正確な測定と解析～	静岡・藤枝市立高洲中学校１年	大川果奈実
斜面を下る二足歩行のおもちゃの秘密	長崎・佐世保市立広田中学校１年	小深田拓真
回れ！不思議なタネ ボダイジュ	東京・筑波大学附属中学校２年	大谷深那津
「ながら勉強」をするとなぜ学習効果が落ちるのか　～脳のマルチタスク処理に注目して～	宮城・宮城教育大学附属中学校３年	勝山　　康
飛ばそう！クルクルグライダー　～主翼の回転するグライダーに，レゴ人形を乗せて滑空できるか～	愛知・東海市立加木屋中学校３年	服部　泰知
風船ポテトチップス作りの秘訣	愛知・刈谷市立依佐美中学校　科学部　ポテチ班 ３年　蓑部　誉，佐野　充章 瀬尾　圭司，小野　佑晃	
〔高校生部門〕		
ファンプロペラの効率アップ ～風を変えるシンプルな表面加工～	愛知・私立南山高等学校男子部２年	田渕宏太朗
蚊が何故人間の血を吸いたくなるのかを，ヒトスジシマカの雌の交尾数で検証する	京都・京都教育大学附属高等学校２年	田上　大喜
「粉体時計」の実現報告及びそのメカニズムの数理的考察	兵庫・兵庫県立加古川東高等学校　自然科学部　物理班 ３年　國澤　昂平，伊東　陽菜，友野　稜太 ２年　荒谷　健太，大西　巧真，岡部和佳奈 籠谷　昌哉，三俣　風花	

●第11回 「科学の芽」奨励賞受賞作品

（学年順）

作品の題名	学校名	受賞者氏名
〔小学生部門〕		
置くだけで充電　～qi　仕組み～	東京・豊島区立高南小学校3年	猪端　仁
紙ひこうきの重心	東京・筑波大学附属小学校3年	黒住明日香
どこを冷やせば体温が最も下がるか？ ～熱中症の人を救え!!～	東京・筑波大学附属小学校4年	野田　遼太
アゲハの五齢幼虫の柑橘系の葉の認識能力とレモンとデコポンの葉の食べ方のちがいの謎	東京・筑波大学附属小学校4年	福島　空真
昆布のからだにせまる	埼玉・三郷市立早稲田小学校5年	田中　望
とろろのかゆみをおさえる	東京・筑波大学附属小学校5年	水谷　優来
樹齢千年のヒノキで作った建物は1000年持つの？（ヒノキの力にせまる）	東京・筑波大学附属小学校5年	横山夢生菜
清潔日本！犬にもアレルギー発生！〈その関連は？〉	大阪・池田市立緑丘小学校5年	木村　佳歩
竜巻の秘密　～条件変更型・竜巻発生装置～	東京・豊島区立高南小学校6年	猪端さくら
スタートダッシュ　～僕ならこうスタートする～	東京・筑波大学附属小学校6年	立花　健
ハゼも怒れば顔色変わる!?パート2	静岡・浜松市立内野小学校6年	藤田　匡信
〔中学生部門〕		
日本最大の堆止め湖を探る	東京・筑波大学附属中学校2年	闞　光希
自作エアコンを使った効率の良い室温の下げ方	神奈川・私立公文国際学園中等部2年	田畑　翔真
トイレットペーパーが水に溶けるというのは本当なのか	大阪・大阪教育大学附属池田中学校2年	廣田　心咲
音場の環境は植物の成長を促すのか	茨城・茨城県立並木中等教育学校3年	檜垣　歩空
〔高校生部門〕		
セミ研究11年次　終齢幼虫が羽化場所を決めるための習性について　～羽化途中の個体を避けるのか～	茨城・私立水城高等学校2年	内山　龍人
兵庫県南部のカルデラ北限の位置と，そこで起こったマグマ活動の解明	兵庫・兵庫県立西脇高等学校　地学部　マグマ班 3年　田中　愛子 2年　石井　紗智，戸田　亮河，田中　朱音 村上　智 1年　神崎　直哉，岸本　大輝，津田　晟俊 福田　俊介，藤原　宏馬，村上　凱星 笹倉　瑠那	
β-CDの包接測定（ベータシクロデキストリンのほうせつそくてい）	兵庫・私立仁川学院高等学校2年	寺本　優雅
カキ殻粉末を用いた水質浄化	愛媛・愛媛県立宇和島東高等学校　Oysters Girls 2年二宮　紗弥，石山　春菜，東　野乃	
日本産ヨモギタマバエ類の系統関係	宮城・宮城県仙台第三高等学校3年	千葉　汀
鳥の小翼羽の形状とその生態との関係	千葉・私立市川高等学校3年	田谷　昌仁
アーク放電の発光特性についての研究 ～水溶液を用いた比較実験～	京都・京都府立洛北高等学校　サイエンス部　物理班 3年　間宮　崇弘，谷口　裕起，鳥居　千尋 上田　裕典，田畔　春紀，西村　希望 馬場　古都	
大和シャクヤクのウイルスフリー苗作成を目指して　～シュート分化の最適条件	奈良・奈良県立磯城野高等学校 大和シャクヤク復活プロジェクト班 3年　野崎　周，上田　夏輝，福田　和輝	

●第１１回 「科学の芽」学校奨励賞

茨城・つくば市立松代小学校
茨城・私立つくば国際大学東風小学校
茨城・茨城県立並木中等教育学校
茨城・私立茨城中学校
千葉・千葉市立新宿中学校
東京・大田区立蒲田中学校
東京・西東京市立田無第四中学校
東京・私立慶應義塾中等部
東京・私立芝中学校
東京・私立田園調布学園中等部
東京・東京都立戸山高等学校
神奈川・私立公文国際学園中等部
京都・京都教育大学附属桃山小学校
京都・私立洛南高等学校附属小学校
大阪・大阪教育大学附属池田小学校
大阪・大阪教育大学附属天王寺小学校
大阪・大阪教育大学附属池田中学校
大阪・太子町立中学校
大阪・私立金蘭千里中学校
兵庫・私立雲雀丘学園中学校
福岡・私立明治学園中学高等学校
長崎・小値賀町立小値賀小学校
中華人民共和国・香港日本人学校小学部香港校
中華人民共和国・香港日本人学校中学部
ハンガリー・ブダペスト日本人学校
大韓民国・釜山日本人学校

●第１１回 「科学の芽」努力賞受賞作品

〔小学生部門〕

○電池と磁石でつくるリニアモーターカー（黒岩壌・３年）○バナナの皮はなんですべるのか（鈴木希歩・３年）○『遠くの物と大きさを考える』（諏訪由季・３年）○三日月の☾・☽について（金城凛子・３年）○浮き草のなぞ 浮き草はなぜ浮くのか（菅原さくら・３年）○楽しいウォータースライダーのひ・み・つ（谷口真歩・３年）○汚れが落ちやすいって本当にいいことなの？（近山僚哉・３年）○風はどうして吹くのかを考える（吉川昊太朗・３年）○お出かけする時，何色の服を着ればすずしいか（門井美空・３年）○ダンゴムシはなぜ丸くなるのか。（廣瀬稜・３年）○水の蒸発 打ち水をしてすずしくなろう！！（前田望帆・３年）○切り花は冬だけ？（大久保花虹・４年）○池にうかぶおち葉はなぜあつまるのか（荻巣真亜沙・４年）○飛べるかまぼこ形 ～つばさの形を研究して分かったこと～（佐橋葵花・４年）○風りんの短冊はなぜ長方形なのか（東原瑠璃・４年）○静電気のひみつにせまる ～よく取れるほこり取りを探れ！～（中條朋香・４年）○風は氷にとっても涼しいの？（田中美帆・４年）○ナミアゲハの幼虫の食欲（大島永久・４年）○花を色々な色でそめよう！（大東香凛・４年）○身近な液体とそれを使ったおもちゃ（上井彩愛・４年）○土砂崩れはなぜ起こるのだろう？（木村賢純・４年）○日焼けくらべ（小島愛乃・４年）○牧場で食べるソフトクリームはなぜとけるのが早いのか？（多田圭穂・４年）○赤しそ水といろいろな液体をまぜるとどうなる（手塚莉子・４年）○アマガエルの体色の変化についての研究（徳留理子・４年）○どの条件でしわしわになるのか（中川智瑛・４年）○切り花を長持ちさせる水を作ろう！ ～花束をきれいに長く見たい！～（西田英恵・４年）○「光」はみんな同じなの？（野村将吾・４年）○トマトをあまくする方法（丸山智衣花・４年）○うき浮き大実験２ ～うき浮きボトルでおもしろ実験！～（佐藤美来・５年）○アリジゴクを観察して（大竹千晴・５年）○液体の種類による凍り方，溶け方の研究 ～美味しい氷の作り方～（山田結・５年）○氷水に塩を入れて最も冷たくするには？（矢野祐奈・５年）○犬は色を識別できるのか（岩﨑朝香・５年）○電気を使わない光エネルギー「ルミカライトの研究」（工藤直樹・５年）○音楽が植物に与える影響（岡田純果・５年）○ハガキが赤ちゃんを支えられる（草木雅士・５年）○我が家の米を守れ（仲野真由・５年）○ウォータービーズ大研究（足立真央・５年）○カラフルな飲み物の仕組み（谷口結香・５年）○光の色のちがいで植物の成長に影響が出るのか（信定優季名・５年）○夏，天気がよい日になぜ雨が降るのか？（藤沢隼翔・５年）○ぷよぷよボールの不思議（輪竹佑香・６年）○スッキリ起きる！（角田夏鈴・６年）○蛍の研究 根本の蛍は，地域の宝物！（坂崎巧実・６年）○田んぼの土は なぜ水をためるのか？（山内愛梨・６年）○１番効果的な打ち水の仕方（生駒萌杏・６年）○とろみのあるものはなぜ冷めにくいのか？（倉田実侑・６年）○野菜をシャキッとさせる方法（滝澤愛菜・６年）○えービタミンＣがこんなところにふくまれていたの～（藤永乙花・６年）○犬の帰巣本能について（吉井一馬・６年）○『巨大地震を経験して～液状化現象について知る～』（出口向陽・６年，出口周陽・４年）

〔中学生部門〕

○クモの巣で金魚すくいはできるか？！ ～クモの糸の強度について～（安積怜玖・１年）○アオスジアゲハの色調

べ　パート6 ～光で変身,不思議な仕組み～　青いすじの構造を調べる（井原愛佳・1年）○生石灰の性質（神永杏樹・1年）○摩擦力の特性の調査と滑りにくさの研究（栗原彩藍・1年）○自動式サイフォンの不思議に迫る（中川遥登・1年）○植物の色素の酸・アルカリによる色の変化（堀口瑞生・1年）○出た！！色がいろいろ（水野拓未・1年）○セミの幼虫が羽化する場所の研究（井上裕太・1年）○羽の形による風力の強さの変化（岩田大・1年）○蝉の抜けがらはなぜ縦に割れるのか（坂庭穂高・1年）○水に浸した銅板とマグネシウムに紫外線Cが与える影響（髙橋倖基・1年，髙木駿・2年）○キレイなウォータークラウンをつくるには？（高山宙・1年）○続・シャボン膜は不思議（別府花音・1年）○水と食文化の密接な関係（宮城瑠翔・1年）○メダカはどこまで潜るのか（森脇千莉・1年）○八丈島の発光キノコ ～ヤコウタケの継続的な観光利用を目指して～（山下紗由季・1年）○サイコロは正直者か？（齋藤龍揮・1年）○ DNA を探し求めて（岩城杏樹，大橋美友，奥田万葉，加藤琴巳，堤香琳・3年　井上果玲，鈴木かのん，加藤伶音，渡辺翔平，藤吉美宇，小島海・1年）○回りやすい風車を追求！（大久保茉亜子・1年）○する？してもらう？？マッサージ（熊ノ郷健人・1年）○氷に塩をかける（塚彩奈・1年）○雲の発生（中村嶺佑・1年）○光合成を盛んにするには？（村尾明日香・1年）○のりたまはなぜのりばかり出てきてしまうのか　その解決法を探る（宇山翔斗・1年）○必勝！綱引きの最強戦略 ～引っ張り方と力の強さの関係～（田口嶺音・2年）○上昇気流によって回る風車に関する研究（宮川尭大・2年）○ゴーヤの巻きひげの謎（田中優理・2年）○空気の動きと，氷の溶け方の関係（馬場みゆき・2年）○燃料電池（姫野太河・2年）○「氷の長持ち」に関する研究（加藤誠治，江坂岳浩，加藤啓史，渡辺日那太・2年）○錆の研究（越智隆雅・2年）○洗剤の種類とその適性について（高橋麻・2年）○太陽のにおいってなに？（菅野歩・2年）○糸電話はどこまでデキるのか？（村上明依音・2年）○蚕の研究9「赤外線と紫外線による孵化・羽化への影響」（市川尚人・3年）○空気アルミニウム電池の改良Ⅲ －電池内ではどんな反応が起きているのか？－（富重歩・3年）○気温変化について考える！！（宇野さんり・3年）○大磯町の砂丘と海岸段丘（清水ひかり，小澤偉史，加藤佐和，阿部槙太郎，田中涼介・3年　加藤聖伶，中島大河・2年）○イルカが見えなくなる？（大友志穂・3年）○スズムシの鳴き方の特徴（野口皓正・3年）

〔高校生部門〕

○投げるな！危険（杉本優友・1年）○ケイ効果における跳ねの変化（笹谷廉，井表慈彰，嶋田貴太，堀下遥生・2年）○水の結晶化過程でムペンバ効果はみられるのか（北條健太・3年　足立敬一朗・2年　吉田朱里，内橋春香，藤本朱音，松本陽菜子，芝本悦希，内藤諒・1年）○扇風機の後方はなぜ涼しくないのか（竹村一樹，行田結希，石垣綾乃，田渕蓮・3年　飯田陽・2年）○魚類の鱗片配列の規則性は種間距離と関係があるのか（北條健太・3年，大城戸琢生，岡本恒輝，中橋徹，森山李玖・2年　西山由太朗，桐野優太・1年）○赤か紫か　金コロイドの色を決めるもの（久津間彩海・2年）○沖縄県本部町塩川と今帰仁村湧川における塩水湧水の比較（屋良萌・3年，鮒田信忠，稲田優果・2年，植田真名，工藤碧，玉城明依・1年）○外的ストレスは迷路内の変形菌の成長，移動に影響を及ぼすか（川村このみ，岡村真子・3年）○銀鏡の腐食測定（松井裕介・3年）○音色と音のスペクトルの関係性（川小根実優，古堅はるか，比嘉沙絢・3年）○雑種セイヨウタンポポの繁殖戦略を探る－花粉を用いた雑種判別・土地利用と雑種の拡大－（飯塚亮太・1年）○地衣類と微環境4年次　樹木における着生地衣類の分布と微環境の関係 ～地衣類の成長を通して～（小野寺理紗・1年）

●第11回　「科学の芽」探究賞受賞作品

〔小学生部門〕

○かんさつにっき（上田啓介・5年）

●第11回　「科学の芽」探究特別賞受賞作品

〔中学生部門〕

○みんなで『ジャンボシャボン玉』をつくろう（清水都子・3年　佐久間薫乃，福岡瑶季・2年　高橋るい・1年）

●第12回　表彰式・発表会（2017年12月23日：筑波大学大学会館）

表彰式

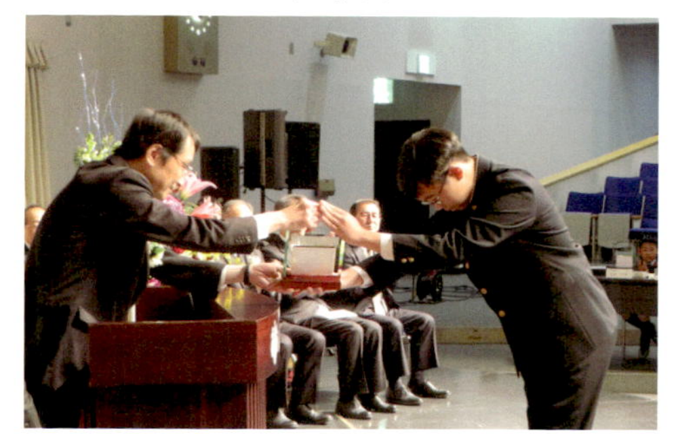

発表会

受賞記念品（楯）

受賞記念品（クリアファイル＆下敷き）

●第12回 「科学の芽」賞受賞作品

（代表者学年順）

作品の題名	学校名	受賞者氏名
〔小学生部門〕		
ウジが発生しないミミズコンポストを作る	愛知・瀬戸市立水野小学校３年	池野　志季
スーパーボールを，水面で弾ませたい！パート２	岐阜・多治見市立根本小学校４年	坂崎　希実
立体プラネタリウムを作ろう	京都・私立洛南高等学校附属小学校４年	笹川　双葉
オリーブの不思議な力	京都・私立洛南高等学校附属小学校４年	蓜島　駿貴
昆虫の新能力を発見か!? 水死したはずのゾウムシが生き返った!! パート２	茨城・私立つくば国際大学東風小学校５年	田村　和暉
最強のポイ	京都・京都市立音羽小学校５年	稲波　里紗
夢を見るのはどんな時？	大阪・大阪教育大学附属池田小学校５年	德留　理子
清水の舞台の秘密	東京・筑波大学附属小学校５年	雨宮龍ノ介
キャッチャーはつらいよ ～少年野球のキャッチャーが暑い夏を乗り切るために～	京都・京都市立西陣中央小学校６年	神崎　咲
〔中学生部門〕		
つるの研究　～巻きつるは光を感じるのか～	静岡・藤枝市立高洲中学校２年	大川果奈実
風力発電に適した羽根の研究 ～ペットボトルを使った風力発電に適した羽根とは～	長崎・長崎大学教育学部附属中学校２年	山道　陽輝
金の赤色コロイドをつかまえろ	兵庫・私立仁川学院中学校３年	川村ヒカル
一滴から深まるクレーターの研究	長崎・佐世保市立相浦中学校３年	吉田　優音
水の輪のメカニズムの解明	神奈川・大磯町立大磯中学校　科学部　水の輪班	３年　伊東　実聖，加藤　聖伶 中島　大河，龍岡　紘海 １年　千葉　大雅，乙津昂光海 古屋　良幸
コップから流れる水の形	東京・私立本郷中学校　科学部	３年　岡野　修平，原田　大希 ２年　塚越　新
ヤマビルの刺激因子に対する応答に関する室内および野外実験	東京・西東京市立田無第四中学校３年	鞠子けやき
凍らせたジュースのおいしい飲み方 ～溶解・冷却時間と凝固点降下から考える～	神奈川・私立慶應義塾湘南藤沢中等部３年	宮内　唯衣
〔高校生部門〕		
水切りの謎に迫る	京都府・京都府立洛北高等学校　サイエンス部　物理班	３年　山下龍之介，中尾　太樹，山下ひな香

●第12回 「科学の芽」奨励賞受賞作品

（学年順）

作品の題名	学 校 名	受賞者氏名
〔小学生部門〕		
ふしぎがいっぱい貝むらさき	東京・筑波大学附属小学校３年	松﨑　光永
ぬれた本はどうやったら元に戻せるか	東京・筑波大学附属小学校３年	古賀登應羽
クモの巣に大接近　～エモノをたくさんとらえられるクモの巣はどんなかたちだろう～	熊本・熊本市立帯山小学校５年	出口　周陽
水田の小さな生き物の生存術	大阪・大阪教育大学附属池田小学校５年	稲野辺　開
最速炊飯レシピ　～米の吸水時間短縮を考える	埼玉・坂戸市立城山小学校 ６年　矢野　祐奈，	井上　結愛
屋部川周辺の小鳥類調査 ～スズメは減っているのか？～	沖縄・名護市立屋部小学校６年	北村　渓登
そうめん流しの秘密	大阪・大阪教育大学附属池田小学校６年	谷口　結香
〔中学生部門〕		
タンポポの葉について	愛知・愛知教育大学附属岡崎中学校１年	吉岡　愛理
ぼくは洗濯名人パート６　洗濯に使う水の違いによる洗浄力	茨城・私立茨城中学校１年	澁澤　一賢
2017年度版　根本の川の蛍研究	岐阜・多治見市立小泉中学校１年	坂﨑　巧実
ハゼも怒れば顔色変わる!?パート３　〈ハゼの色の研究⑤〉	静岡・浜松市立浜名中学校１年	藤田　匡信
バナナよ！変わるな！	東京・筑波大学附属中学校１年	赤田虎太郎
なぜ究極のパンケーキはおいしいのか？	東京・筑波大学附属中学校１年	堤　そよ佳
フレーバーシフォンケーキはなぜ膨らみにくいのか	大阪・大阪教育大学附属池田中学校２年	藤原　彩七
手の洗い方の研究	茨城・牛久市立下根中学校２年	宮本　秀人
どうしてひんやり涼しく感じるの？　色々な生地を比べてみる	東京・筑波大学附属中学校２年	林　　　翠
表面張力によって物体同士がくっつく速さの規則性	東京・大田区立蒲田中学校２年	寺澤　千聡
えっ私達の体って，少し浮いてるの？ ～液体や気体の浮力の大きさは何に関係するのか～	香川・坂出市立白峰中学校３年	若林　李歩
よつばの謎に迫る	埼玉・坂戸市立坂戸中学校 ３年　馬場　海好，	片寄　友暉
絶滅危機から救え！カワバタモロコの繁殖方法の解明数多くの卵を確保するために	大阪・太子町立中学校　社会科学部　メダカ・カワバタモロコ研究班 ３年　吉﨑　滉佑，橋場　蓮， 木山　源貴 ２年　鍵谷　和輝 １年　梅川　翔平，溜島　和花	金田　翔太
〔高校生部門〕		
ナメコの発生に電気が及ぼす影響	青森・青森県立名久井農業高等学校 ２年　坂本　成海，	大平　竜福
水を低電圧で電解して水素を生成する方法	静岡・私立学校法人静岡理工科大学静岡北高等学校 ２年　梅原ひとみ，石橋　辰則， 岩井　咲幸，大榎匠太郎， １年　池田　彩里，木津　悠翔，	石垣　良磨 高田　俊平 松本　颯斗
ニュートンビーズのメカニズムの解明	東京・私立本郷高等学校２年	白居　幸希
雨で汚れを落とす防汚瓦の開発 ～濡れ性を利用した環境材料～	兵庫・兵庫県立加古川東高等学校 ３年　神﨑　彩乃，筒井　雄太 ２年　入江　夏音，茅野　由奈，	相下　結月
人工ゼオライトによるプラスチックの熱分解 ～プラスチックの油化と再利用～	愛媛・愛媛県立宇和島東高等学校 ３年　大氣　慧士， 中里　友則，	上甲　貴之 兵頭　史哉
四官能性モノマーを用いた高強度・高柔軟性プラスチックの合成	東京・筑波大学附属駒場高等学校３年	原　　正宜

●第12回 「科学の芽」学校奨励賞

宮城・宮城県立仙台第一高等学校
茨城・つくば市立松代小学校
茨城・茨城県立並木中等教育学校
茨城・私立茨城中学校
茨城・私立清真学園高等学校・中学校
埼玉・私立本庄東高等学校附属中学校
埼玉・埼玉県立浦和第一女子高等学校
千葉・千葉県立安房高等学校
東京・足立区立加賀中学校
東京・大田区立蒲田中学校
東京・私立慶應義塾中等部
東京・私立芝中学校
東京・私立白梅学園清修中学校
東京・私立成城中学校
東京・私立田園調布学園中等部
東京・私立武蔵高等学校中学校
神奈川・私立公文国際学園中等部
神奈川・私立慶應義塾湘南藤沢中等部
愛知・刈谷市立住吉小学校
京都・京都教育大学附属桃山小学校
京都・私立洛南高等学校附属小学校
大阪・大阪教育大学附属池田小学校
大阪・大阪教育大学附属池田中学校
大阪・太子町立中学校
大阪・私立金蘭千里中学校
大阪・私立高槻中学校
兵庫・私立雲雀丘学園中学校
福岡・福岡教育大学附属久留米中学校
福岡・私立明治学園中学高等学校
長崎・小値賀町立小値賀小学校
宮崎・宮崎県立五ヶ瀬中等教育学校
ハンガリー・ブダペスト日本人学校
大韓民国・釜山日本人学校

●第12回 「科学の芽」努力賞受賞作品

〔小学生部門〕

○～虫もひやけするのか～（土屋日南乃・3年）○私が作る，強い橋（横尾和咲・4年）○一番共振しやすいのはどれ!?（尾野悠人・4年）○六角形のひみつ（村上智絢・4年）○ダンゴムシ 100 匹大作戦！（湯本煌己・5年）○私の記憶力（松尾美里・5年）○すごいよ蓮の葉（影山満帆・5年）○アゲハ蝶のレモンとデコポンの好き嫌いの理由を食性から探る（福島空真・5年）○パラオと加計呂麻島の二酸化炭素濃度について（菊池守佑子・6年）○手押しずもうで勝ちたい！！（足立真央・6年）○ウイングレットのひみつ（池内優空・6年）○血圧と脈拍 ～体位を変えたらどうなるか？～（髙田進介・6年）

〔中学生部門〕

○アゲハ蝶飼育環境の実験（鈴木明日香・1年）○炭酸水から湧き出る泡について（小路瑛己・1年）○飛行機から見た夕焼け空の移り替わりについて（長澤和香・1年）○ペットボトルの工夫（三村柚葉・1年）○鉛筆の折れやすさの研究（問山翔悟・1年）○頑丈な橋を作って，ブリッジコンテストで優勝したい！（仲井雄飛・1年）○太陽高度と気温の関係性について（小石悠真・1年）○住宅居住空間における光触媒の効果に関する自由研究（佐竹晃輔・1年）○私の家はどこ？ ～太陽の位置から家の緯度経度を調べる～（雑賀仁美・1年）○左巻きのカタツムリ（髙橋穂嘉・1年）○水質の調査方法と黒目川の水質の調査（菊池亮・1年）○塩化コバルト（Ⅱ）水溶液の色の変化を探るⅠ（岡野太雅・1年）○ママ下湧水，矢川，府中用水における魚類，水温，水質調査（吉田美琴・1年）○変化球を科学する -（曲がれ，変化球）～変化球の空気の流れを可視化する～（谷口あい・1年）○バッティングを考える ～打球を遠くに飛ばす条件～（立花健・1年）○トゥシューズを履いて極力，音を出さずに着地する（赤松杏美・1年）○地面の『ひび割れ』はどうしてできる？（大川湊央・1年）○泳法ストリームラインと流体力学に関する研究（寺井健太郎・1年）○ネギの反り返りについて（北島優紀・1年）○水の硬度の効果について（田宮侑季・1年）○とろみの秘密（岩本桜子・2年）○～ピン球の回転を考える～（清水未空・2年）○ヨーヨーの転がり方（城田佳穂・2年）○建築材料の温冷感の違いについて（大前魁・2年）○木を枯死させた犯人は誰だ？（長野汐里・2年）○光糸電話の作成とLED光通信への発展（藤本幹大・2年）○～太井川のホタルを増やす方法～（新屋俊樹，道端翔大・3年，京谷幸祐・2年，平田いろり，狐坂音奏・1年）○酵素のはたらきの研究（永川萌・2年）○紙ふぶきのひみつ（平元りな・2年）○新郷村と五戸川第7章 ～カワニナの生態に迫る～（小坂高義・2年，下栃棚弘大，橋端圭太・1年）○ワニの全長推定2017 ～絶滅種ディプロキノドンとマチカネワニに挑む～（田中拓海・2年）○ガラスを通すと光が増える！？ ～透過度が100%を超える秘密～（森川嘉仁，森川遥仁・2年）○セミの羽化 Platypleura kaempferi ～part8：ニイニイゼミのぬけがらについている白い物質調査～

（清水一秀・2年）○薬の注意書きを守らなければならない理由（神谷萌愛・2年）○セルロースを利用したバイオ電池（清水亮祐・2年）○アオスジアゲハの色調べパート7 翅の撥水効果とUVライト・太陽光での色変化の違い（井原愛佳・2年）○ニホンモモンガの生態について（楠健太朗・2年）○和泉多摩川周辺の地質構造（遠藤洋亮・2年）○ the 洗濯！（百瀬将真・2年）○コーラで本当に歯が溶けるのか（富澤善光・2年）○イヤホンはなぜ絡むのか？（バルデスフランシスコ・2年）○包丁に貼り付く食材を何とかしたい！！（安田匠吾・2年）○繭玉転がしの転がり方（奥村美賀子・2年）○匂いの影響力（澤藤航太・2年）○骨は溶けるの？（石丸綾乃・2年）○「折れやすい」とは何だろう？（樫井佑里花・2年）○水路の水生生物を増やす方法（黒見翔・3年，丸山月海・2年，宮崎倫太郎・1年）○ダンゴムシとワラジムシのフンから広がる複数の“円”を発見！（片岡柾人・3年）○うがい薬を使ったビタミンCの検出実験（武田雅樹・3年）○自作小型エアコンを使った部屋の効率の良い冷やし方（田畑翔真・3年）○伸ばしたクリップと砕いた磁石の紛体の着磁と消磁の比較実験（冨永真人・3年）○透明な氷（大西美月・3年）○質量と落下速度の関係 ～おぼんに風船を乗せて落とす～（貝島有香・3年）○凝固点降下　氷点下の世界へ（二木彩香・3年）

〔高校生部門〕

○石垣島の光害について ～光害を減らす街灯の考案～（金城寛，垣花龍・2年，知花耕太郎・1年）○磁石の不自由な落下（田村公寛・2年）○金属パイプ内を落下するネオジム磁石球の速度　第2報（横山貴紀，牧野楓也・2年）○兵庫県南部の神戸層群から発見したヒカゲノカズラ科（Lycopodiaceae）の化石から古神戸湖の堆積環境を考える（石井紗智，田中朱音，戸田亮河，中橋徹，村上智・3年，神崎直哉，笹倉瑠那，津田晟俊，西山太一，福田俊介，藤原宏馬，村上凱星・2年，友藤奈津歩，西山壮人，松井陵記，村上由奈・1年）○気圧と空気の流れの関係性（田村駿弥・2年）○蝋燭の振動メカニズムの解明　第3報（榎本宗一郎・2年）○沖縄方言と標準語の母音の比較（野原香凜，大湾日菜美，河内妃奈子・3年）○フェノールフタレインの退色反応における活性化エネルギーの測定（久津間彩海・3年）○プリンと寒天を使った糖の保水性の研究（大山朔矢，境野卓史・3年）○筒の形状による音速の変化（田中拓磨，関崇斗，鶴見尚緒理・3年）○安山岩溶岩と玄武岩溶岩の節理に生じる流理構造の形成過程の比較（石井紗智，中橋徹，村上智・3年，村上由奈・1年）○紫キャベツ色素の退色に及ぼす水和の影響（白水俊丞，中山凌一，山田祐大，中村颯佑・3年）○ゾウリムシの放出体が防御機能である可能性（浅井冴貴，岩野大渡，南野有紀，山田圭花・3年）○簡易DNA抽出実験の真相（奥田雄也，大河内凜，山本竜也・3年）○ろうそくの炎を用いたプラズマの研究（金田海里，岡本雄希，角谷悠真，藤原隆二・3年）○ウズラ卵殻膜の浸透および透析特性に関する基礎的研究（中村哲平・3年）○ひそひそはどこまで聞こえるか？ ～糸のない糸電話を目指して～（齊藤成美，郡さくら・3年）○天然高分子によるアオコの凝集と肥料化の検討（松井良太，田中泉弥・3年）○モリンガを使った藍藻の抑制と除去の方法（松井良太，田中泉弥，梅本健琉，藤本忠士・3年）○人間が50匹の蚊に3分間で何回刺されるのかを，肌の水分量とヒトスジシマカの交尾数により数値化する（田上大喜・3年，田上千笑・1年）○PID制御を用いた方位修正 ～ロボカップジュニアを通して～（河村祐弥・3年）○色素を使用したpH試験紙の作製（東海枝里帆・3年）○シュリーレン法による空気の揺らぎの可視化（合田晴紀，中津啓汰，宮川翔伍，森澤直斗・3年）

●第12回 「科学の芽」探究賞受賞作品

〔小学生部門〕

○梅シロップを2つの方法で作ってみた（富塚光士郎・5年）

〈参考〉第１回（2006年）～第10回（2015年）受賞作品一覧

●「科学の芽」賞

第１回：2006年

〔小学生部門〕

○ヒマワリの種はなぜ平らにまかなければいけないのか？（棚田莉加・３年）○あわでないでね（土田葉月・３年）○百日草のさき方と花について（永原彩瑚・３年）○「はねて・たつ・しゃりん」のひみつを調べよう（松原花菜子・３年）○モンシロチョウは葉のどこに卵をうむのか？（鳴川真由・５年）○カブトムシが集まるエサの研究Ⅲ（新居理咲子・５年）○くりの木の不思議 ～お母さんの木と子どもの木～（渡部京香・５年）○風力発電機の研究（河村進太郎・６年）

〔中学生部門〕

○流れと渦の研究 ～なぜ渦はできるのだろう？～（荒井美圭・１年）○紙おむつの秘密を探る（齋藤琴音・１年）○ラジカセの音を大きくするには（永井亜由美・中等１年）○のびろカイワレダイコン（松下美緒・1年）○人の色の見え方（佐川夕季・２年）○土壌汚染の植物への影響 PART3（仁熊佑太・２年，仁熊健太・１年）○納豆の醗酵に及ぼす「音」の影響（樫村琢実・３年）○キンギョの活動性に及ぼすミネラルの効果 ～軟水と硬水の比較実験～（古川詩織・３年）

〔高校生部門〕

○融解塩徐冷法による塩化ナトリウムの結晶作り（中川恵理，長谷川薫・２年）○ Brz が植物の耐塩性に与える影響（木村あかね・３年）○リニアモーターカーの理論と模型の製作（出口雄大・３年）

第２回：2007年

〔小学生部門〕

○２つの花だんの不思ぎ（佐藤三依・３年）○かいこのペットフードを作ろう（森 翠・３年）○「光の不思議」～ラップはとう明なのになぜしんは見えないのか～（小田島華子・３年）○スイカ，カボチャ，メロンの種の数は大きさに関係あるのか？（岡野史沙・４年）○植物の研究（樫村理喜・４年）○指のシワシワ実験（嶋 睦弥・５年）○魔球のひみつ（小原徳晃・６年）○くりの木の不思議Ⅱ～お母さんの木と子どもの木～（渡部京香・６年）○氷のカットグラス ～どうして斜めの線ができるのか 氷にできる模様の観察～（伊知地直樹・６年）○カブトムシが集まるエサの研究Ⅳ（新居理咲子・６年）

〔中学生部門〕

○ナミアゲハの蛹の色を決める一番の条件は？（橘 智子・１年）○海水の二酸化炭素の吸収について（日原弘太郎・中等１年）○粘着テープの強度比較（村岡健太・中等１年）○ジャム作りの秘密（中島可菜・１年）○サッカーボールの科学（笠原 将・２年）○ニホンイシガメの行動パターン（竹内捷人・２年）○漂白と液性の研究（太田みなみ・２年）○五平もちを上手に作りたい！ ～ラップにつきにくいご飯の条件ともち米を加える秘密～（杉浦 健，清水大貴・３年）○寄生 ～２次寄生の発生条件～（清水 壮・３年）

〔高校生部門〕

○植物の特性を活かした観賞用インビトロ・プランツの開発（漆戸 啓，山一哲也，吉本慎二，中村秀樹・３年，三津谷慎治，中野渡 遥，蔵川千穂，橋端早紀，斗沢拓実・２年）

第3回：2008年

〔小学生部門〕

○オオカマキリのふ化からせい虫になるまで ～オオカマキリと共にすごした303日間～（板橋 茜・３年）○苦くてくさいパセリは，味つきパセリになれるかな？（大枝知加・３年）○ホテイアオイ・プカプカうきぶくろのひみつ（松井悠真・３年）○一つの骨から（岡村太路・４年）○テーブルの上に置いたおわんが動くのはなぜ？（中島澄香・４年）○紙でなぜ手が切れるの？（溝渕将父・４年）○きゅうすで注ぐ水の音と湯の音がちがうのはなぜ？（川上和香奈・５年）○謎の砂団子 コメツキガニのしわざ？（永原彩瑚・５年）○ひっくりかえるめんこのひみつ（松原花菜子・５年，松原汐里・３年）○よく回る硬貨の順番は？（嶋 睦弥・６年）○植物に必要な色は何色か（徳田翔大・６年）

〔中学生部門〕

○アサガオから考える私たちの環境（石井萌加・中等１年）○セイタカアワダチソウを利用した生物農薬の研究（白井有樹，土田悠太，竹内 賢・中等１年）○くりの木の不思議Ⅲ ～お母さんの木と子どもの木～（渡部京香・１年）○ホットケーキを焼く ～重曹とベーキングパウダーの違いに注目して～（菊島悠子・２年）○心臓や声帯の動きを測れるか？（佐藤信太・２年）○セミの抜け殻における羽化の場所の研究（須藤克誉・２年）○ドルフィンボールの高さと深さの研究（廣川和彦・２年）○接着剤の強度比較 ～紙用接着剤の実験～（村岡健太・中等２年）○緑青の発生スピードについて（山田祐太朗・２年）

〔高校生部門〕
○航空機内での静電気による電磁波の研究 ～帯電した金属の衝突によるモデル実験～（大津拓紘・2年）○紅葉の仕組みと環境要因の解明（三澤亮介，藤原雅也，鈴木宏典・2年）○地球温暖化に対応した光触媒技術の開発と導入（青木達哉，大川井裕乃，下川智代，永倉頌子，穂積友介・3年，佐藤博美，平井泉美・2年，糟屋真菜，寺田結香，森 勝太，田中優平・1年）

第4回：2009年

〔小学生部門〕
○本当にめ花は少ししか咲かないのか（山﨑公耀・3年）○かいこのまゆ作りにお気に入りの形や場所はある？（永原蒼生・3年）○むしの起き上り方（蟹谷 啓・3年）○ピキピキのなぞ（秋吉喜介・3年）○青虫は，冷蔵庫でも生きる？（森　翠・5年）○「巣あな」の仕組みと日なたのアリジゴク（湯本拓馬・5年）○ありとオレンジ（大澤知恩・5年）○泥はねの研究（竹田悠太・5年）○アリは輪ゴムがきらい？（笠井美希・5年）○謎のウェービング　コメツキガニのあいさつ？ ～コメツキガニ Part 2～（永原彩瑚・6年）

〔中学生部門〕
○トビズむかでの習性をさぐる（金子一平・1年）○水と石鹸の謎（和田純麗・1年）○赤外線の研究（野崎 悦，萩原康平，日野裕輝・1年）○動物の「まばたき（瞬き）」に関する研究 ～草食（被食）動物の瞬きは素早い？～（大見聡仁・3年）○フィルムケースロケットが飛ぶ秘密（辻田宗一郎，広野龍一・3年，浅井啓志，野澤秋人，松ヶ谷玲弥・2年）○「水かけ」の科学（水野夢世，加藤翔湖・3年，浅野紘希，野村拓生・2年）○玄関先に営巣したメジロの研究（秋元勇貴・3年）○自然のカーテン（對木雄太朗，遠藤颯洸，古谷龍一・3年）

〔高校生部門〕
○宮古島の湧水域環境保全を目指した研究 ～湧水域に生息する生物の保全を目指して～（洲鎌理恵，本永 明，下地瑞姫・3年，西里公作・2年，垣花武志・1年）○堆積物中の二硫化鉄（FeS_2）生成の物理化学的検討 ～地質比較における生成条件・温度圧力条件の検討～（山﨑晴香・3年）

第5回：2010年

〔小学生部門〕
○謎の生物大発見!!（伊藤杏樹・3年）○雨の日でもなぜ蝶はとべるの？ ～蝶のはねのひみつ～（植田紗優奈・3年）○色は何色でできているの？（永原蒼生・4年）○酸性・中性・アルカリ性によってニガウリの育ち方は違うのか（山﨑公耀・4年）○ボウフラのきらいな光ときらいなものの研究（井上拓哉・5年）○眠れないアサガオ ～なぜアサガオのつぼみがつかないのか～（鈴木ゆみ子・5年）○バッタの羽が急にのびた！（花牟禮優大・5年）○アリジゴクの研究（4年次）（和田龍馬・5年）○まゆの色七変化 ～まゆの色とえさの関係～（杉村虎祐・6年）

〔中学生部門〕
○ボールはなぜ曲がるか（赤津颯一・1年）○貝のカタチというもの（東 弘一郎・1年）○コーラの泡をあまり出さずにグラスにたくさん入れる方法は？（福田優衣・1年）○バイオエタノールとエタノールロケット（槇野 衛・1年）○流れ－自動車に関する空力の実験－～自動車のボディーは流線形ではいけない？～（中西貴大・2年）○工業用ホースを使った音響実験（平井裕一郎・2年）○セミの発生周期の研究（湯本景将・中等2年）○ギラギラ光る油の研究（浅野紘希・3年，水野佑亮，森下貴弘・2年）○転がる速度はなぜ物体によって違うのか（外山達也・3年）

〔高校生部門〕
○炭素による酸化銅の還元について（岡崎めぐみ・中等4年）○白いリンゴと黄色いサクランボ ～植物の特性を活かした新商品開発～（上田若奈，東 のどか，鹿島真由美，川井絵美，佐々木理紗，千澤里花，沢口 舞・3年）○筑豊の「赤水」調査 2010 ～坑道廃水の調査と環境に及ぼす影響，及び水の浄化に関する試み～（瀬戸渓太，早田亜希・3年，永井智仁，曽根裕子・2年，花田真梨子，井上 薫・1年）

第6回：2011年

〔小学生部門〕
○ノコギリクワガタとコクワガタの生活のちがい（飯田実優・3年）○ぬけがらから分かるアブラゼミの生たい（鈴木詠子・3年）○アブラゼミのウロウロくん（井出 麟・4年）○アリのチームワーク ～エサ運びで協力するアリたち～（伊藤知紘・4年）○変形菌の研究 変形体の動き方と考え方 2008～2011年 ～変形体どうしが出合うと何が起きるのか？～（増井真那・4年）○エンゼルフィッシュの消える『しま』の秘密 ～消えたりあらわれたりする『しま』その意味とは⁉～（髙澤英子・5年）○紙ふぶきの舞い方（田中琴衣・5年）○もそもそダンゴムシは何が好き？（永原蒼生・5年）○美味しいトマトの見分け方とそれを生む環境とは（山﨑公耀・5年）○ハゼの研究実験総集編 ～植物ロウを作ろう～（鎌田彩海・6年）

〔中学生部門〕
○沖縄島名護市屋部川周辺の鳥類調査 ～探鳥地としての可能性を探る～（北村育海・1年）○温度差による打ち水の効果を調べる（鈴木万紀子・1年）○ヘイケボタルの成虫を長期飼育することは可能か？（橋本理生・1年）○紅茶の色を変化させる要因 ～液性面と糖の種類の面からの実験と考察～（大田香緒里・2年）○カエルの体色変化に関する研究Part2 ～ストレス（刺激）は体色変化に影響するか～（大見智子・2年）○不死身の秘密・甦る植物 ～根からの植物の再生とメカニズム～（樫村理喜・2年）○野菜くず紙は使えるか（永原彩瑚・2年）○なぜ氷は空気中よりも水中の方が融けやすいのか（髙塚大暉，伊藤光生・3年，広野 碧・2年）○人間の体温調節に関する研究（堀田文郎・3年）

〔高校生部門〕
○2つ穴空気砲および非円形の空気砲の考察（佐藤健史，梶原理希・1年）○光は農薬の代わりになるか？ ～LEDによる草花の伸長制御～（荒谷優子・3年，逸見愛生・2年）○花のチカラ ～被災地復興支援プロジェクト～（市沢理奈，中山歩美，若本佳南，荒谷優子，赤石譲二，西塚 真，山田大地・3年，小町一磨，阿部加奈江，佐々木里菜，砂沢愛依，日沢亜美，逸見愛生・2年）

第7回：2012年

〔小学生部門〕
○液ダレしないしょう油さし（安田匠吾・3年）○アオスジアゲハの最後のフンの正体（渡邉大輝・3年）○猪名川でミニ水車発電（熊ノ郷健人・3年）○アサガオの不思議な芽（中村一雄・4年）○変形菌の研究 変形体の動き方と考え方 2008～2012年 変形体の「自分と他人」の区別と行動について（増井真那・5年）○庭の水の秘密（中里真尋・5年）○びっくり!! 水面散歩する貝のナゾ（永原蒼生・6年）○本当に古いゆで玉子ほどむき易くなるのか（山﨑公耀・6年）○紙ふうせんの不思議（田中琴衣・6年）○種のカラの役割の研究 ～ひまわりとかぼちゃの種を使って～（河村杏衣・6年）

〔中学生部門〕
○ゲル化に関する研究（小板橋里菜・1年）○アサガオ ～モーニングブルーの謎に挑む Part Ⅱ～（鈴木ゆみ子・1年）○生分解性プラスチックの研究Part2（大澤知恩・2年）○カメの秘密調べ 9年次 ～コンクリート化された水田地域のクサガメ行動調査～（金澤 聖・3年）○ダンゴムシの交替性転向反応に関する研究（今野直輝・3年）○かやぶき屋根はどうして雨もりしないのか？（池田隼人・3年）○パンを焼くと柔らかくなる秘密（渡部 舞・3年，與那覇勝龍，ロ シンイー・2年）

〔高校生部門〕
○木質燃料の質量と燃焼効率 ～おがくずとヒノキチップ，自作ストーカー炉を使った実験～（中西貴大・1年）○地元の主要産業品である高級石材凝灰岩「竜山石」の特性を活かした塗装剤の開発（松下紗矢香，岩本有加，竹谷亮人・2年）○旋光現象の巨視的考察（岡田知治，足立享哉，佐嘉田悠樹，中塩莞人・3年）

第8回：2013年

〔小学生部門〕
○おまつりの屋台の輪投げでねらったけい品を取りたい！（小長谷純世・3年）○消しかすがよくでる消しゴムは，よく消える消しゴムか？（東 虎太郎・3年）○弟の肌をしっとり大作せん（西村貫太朗・3年）○アオスジアゲハの最後のフンの正体2 ～ワンダリングの目的を推理する～（渡邉大輝・4年）○せん人・くもの巣城（熊ノ郷健人・4年）○ベランダ熱っちっち お母さんを助けろ（野田哲平・5年）○だんごむしとわらじむしの甲らが白く，土が黒くなってきたのはなぜだろう？（片岡柾人・5年）○音の伝わり方の秘密（石 楓大・6年）

〔中学生部門〕
○アリのフェロモンについて（大輪奏太朗・1年）○ラワンの紙模型の研究（佐藤璃輝・1年）○りんごの変色を防ぐには（下津千佳・1年）○ぬれると色が変わるのは何故？（田中琴衣・1年）○6種の繊維の性質（町田華子・2年）○環境の中から見つけるセルラーゼ（田渕宏太朗・2年）○植物のネバネバ汁に意外なパワーを発見！（片岡澄歩・2年）○ゲルマニウムラジオに関する研究 ～コンデンサとコイルを手作りして～（南雲千佳・3年）○スピンくるが逆回転する仕組み（ロ シンイー・3年，市川浩志，深谷夏希，古田創士・2年）

〔高校生部門〕
○草花による水質浄化システムの研究（葛形小雪，野田寿樹，四戸美希，佐藤晴香，松橋奈美，佐々木 愛，種市雪菜・2年）○粉体の堆積（中西貴大・2年）○効率よく風を送るうちわ（田中晋平，藤野功貴，前垣内 舜・3年）

第9回：2014年

〔小学生部門〕
○くるくるコインのらせん運動 ～なぜ後から入れたコインが先に入れたコインをぬかすのか？～（木村佳歩・3年）○カラを

ぬいだカタツムリ発見！（片岡嵩皓・3年）○アゲハチョウの大きさの謎 ～幼虫を枯渇させるとどうなる？～（立花健・4年）○「葉」は植物の「脳」だった！！ ～カイワレの観察から分かったこと～（安田匠吾・5年）○蛹の25%から分かること…（渡邉大輝・5年）○黄色って何色？！～色のひみつにせまる～（田中拓海・5年）○セミの羽化のひみつ ～生死をかける30分～（清木葵・5年）○吸い付く水と戦って浮きゴミをうまく取る方法（熊ノ郷健人・5年）

〔中学生部門〕

○千里浜なぎさドライブウェイは砂浜なのにどうして車で走れるのか（佐藤和・1年）○変形菌の研究 2008～2014年 変形体の「自他」を見分ける力とカギ（増井真那・1年）○紙飛行機の研究 どうしたら長く飛ぶ紙飛行機が作れるか ～主翼の翼型と飛行時間～（茂木幹太・1年）○お茶の泡はなぜたつか（岩松千佳・2年）○大気中の二酸化炭素濃度の動態に関する研究（降雨の影響）（稲田雅治，賈元日・2年）○スウィーツを科学する ～スポンジケーキ編～（河村杏衣・2年）○（生物模倣）昆虫の翅型風力発電機の開発（佐藤圭一郎・3年）○ゴルフボールのディンプルにヒントを得てプロペラを考える（田渕宏太朗・3年）

〔高校生部門〕

○切断した根が接着する！？ ～セイヨウタンポポの根の傷が接着するための内的・外的要因を探る～（樫村理喜・2年）○人間による音声の知覚と分解 －それに表れる計算機との相違－（中西貴大・3年）

第10回：2015年

〔小学生部門〕

○甘藷珍学（稲波里紗・3年）○床屋のサインポールのひみつにせまる ～もっときれいに見えるポールをさぐれ！！～（中條朋香・3年）○キノコがはえた お父さん、お母さんが子どもだったころと日本の気候はちがうの？（木村佳歩・4年）○最後までおいしいふりかけのひみつ（長野佑香・4年）○図工の作品を壊さずに持ち帰りたい ～学校帰りの荷物の運び方～（東虎太郎・5年）○アオスジアゲハの色調べ　パート5 ～光で変身，不思議な仕組み～ 変身に必要な光の量と光の色は？（井原愛佳，三谷京子・6年）○家庭用正倉院（熊ノ郷健人・6年）○斜面をリズミカルに下る動物の秘密（松園若奈，諸岡亜胡，酒井理心，杉本悠弥，小深田拓真・6年）○光で幼虫の色を操る（渡邉大輝・6年）

〔中学生部門〕

○ダンゴムシとワラジムシに『防カビ力』を発見！（片岡柾人・1年）○歌詞とメロディーで変わる学習効果の不思議 －脳の聞き分けに注目して－（勝山康・2年）○人とすれ違った際に起きる風について（柳田彩良，千葉さくら・3年，加藤佐和，清水ひかり・2年）○継続的観察によって解明した平戸市に生息するワスレナグモの生態 ～特にキシノウエトタテグモと比較した生息環境の違いについて～（相知紀史・3年）○壁を登る動物の足のつくりの応用　ヒトの力で壁を登る（沖山颯斗，浦木勇瑠，西村泰雅・3年，山下慎太郎・2年）○地衣類と微環境3年次 ～つくば市内の公園に生育する樹木における着生地衣類の分布と微環境の関係～（小野寺理紗・3年）○嘉津宇岳のバタフライ・ウォッチングⅣ ～チョウの年変動と温度耐性実験～（北村澪・3年）○アリの役割分担を探る②　2015年クロオオアリ観察日記 part5（世鳥山和也・3年）

〔高校生部門〕

○セミ研究　10年次　終齢幼虫が羽化場所を決めるための習性について －先に羽化した他個体の羽化殻に集まるのか－（内山龍人・1年）○後頭骨化石からイルカの首の動きを復元できるのか（岡村太路・2年）

「科学の芽」賞　募集ポスター

第1回　2006年

第2回　2007年

第3回　2008年

第4回　2009年

第5回　2010年

第6回　2011年

第7回　2012年

第8回　2013年

第9回　2014年

第10回　2015年

第11回　2016年

第12回　2017年

筑波大学にゆかりのあるノーベル賞受賞者3名の方々を記念して，下記の『筑波大学ギャラリー』には「朝永記念室」，「白川記念室」があり，また「江崎玲於奈博士記念展示」が行われています。ぜひ一度，筑波大学の見学の際に訪問しましょう。

筑波大学ギャラリー（University of Tsukuba Gallery）の紹介

開館時間：　9：00–17：00
休 館 日：　日曜日，年末年始，その他特に定める日
問 合 せ：　大学会館事務室
（TEL.029-853-7959）

筑波大学ギャラリーは，本学の歴史的資料や芸術作品等を展示し，「総合交流会館」とあわせて，広く社会に向けた情報発信と，皆様との交流の場とするために整備された展示施設です。このギャラリーには，朝永振一郎博士，白川英樹博士及び江崎玲於奈博士の本学関係ノーベル賞受賞者記念の展示，オリンピックで活躍した選手をはじめとする体育・スポーツの展示，主に東京キャンパスに位置し，歴史と伝統のある附属学校の展示，石井昭氏から寄贈された美術品を展示しています。

アクセス：　関東鉄道バス：つくばセンター（つくば駅）から筑波大学中央行き又は筑波大学循環（右回り）「大学会館前」下車

日本のノーベル賞受賞者と筑波大学関係者

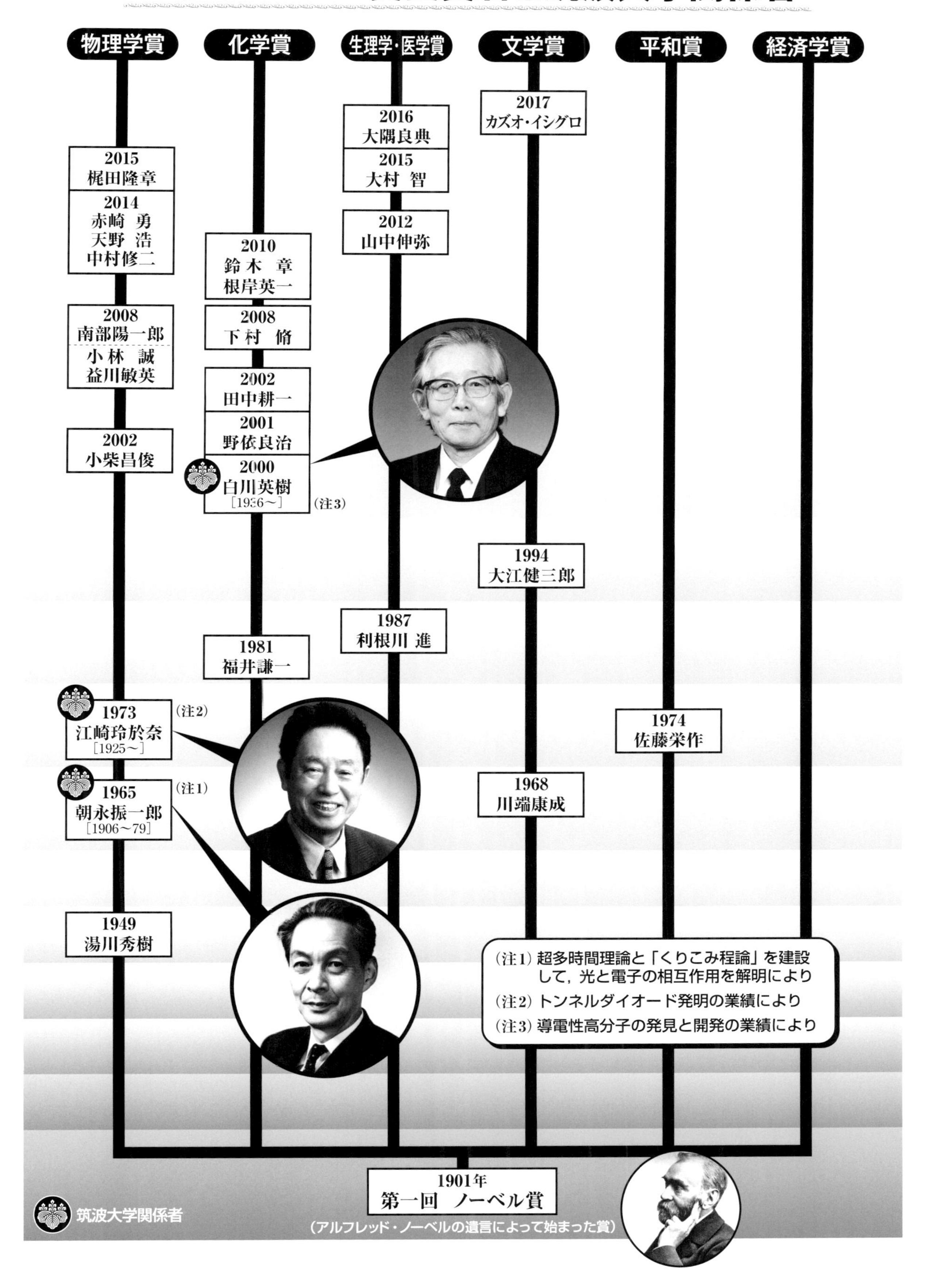

あとがき　～「科学の芽」賞はすべての子どもたちに開かれています～

宮本信也

『もっと知りたい！「科学の芽」の世界』シリーズは，筑波大学が主催しております「科学の芽」賞の受賞作品を掲載した書籍で，2008年から2年ごとに発行されています。本書『もっと知りたい！「科学の芽」の世界PART6』は，第11回（2016年度）と第12回（2017年度）の「科学の芽」賞受賞作品を掲載しています。

「科学の芽」賞は，全国の小学生・中学生・高校生を対象として，自然や科学への関心と芽を育てることを目的として行われている科学コンテストです。筑波大学の前身である東京教育大学の学長を務め（1956年～1961年），1965年にノーベル物理学賞を受賞した筑波大学ゆかりの朝永振一郎博士の功績を称え，筑波大学における朝永振一郎博士生誕100年記念事業の一環として，2006年から筑波大学の主催で毎年実施しています。小学生から高校生を対象とした科学コンテストには多くのものがありますが，本賞は，一つの大学が全国の小・中・高校生を対象として実施しているコンテストとして現時点では唯一のものといえます。

第1回目（2006年度）の応募総数は645件でしたが，本書に掲載されている第11回目は2,919件，第12回目は3,086件と，回数を追うごとに応募数は増えてきています。国内のみならず，海外の日本人学校からの応募も増えてきています。これまでに応募いただいた海外日本人学校の国には，中華人民共和国，大韓民国，タイ王国，マレーシア，インド，イラン・イスラム共和国，ハンガリー共和国，イタリア共和国，ポーランド共和国などがあります。一方，「科学の芽」賞受賞数は，毎回大きく変わらず，小学生部門8～10件，中学生部門7～9件，高校生部門1～3件で推移しています。毎年，受賞のハードルが高くなってきているともいえるでしょう。それだけ，受賞作品のレベルも上がってきています。本書をご覧いただければ，そのことを実感いただけるものと思っております。なお，「科学の芽」賞には，「科学の芽」賞のほかに，「科学の芽」奨励賞，「科学の芽」努力賞，「科学の芽」学校奨励賞がありますが，第11回目より「科学の芽」探究賞を新たに設定しました。探究賞は，第11回目の募集から，特別支援学校（知的障害）の児童・生徒さんからも応募いただくようになり，その姿勢を表彰するために設けたものです。

『もっと知りたい！「科学の芽」の世界』シリーズは，「科学の芽」賞受賞作品のすべてを第１回目から掲載しています。上述しましたように児童・生徒を対象とした科学コンテストはいろいろありますが，すべての受賞作品の内容を見ることができる本書のような出版物はあまりないのではないでしょうか。受賞作品は，大人顔負けの最先端の研究成果ばかりではありません。小学生から高校生までの子どもたちが，素直な眼で見た事象から感じたふしぎさを，その子なりの発想や工夫により少しでも謎に近づこうとした作品も多く含まれています。これが，本シリーズの特色でもあり，ある意味では「科学の芽」賞の特徴でもあるといえるかもしれません。本シリーズは，科学に向き合う子どもたちの独創的な発想や姿勢を大人たちに示してくれるものであり，また，夏休みの自由研究など子どもたちの研究を指導される学校の先生方や親御さん，そして，何よりも身の回りのいろいろな事柄に『なぜだろう？』，『何なんだろう？』とふしぎの眼を向ける子どもたちに役立てていただけるものと考えております。

ところで，「科学の芽」賞の名称の「科学の芽」という用語は，朝永博士が書かれた色紙の言葉から引用されたものです。その色紙は，1974 年 11 月 6 日に国立京都国際会館で行われた，湯川秀樹博士，朝永振一郎博士，江崎玲於奈博士の３名のノーベル物理学賞受賞者による座談会「ノーベル物理学賞受賞三学者　故郷京都を語る」で，子どもたちに向けた言葉を要請され，朝永先生が書かれました。この色紙は，京都市青少年科学センターに保存されています。筑波大学ギャラリー朝永振一郎名誉教授記念室（http://tomonaga.tsukuba.ac.jp/room/purpose.htm）にはそのコピーがありますので，筑波大学に来られる機会がありましたらご覧いただければと思います。

ふしぎだと思うこと　これが科学の芽です
よく観察してたしかめ　そして考えること　これが科学の茎です
そうして最後になぞがとける　これが科学の花です

この朝永先生の言葉には“科学する心”が述べられていますが，自然科学に限らずあらゆる学問分野に共通する姿勢を表しているともいえるのではないでしょうか。

「科学の芽」賞は，決して，誰もが感心する先鋭的な研究だけを求めてはいません。これからも，ふしぎだなと感じる子どもたちの「科学の芽」を大切に育てていきたいと考えています。本書をご覧いただいている大人の方たちにも，子どもたちのそうした素朴な疑問を大事にしていただければと思っております。

今後とも，「科学の芽」賞へのご理解をどうぞよろしくお願いいたします。

［前「科学の芽」賞実行委員会委員長］

著者紹介

監　修
永田　恭介　国立大学法人筑波大学長

編集責任
茂呂　雄二　筑波大学副学長：附属学校教育局教育長
濱本　悟志　筑波大学附属学校教育局次長
雷坂　浩之　筑波大学附属学校教育局教育長補佐

執　筆
筑波大学長　永田恭介
前筑波大学副学長・理事：附属学校教育局教育長　宮本信也
筑波大学特命教授　松本末男
筑波大学教授　濱本悟志
筑波大学准教授　澤村京一　武内勇司

筑波大学附属小学校教諭　鷲見辰美*　佐々木昭弘　辻　健　（*小学生の部　責任編集）
前筑波大学附属小学校教諭　白岩　等
筑波大学附属中学校教諭
　　新井直志　井上和香　齋藤正義　和田亜矢子
筑波大学附属駒場中・高等学校教諭
　　梶山正明*　宇田川麻由　真梶克彦
　　高橋宏和　仲里友一　吉田哲也　（*中学生の部　責任編集）
前筑波大学附属高等学校教諭　鈴木　亨*　（*高校生の部　責任編集）

編集協力
筑波大学教授　野村港二　片平克弘
前筑波大学教授　長谷川眞人
筑波大学准教授　中野賢太郎
筑波大学講師　百武篤也　興野　純　木村範子　沼倉友晴
筑波大学附属坂戸高等学校教諭　本弓康之
筑波大学附属桐が丘特別支援学校教諭　小山信博

もっと知りたい！「科学の芽」の世界 PART 6

2018年7月31日　初　版　発　行

監　修　永　田　恭　介
編　者　「科学の芽」賞実行委員会

発行所　筑波大学出版会
〒305-8577
茨城県つくば市天王台1-1-1
電話（029）853-2050
http://www.press.tsukuba.ac.jp/

発売所　丸善出版株式会社
〒101-0051
東京都千代田区神田神保町2-17
電話（03）3512-3256
https://www.maruzen-publishing.co.jp/

編集・制作協力　丸善プラネット株式会社
装丁・デザイン　安藤真沙美＋スタジオ・マイ
中扉イラスト　高橋由為子＋スピーチ・バルーン

組版／月明組版　印刷・製本／富士美術印刷株式会社
ISBN978-4-904074-53-4 C0040